生产安全事故
应急救援技术
（含实训手册）

主　编 ◎ 杨虹霞

副主编 ◎ 庞　波　郭红娟　包　娟

西南交通大学出版社
·成　都·

图书在版编目（CIP）数据

生产安全事故应急救援技术：含实训手册.1，生产
安全事故应急救援技术 / 杨虹霞主编. —— 成都：西南
交通大学出版社，2024.3
ISBN 978-7-5643-9785-2

Ⅰ. ①生… Ⅱ. ①杨… Ⅲ. ①生产事故 – 救援 – 安全
教育 – 教材 Ⅳ. ①X928.04

中国国家版本馆 CIP 数据核字（2024）第 073625 号

Shengchan Anquan Shigu Yingji Jiuyuan Jishu (Han Shixun Shouce)
生产安全事故应急救援技术（含实训手册）

主　编／杨虹霞 　　　　　　责任编辑／何明飞
　　　　　　　　　　　　　　封面设计／墨创文化

西南交通大学出版社出版发行

（四川省成都市金牛区二环路北一段 111 号西南交通大学创新大厦 21 楼　610031）
营销部电话：028-87600564　　028-87600533
网址：http://www.xnjdcbs.com
印刷：四川玖艺呈现印刷有限公司

成品尺寸　185 mm×260 mm
总印张　23.25　　总字数　580 千
版次　2024 年 3 月第 1 版　　印次　2024 年 3 月第 1 次

书号　ISBN 978-7-5643-9785-2
套价　59.00 元
（全 2 册）

课件咨询电话：028-81435775
图书如有印装质量问题　本社负责退换
版权所有　盗版必究　举报电话：028-87600562

经济的发展、社会的进步一方面使人的生命价值不断提升，随之而来的是对安全及救援需求的提高，另一方面又为保障人们的日常安全和应急救援提供了物质条件和社会基础。事故灾难、严重的恶性事件及非传统性灾害的频发使人们认识到在紧急状态下缺少救援的严重性及实施应急救援的必要性。

对事故应急救援知识的普及、培训、宣传教育是全社会应该开展的活动，而专业的事故应急救援技术更是安全生产管理工作从业人员必须具备的基本技能，因此，安全类专业开设事故应急救援技术专业课是岗位所需，是完善安全类专业课程体系的必要条件。

本书旨在讲解安全生产领域的事故应急救援技术，以项目驱动、理论知识和技能实训相结合的理念设计，每一个项目根据内容设计若干理论知识和技能实训，系统讲述事故应急救援的基本知识。全书内容丰富、结构合理、体系完善，包含了事故应急救援的核心内容。

本书共分五个项目，由兰州资源环境职业技术大学杨虹霞担任主编，并负责统稿。其中，项目一为生产安全事故应急救援的内涵及体系，在讲解事故应急救援相关概念、原则与任务、现状与发展趋势的基础上，重点阐述事故应急救援体系；项目二为生产安全事故应急救援预案编制与管理，涉及事故应急救援预案的概念、编写要求、方法和步骤以及预案管理和演练要求；项目三介绍生产安全事故应急救援常用装备，主要从预警监测装备、消防救援装备、个体防护装备、医疗救护装备等几个大类，分别介绍了这些常用救援装备的结构、特征、作用及其使用方法；项目四介绍生产安全事故现场应急处置，主要阐述危险化学品火灾爆炸事故现场、有毒有害物质泄漏事故现场、矿山事故现场的应急处置方法和要领；项目五介绍生产安全事故避灾自救与互救，讲解了心肺复苏操作、止血包扎、骨折固定、伤员搬运等典型事故自救互救技术。

本书特色与创新体现在：一是引入最新安全生产法律法规对应急救援方面的规定，以《中华人民共和国安全生产法》《中华人民共和国突发事件应对法》等为编写依据，书中融入"以人为本""生命至上""安全发展"的理念；二是坚持预防为主的思想，应急管理的预防、准备、响应和恢复的内容在书中都有体现；三是事故应急救援常用装备吸收了近几年发展起来的先进智能救援装备，如先进的预测预警装备、通信与信息装备、灭火抢险装备、应急技术装备等；四是引进先进的现场应急救援技术，如火灾爆炸事故现场应急处置、有毒有害物质泄漏事故现场应急处置、矿山事故现场处置等；五是书中根据内容插入了大量的原创图片，图文并茂，内容丰富。另外，书中还融入数字资源来展示拓展内容。

本书可作为职业本科安全工程技术专业、应急管理专业以及高职专科应急救援技术专业、安全技术与管理专业、消防技术专业等的专业核心课程教材，也可以作为矿井通风与安全专业、煤矿开采技术专业、应用化工技术专业等的专业拓展课程教材，还可以作为行业企业从事安全生产管理、应急管理从业人员的专业培训教材，以提高企业职工事故应急技术技能水平。

本书在编写过程中参考了国内应急救援领域最新的研究成果，谨向原作者致以崇高的敬意和诚挚的感谢。由于应急救援技术在我国还处于不断发展和完善中，救援技术的创新等方面仍然存在挑战，虽然编者在系统性、前瞻性、实用性等方面付出了极大的努力和有益的尝试，但由于编者学术水平有限，加之时间仓促，书中难免存在疏漏和不足之处，恳请广大读者批评指正。

编者

2023 年 10 月

序号	项目	二维码名称	资源类型	页码
1	项目一 生产安全事故应急救援的内涵及体系	《中华人民共和国安全生产法》	文档	004
2		《中华人民共和国突发事件应对法》	文档	004
3		《生产安全事故应急条例》	文档	004
4		国家安全生产应急救援指挥中心的主要职责和内设机构	文档	020
5		山东某公司金矿"1.10"重大爆炸事故调查报告	文档	029
6	项目二 生产安全事故应急救援预案编制与管理	生产安全事故应急预案管理办法	文档	039
7		生产经营单位生产安全事故应急预案编制导则（GB/T 29639—2020）	文档	052
8		某企业生产安全事故综合应急预案	文档	059
9		某公司消防应急预案演练方案	文档	082
10	项目三 生产安全事故应急救援常用装备和技术	矿山井下人员定位技术	文档	090
11		越障高手——蛇形搜救机器人	文档	095
12		室外消火栓给水系统和室内消火栓给水系统	文档	109
13		灾区有毒有害气体智能排放装置	文档	118
14		多功能高效救援帮手——水陆两用破拆工具组	文档	121
15		冷态切割抢险救援消防车	文档	127

序号	项目	二维码名称	资源类型	页码
16		现场应急指挥系统结构	视频	160
17		某建筑物火灾抢险救援案例	文档	170
18		扑救易燃液体火灾的基本对策	视频	183
19		压缩或液化气体火灾扑救的基本对策	视频	184
20		扑救毒品和腐蚀品火灾的对策	视频	184
21		易自然物品火灾扑救对策	视频	185
22	项目四 生产安全事故现场 应急处置	扑救爆炸物品火灾的基本对策	视频	185
23		允许泄漏率	文档	192
24		关阀止漏法的操作	视频	192
25		带压堵漏的操作	视频	194
26		倒罐的操作	视频	194
27		泄漏物转移处置的操作	视频	194
28		泄漏物点燃处置的操作	视频	195
29		泄漏物的处置技术	视频	196
30		心肺复苏实操	视频	225
31	项目五 生产安全事故避灾 自救与互救	止血实操	视频	230
32		包扎实操	视频	233
33		骨折固定实操	视频	235

项目一 生产安全事故应急救援的内涵及体系 ············· 001

　　任务一　生产安全事故应急救援的内涵 ············· 001

　　任务二　生产安全事故应急救援体系 ············· 017

　　思考题 ············· 037

项目二 生产安全事故应急救援预案编制与管理 ············· 038

　　任务一　生产安全事故应急救援预案编制 ············· 038

　　任务二　生产安全事故应急救援预案管理与演练 ········ 067

　　思考题 ············· 082

项目三 生产安全事故应急救援常用装备和技术 ············· 083

　　任务一　预警监测装备及其使用 ············· 088

　　任务二　消防救援装备及其使用 ············· 104

　　任务三　个体防护装备及其使用 ············· 128

　　任务四　医疗救护装备及其使用 ············· 142

　　思考题 ············· 155

项目四 生产安全事故现场应急处置 ············· 156

　　任务一　高层建筑火灾事故现场应急处置 ············· 165

　　任务二　危险化学品火灾爆炸事故现场应急处置 ········· 176

　　任务三　有毒有害物质泄漏事故现场应急处置 ·········· 186

　　任务四　矿山事故现场应急处置 ············· 196

　　思考题 ············· 206

项目五 生产安全事故避灾自救与互救 ············· 207

　　任务一　事故避灾自救 ············· 207

　　任务二　现场急救技术 ············· 216

　　任务三　典型事故现场急救 ············· 240

　　思考题 ············· 245

参考文献 ············· 246

生产安全事故应急救援的内涵及体系

任务一　生产安全事故应急救援的内涵

一、生产安全事故应急救援基本概念

【案例1】事故判定

（1）2003年，数十名员工到福建省仙游县从事石英粉（砂）加工作业，后来被发现患有严重的职业病。

（2）2014年9月10日—17日，园区某建材公司发生工伤事故，4名员工在处置因物料结块造成的堵塞时，因未按规定系安全带，从16米高的筒仓高处坠落，其中1人窒息死亡，2人受伤。

【问题】试分析上述两起事件是否均属于事故，并阐述其原因。

【案例2】事故等级判定

（1）2021年6月13日10时30分许，四川省成都市大邑县某食品公司污水处理站发生一起有限空间中毒和窒息事故，造成6人死亡，直接经济损失达542万元。

（2）2021年1月10日13时13分许，某市某金矿发生爆炸事故，造成11人死亡，直接经济损失达6847.33万元。

【问题】试分析上述两起事故属于什么类型的事故，事故等级是什么？并阐述原因。

【案例3】事故案例分析

2021年6月13日6时42分许，湖北省十堰市张湾区某集贸市场发生燃气爆炸事故，造成26人死亡，138人受伤，其中重伤37人，直接经济损失约5395.41万元。发生原因是天然气中压钢管严重腐蚀导致破裂，泄漏的天然气在集贸市场涉事建筑物下方河道内密闭空间聚集，遇餐饮商户排油烟管道排出的火星发生爆炸。

【问题】试分析导致该事故发生的间接原因及防治对策有哪些？

（一）生产安全事故概述

1. 生产安全事故的含义

事故是一种动态事件，它开始于危险的激化，并以一系列原因事件按一定的逻辑顺序流经系统而造成损失，即事故是突然发生的，导致人们有目的的行为被迫中止，可能造成人员伤害、死亡、职业病、设备设施等财产损失或环境破坏和其他损失的意外事件。

生产安全事故，是指生产经营单位在生产经营活动（包括与生产经营有关的活动）中突然发生的，伤害人身安全和健康，或者损坏设备设施，或者造成经济损失的，导致原生产经营活动（包括与生产经营活动有关的活动）暂时中止或永远终止的意外事件。

2. 生产安全事故的分类

（1）按照《企业职工伤亡事故分类标准》（GB 6441—86）将企业工伤事故分为 20 类，分别为物体打击、车辆伤害、机械伤害、起重伤害、触电、淹溺、灼烫、火灾、高处坠落、坍塌、冒顶片帮、透水、放炮、瓦斯爆炸、火药爆炸、锅炉爆炸、容器爆炸、其他爆炸、中毒和窒息以及其他伤害等。

（2）根据《企业职工伤亡事故分类标准》（GB 6441—86）规定，事故按事故严重程度分为：

① 轻伤事故：损失 1 个工作日至 105 个工作日以下的失能伤害为轻伤，轻伤事故指只有轻伤的事故。

② 重伤事故：损失工作日等于和超过 105 个工作日的失能伤害为重伤，重伤损失工作日最多不超过 6 000 个工作日。重伤事故指有重伤无死亡的事故。

③ 死亡事故：造成人员死亡的事故，又分为重大伤亡事故（指一次事故死亡 1～2 人的事故）、特大伤亡事故（指一次事故死亡 3 人以上的事故）。

（3）按照受伤性质分类。

受伤性质是指人体受伤的类型实质上从医学角度给予创伤的具体名称，常见的有电伤、挫伤、割伤、擦伤、刺伤、撕脱伤、扭伤、倒塌压埋伤、冲击伤等。

（4）按照《生产安全事故报告和调查处理条例》规定，根据生产安全事故（以下简称事故）造成的人员伤亡或者直接经济损失，生产安全事故一般分为以下四个等级：

① 特别重大事故，指造成 30 人以上死亡，或者 100 人以上重伤（包括急性工业中毒，下同），或者 1 亿元以上直接经济损失的事故。

② 重大事故，指造成 10 人以上 30 人以下死亡，或者 50 人以上 100 人以下重伤，或者 5 000 万元以上 1 亿元以下直接经济损失的事故。

③ 较大事故，是指造成 3 人以上 10 人以下死亡，或者 10 人以上 50 人以下重伤，或者 1 000 万元以上 5 000 万元以下直接经济损失的事故。

④ 一般事故，是指造成 3 人以下死亡，或者 10 人以下重伤，或者 1 000 万元以下直接经济损失的事故。

3. 生产安全事故原因分析

1）直接原因

直接原因是指直接导致事故发生的原因，又称为一次原因，其中包括机械、物质或环境的不安全状态和人的不安全行为。

按照《企业职工伤亡事故分类标准》(GB 6441—86)，物的不安全状态有：① 安全防护装置缺少或存在缺陷；② 设备、设施、工具、附件存在缺陷；③ 个人防护用品缺少或存在缺陷；④ 作业现场环境不良；⑤ 其他。

人的不安全行为有：① 操作错误；② 人为造成安全装置失效；③ 使用不安全设备；④ 手代替工具操作；⑤ 物体存放不当；⑥ 冒险进入危险场所；⑦ 攀坐不安全位置；⑧ 在起吊物下作业、停留；⑨ 机器运转时进行加油、修理、检查、调整、焊接、清扫等工作；⑩ 有分散注意力行为；⑪ 在必须要使用个人防护用品、用具的作业场合中，忽视其使用等；⑫ 不安全装束；⑬ 对易燃、易爆等物品处理错误。

人的不安全行为一般统称为"违反操作章程或劳动纪律"。所以，认真严格地执行工艺、劳动纪律是杜绝事故的关键。

2）间接原因

间接原因是使事故的直接原因得以产生和存在的原因，包括技术和设计上的缺陷、教育培训不够、身体原因、精神原因、管理缺陷、学校教育原因、社会历史原因等。

4. 生产安全事故的基本特征

（1）事故主体的特定性：仅限于生产经营单位在从事生产经营活动中发生的事故。从事生产经营活动的单位主要包括工矿商贸领域的公司、企业、合伙人、个体户等生产经营单元。

（2）事故地域的延展性：生产安全事故发生的地域范围是不固定的，但又是限定在有限范围内的。

（3）事故的破坏性：生产安全事故对人员或生产经营单位造成了一定的损害结果，造成了人员伤亡（包括急性中毒）或者给生产经营单位造成了直接经济损失，影响了生产经营活动正常开展，产生了严重的影响。

（4）事故的突发性：生产安全事故是短时间内突然发生的，不同于在某种危害因素长期影响下发生的其他损害事件，如职业病。

（5）事故的过失性：生产安全事故主要是人的过失造成的事故，同洪水、泥石流等不可抗力造成的灾害有本质的区别，如因违章作业、冒险作业等发生的生产安全事故。工作环境不良、设备隐患等原因造成生产安全事故发生也应归为过失行为，是生产经营单位负责人员在本单位安全生产管理工作中存在过失行为，没有立即纠正、排除不良作业因素，放任不良因素继续存在致使发生事故。

（二）事故应急救援基本概念

1. 突发事件

突发事件是突然发生，造成或可能造成严重社会危害，需要采取应急处置措施予以应对的自然灾害、事故灾害、公共卫生事件和社会安全事件。

常规突发事件主要指日常生活中频繁或时有发生的自然灾害、事故灾难、公共卫生事件或社会安全事件，如暴雨内涝、雨雪冰冻。

非常规突发事件主要指日常生活中不常见的突发事件，如汶川地震、新冠肺炎疫情等。

2．生产事故应急救援

应急救援是针对突发、具有破坏力的紧急事件采取预防、预备、响应和恢复的活动与计划。根据紧急事件的不同类型，应急救援分为卫生应急、交通应急、消防应急、地震应急、厂矿应急、家庭应急等救援。

生产事故应急救援是指发生在生产经营单位，由于各种原因造成或可能造成人员伤亡、财产损失及其他较大社会危害时，为及时控制危害源、抢救受害人员、指导职工防护和组织撤离、清除危害后果而组织的救援活动。

3．应急管理

应急管理是政府、部门、单位等组织为有效地预防、预测突发公共事件的发生最大限度减少其可能造成的损失或者负面影响，所进行的制定应急法律法规、应急预案以及建立健全应急体制和应急机制等方面工作的统称。

4．应急预警

应急预警是在灾害或灾难以及其他需要提防的危险发生之前，根据以往总结的规律或观测得到的可能性前兆，向相关部门发出紧急信号，报告危险情况，以避免危害在不知情或准备不足的情况下发生，从而最大程度地减轻危害所造成的损失的行为。

5．一案三制

一案三制是为事故应急救援而制定的应急预案和建立的应急管理体制、运行机制、相关法律制度（也即法制）的简称。

其中，应急预案是指针对可能发生的事故，为迅速、有序地开展应急行动而预先制定的行动方案，是各类突发事故的应急基础，是开展应急救援工作的依据。应急预案包括各级政府总体预案、专项预案和部门预案，以及基层单位的预案和大型活动的单项预案。

应急管理体制是指为保障公共安全，有效预防和应对突发事件，避免、减少和减缓突发事件造成的危害，消除其对社会产生的负面影响，而建立起来的以政府为核心，其他社会组织和公众共同参与的有机体系。

应急运行机制是指为确保应急体系内各要素以及要素之间高效运转，通过组织整合、资源整合、信息整合、路径整合而形成的统一应对各种突发事件的路径、程序以及各种准则的总称，是在应急大系统的整体运行中，由其内部各种相关要素构成并使应急各要素具有自我调节、控制、发展和完善能力的功能系统。

应急法制是指国家或地区针对如何应对突发事件及其引起的紧急情况而制定或认可的各种法律规范和原则的总称，包括《中华人民共和国安全生产法》《中华人民共和国突发事件应对法》《生产安全事故应急条例》等，应急法制是应急救援工作的基础保障。

《中华人民共和国安全生产法》 《中华人民共和国突发事件应对法》《生产安全事故应急条例》

6. 应急响应

应急响应是针对事故险情或事故，依据应急预案采取的应急行动。其目的是减少事故造成的损失，包括人民群众的生命、财产损失，国家和企业的经济损失，以及相应的社会不良影响等。

7. 应急保障

应急保障是指为保障应急处置的顺利进行而采取的各种保障措施，一般按功能分为人力、财力、物资、交通运输、医疗卫生、治安维护、人员防护、通信与信息、公共设施、社会沟通、技术支撑以及其他保障。

8. 现场急救

现场急救是在事故现场对遭受意外伤害的人员所进行的应急救治处理。其目的是控制伤害程度、减轻人员痛苦、防止伤情迅速恶化、抢救伤员生命，然后将其安全地护送到医院检查和治疗。

9. 初期处置与避险

初期处置与避险是针对事故发生初期，现场人员如何正确处理、避险逃生，单位内部如何做好现场处置等一系列处置流程、方法和技术，力求将事故控制在局部，防止事故的扩大和蔓延。

10. 应急恢复

应急恢复指事故发生的影响得到初步控制以后，政府、社会组织和公民为了使生产、工作、生活、社会秩序和生态环境尽快恢复到正常状态而采取的措施或行动。

（三）事故应急救援的特点

应急救援工作涉及生产事故、自然灾害（引发）、城市生命线、重大工程、公共活动场所、公共交通、公共卫生和人为突发事件等多个公共安全领域，构成一个复杂的系统，具有不确定性，突发性，复杂性和后果、影响易猝变、激化、放大的特点。

1. 事故的不确定性和突发性

不确定性和突发性是各类公共安全、灾害与事件的共同特征，大部分事故都是突然爆发，爆发前基本没有明显征兆，而且一旦发生，发展蔓延迅速，甚至失控。因此，要求应急行动必须在极短的时间内，在事故的第一现场做出有效反应，在事故产生重大灾难后果之前采取各种有效的防护、救助、疏散和控制事态等措施。

为保证迅速对事故做出有效的初始响应，并及时控制住事态，应急救援工作强调本单位的应急准备工作，包括建立全天候的昼夜值班制度，确保报警、指挥通信系统始终保持完好状态，明确各部门的职责，确保各种应急救援的装备、技术器材、有关物质随时处于完好可用状态，制定科学有效的突发事件应急预案等措施。

2. 救援活动的复杂性

应急救援活动的复杂性主要表现在：事故、灾害或事件影响因素与演变规律的不确定性和不可预见的多变性；众多来自不同部门参与应急救援活动的单位，在信息沟通、行动协调与指挥、授权与职责、通信等方面的有效组织和管理；应急响应过程中职工的反应、恐慌心理等突发行为的复杂性等。这些复杂因素的影响，给现场应急救援工作带来了严峻的挑战，应对应急救援工作中各种复杂的情况做出足够的估计，制定出随时应对各种复杂变化的相应方案。

应急救援活动复杂性的另一个重要特点是现场处置措施的复杂性。重大事故的处置措施往往涉及较强的专业技术，包括易燃、有毒物质处置，复杂危险工艺制定等，对行动方案、监测以及应急人员防护等都需要在专业人员的支持下进行决策。因此，针对生产安全事故应急救援的专业化要求，必须高度重视建立和完善重大事故的专业应急救援力量、专业检测力量和专业应急技术与信息支持等的建设。

3. 事故后果易猝变、激化和放大

公共安全事故、灾害与事件虽然发生概率很小，但一旦发生后果一般比较严重，能造成广泛的公众影响。应急处理稍有不慎，就可能改变事故、灾害与事件的性质，使平稳、有序、和平状态向动态、混乱和冲突方向发展，引起事故、灾害与事件波及范围扩展，卷入人群数量增加和人员伤亡与财产损失后果加大。猝变、激化与放大造成的失控状态，不但迫使应急响应升级，甚至可导致社会性危机出现，使公众立即陷入巨大的动荡与恐慌之中。因此，重大事故（件）的处置必须坚决果断，而且越早越好，防止事态扩大。

因此，为尽快降低重大事故的后果及影响，减少重大事故所导致的损失，要求应急救援行动必须做到迅速、准确和有效。

迅速就是要求建立快速的应急响应机制，能迅速准确地传递事故信息；迅速地召集所需的应急力量和设备、物资等；迅速建立统一指挥与协调系统，开展救援活动，"时间就是生命"。

准确就是要求有相应的应急决策机制，能基于事故的规模、性质、特点、现场环境等信息，正确地预测事故的发展趋势，准确地对应急救援行动和战术进行决策。

有效主要指应急救援行动的有效性，很大程度上取决于应急准备的充分性与否，包括应急队伍的建设与训练，应急设备（设施）、物资的配备与维护，预案的制定与落实以及有效的外部增援机制等。

二、事故应急救援的内涵、原则与任务

（一）事故应急救援的内涵

传统的突发事件应急救援管理注重发生后的即时响应、指挥和控制，具有较大的被动性和局限性。从 20 世纪 70 年代后期起，更加全面更具综合性的现代应急管理理论逐步形成，并在许多国家的实践中取得了极大成功。现代应急救援管理主张对突发事件实施综合性应急救援管理。

突发事件应急救援管理强调全过程的管理，涵盖了突发事件发生前、中、后的各个阶段，包括为应对突发事件而采取的预先防范措施、事发时采取的应对行动、事发后采取的

各种善后措施及减少损害的行为，包括预防、准备、响应和恢复等阶段，并充分体现"预防为主、常备不懈"的应急救援理念。

事故应急救援的内涵包括预防、准备、响应和恢复四个阶段，这四个阶段是一个动态的过程。尽管在实际情况中这些阶段往往是交叉的，但每一阶段都有其明确的目标，而且每一阶段又是构筑在前一阶段的基础之上。因而，预防、准备、响应和恢复的相互关联，构成了重大事故应急救援管理的循环过程，如图 1-1 所示。

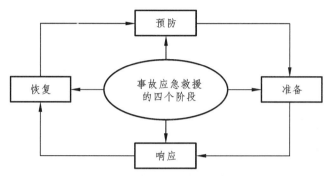

图 1-1 事故应急救援的四个阶段

1. 预　防

在应急救援管理中预防有两层含义：一是事故的预防工作，即通过安全管理和安全技术等手段，尽可能地消除或减少事故发生的条件，实现本质安全；二是在假定事故必然发生的前提下，通过采取预防措施，降低或减缓事故的影响或后果的严重程度，如加大建筑物的安全距离、工厂选址的安全规划、减少危险物品的存量、设置防护墙以及开展公众教育等。从长远看，低成本、高效率的预防措施是减少事故损失的关键。

2. 准　备

应急准备是指为有效应对突发事件而事先采取的各种措施的总称，包括意识、组织、机制、预案、队伍、资源、培训、演练等各种准备，目的是应对事故发生时提高应急行动能力及推动响应工作。准备是应急救援工作中的一个关键环节。在《突发事件应对法》中专设了"预防与应急准备"一章，其中包含了应急预案体系、风险评估与防范、救援队伍、应急物资储备、应急通信保障、培训、演练、捐赠、保险、科技等内容。

应急准备工作涵盖了应急救援工作的全过程。应急准备并不仅仅针对应急响应，它为预防、监测预警、应急响应和恢复等各项应急管理工作提供支撑，贯穿应急管理工作的整个过程。从应急管理的阶段看，应急准备工作体现在预防工作所需的意识准备和组织准备，监测预警工作所需的物资准备，响应工作所需的人员准备，恢复工作中所需的资金准备等各阶段的准备工作。从应急准备的内容看，组织、机制、资源等方面的准备贯穿整个应急救援过程。

3. 响　应

事故发生前及发生期间和发生后立即采取救援行动，包括事故的报警与通报人员的紧急疏散、急救与医疗、消防和工程抢险、信息收集与应急决策和外部求援等。目标是尽可能地抢救受害人员、保护可能受威胁的人群，尽可能控制并消除事故。

4. 恢　复

恢复指突发事件的威胁和危害得到控制或者消除后所采取的处置工作。恢复工作包括短期恢复和长期恢复。

从时间上看，短期恢复并非在应急响应完全结束之后才开始，恢复可能是伴随着响应活动随即展开的。很多情况下，应急响应活动开始后，短期恢复活动就立即开始了。比如，一项复杂的人员营救活动中，受困人员陆续获救，从第一个受困人员获救之时起，其饮食、住宿、医疗救助等基本安全和卫生需求应当立即予以恢复，此时短期恢复工作就已经开始了，而不是等到所有受困人员全部获救之后才开始恢复工作。从以上角度看，短期恢复也可以理解为应急响应行动的延伸。

短期恢复工作包括向受灾人员提供食品、避难所、安全保障和医疗卫生等基本服务。在短期恢复工作中，应注意避免出现新的突发事件。《突发事件应对法》第五十八条规定"突发事件的威胁和危害得到控制或者消除后，履行统一领导职责或者组织处置突发事件的人民政府应当停止执行依照本法规定采取的应急处置措施，同时采取或者继续实施必要措施，防止发生自然灾害、事故灾难、公共卫生事件的次生、衍生事件或者重新引发社会安全事件。"

长期恢复的重点是经济、社会环境和生活，包括重建被毁的设施和房屋，重新规划和建设受影响区域等。在长期恢复工作中，应吸取突发事件应急工作的经验教训，开展进一步的突发事件预防工作和减灾行动。

恢复阶段应注意：一是要强化有关部门，如市政、民政、医疗、保险、财政等部门的介入，尽快做好事后恢复重建；二是要进行客观的事故调查，分析总结应急处置与应急管理的经验教训，这不仅可以为今后应对类似事件奠定新的基础，而且也有助于促进制度和管理革新。

（二）事故应急救援原则

应急救援工作在预防为主的前提下，必须坚持"以人为本"和"安全第一"的理念，把保障人民群众生命财产安全，最大限度地预防和减少突发事件所造成的损失作为首要任务；同时贯彻统一指挥、分级负责、区域为主、单位自救和社会救援相结合等原则，如图1-2 所示。在实施救援的过程中，要牢牢把握"及时进行救援处理"和"减轻事故所造成的损失"两个关键点，把遇险人员、受威胁人员和应急救援人员的安全放在首位。不准放弃一丝解救遇险人员脱离险情的希望。

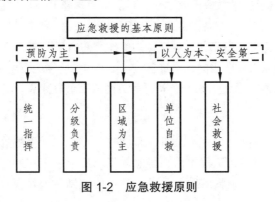

图 1-2　应急救援原则

预防工作是事故应急救援工作的基础，除平时做好事故的预防工作，避免或减少事故的发生外，落实好救援工作的各项准备措施，做到预防有准备，一旦发生事故就能及时实施救援。重大事故所具有的发生突然、扩散迅速、危害范围广的特点也决定了救援行动必须迅速、准确和有效。因此，救援工作只能实行统一指挥下的分级负责制，以区域为主，并根据事故发展情况，采取单位自救和社会救援相结合的形式，充分发挥事故单位及地区的优势和作用。事故应急救援又是一项涉及面广、专业性强的工作，靠某一个部门是很难完成的，必须把各方面的力量组织起来，形成统一的救援指挥部，在指挥部的统一指挥下，安全、救护、公安、消防、环保、卫生、质检等部门密切配合，协同作战，迅速、有效地组织和实施应急救援，尽可能地避免和减少损失。

（三）生产安全事故应急救援任务

生产安全事故应急救援的基本任务包括现场处置任务和宏观管理任务。

1. 现场处置任务

（1）立即组织营救受害人员，组织撤离或者采取其他措施保护危害区域内的其他人员。抢救受害人员是应急救援的首要任务，在应急救援行动中，快速、有序、有效地实施现场急救与安全转送伤员是降低伤亡率，减少事故损失的关键。由于重大事故发生突然、扩散迅速、涉及范围广、危害大，应及时指导和组织群众采取各种措施进行自身防护，并迅速撤离危险区或可能受到危害的区域。在撤离过程中，应积极组织群众开展自救和互救工作。

（2）迅速控制危险源，并对事故造成的危害进行检验、监测，测定事故的危害区域、危害性质及危害程度。及时控制造成事故的危险源是应急救援工作的重要任务，只有及时控制住危险源，防止事故的继续扩展，才能及时有效地进行救援。特别对发生在城市或人口稠密地区的化学事故，应尽快组织工程抢险队与事故单位技术人员一起及时控制事故继续扩展。

（3）做好现场清洁，消除危害后果。针对事故对人体、动植物、土壤、水源、空气造成的现实危害和可能危害，迅速采取封闭、隔离、洗消等措施。应及时组织人员对事故外溢的有毒有害物质和可能对人和环境继续造成危害的物质进行清除，消除危害后果，防止对人的继续危害和对环境的污染。对危险化学品事故造成的危害进行监测、处置，直至符合国家环境保护标准。

（4）查清事故原因，评估危害后果。事故发生后应及时调查事故的发生原因和事故性质，评估出事故的危害范围和危险程度，查明人员伤亡情况，做好事故调查。

2. 宏观管理任务

（1）完善事故应急预案体系。各级应急管理部门和其他负有安全监管职责的部门要在政府的统一领导下，根据国家安全生产事故有关应急预案，分门别类修订本地区、本部门、本行业和领域的国家安全生产有关预案。各生产经营单位要按照《生产经营单位安全生产事故应急预案编制导则》，制定应急预案，建立健全包括集团公司、子公司或分公司、基层单位及关键岗位在内的应急救援体系，并与政府及有关部门的应急预案相互衔接。

各级应急管理部门要把生产安全事故应急预案的备案、审查、演练等作为安全生产监督监察工作的重要内容，通过应急预案的备案审查和演练，提高应急救援的质量，做到相关预案相互衔接，增强应急预案的科学性、针对性、时效性和可操作性。依据有关法律、法规和国家标准、行业标准的修改变动情况，以及生产经营单位生产条件的变化情况、预案演练过程中发现的问题和预案演练总结等，及时对应急预案予以修订。

（2）健全和完善事故应急救援体制和机制。落实有关事故应急救援体系建设重点工程。各级安全生产监督管理部门都要明确应急管理机构，落实应急管理职责。完成省、市两级事故应急救援指挥机构的建设；应急救援任务重、重大危险源较多的县也要根据需要建立事故应急救援指挥机构，做到事故应急管理指挥工作机构、职责、编制、人员、经费五落实。

理顺各级事故应急管理机构与事故应急救援指挥机构、事故应急救援指挥机构与各专业应急救援指挥机构的工作关系。对隶属于省级矿山安全监察机构的矿山应急救援指挥机构，各省级安全生产监督管理部门要与省级矿山安全监察机构协商完善体制，建立机制，理顺关系，做好工作。

加强各地区、各部门事故应急救援管理机构间的协调联动，积极推进资源整合和信息共享，形成统一指挥、相互衔接、密切配合、协同应对事故灾难的合力。要发挥各级政府安全生产委员会及其办公室在事故应急管理方面的协调作用，建立事故应急救援管理工作协调机制。

（3）加强事故应急救援队伍和能力建设。依据全国事故应急救援体系总体规划，依托大中型企业和社会救援力量，优化、整合各类应急救援资源，建设国家、区域骨干专业应急救援队伍。加强生产经营单位的应急能力建设。尽快形成以企业应急救援力量为基础，以国家、区域专业应急救援基地和地方骨干专业队伍为中坚力量，以应急救援志愿者等社会救援力量为补充的事故应急救援队伍体系。各地区、各部门要编制本地区、本行业事故应急救援体系建设规划，并纳入本地区、本部门经济和社会发展规划之中，确保顺利实施。

（4）各类生产经营单位要按照安全生产法律、法规要求，建立事故应急救援组织。危险物品的生产、经营、储存单位及矿山、金属冶炼、城市轨道交通运营、建筑施工单位应建立应急救援组织；生产经营规模较小的，可以不建立应急救援组织，但应指定兼职的应急救援人员。危险物品的生产、经营、储存、运输单位及矿山、金属冶炼、城市轨道交通运营、建筑施工单位应配备必要的应急救援器材、设备和物资，并进行经常性维护、保养，保证正常运转。

统筹规划，建设具备风险分析、监测监控、预测预警、信息报送、数据查询、辅助决策、应急指挥和总结评估等功能的国家、省（区、市）、市（地）安全生产应急信息系统，实现各级安全生产应急指挥机构与相关专业应急救援指挥机构、国家级区域应急救援基地及骨干应急救援机构的信息共享。应急信息系统建设要结合实际，依托和利用安全生产通信信息系统和有关办公信息系统资源，规范技术标准，实现互联互通和信息共享，避免重复建设。

高度重视应急救援管理和应急救援队伍的自身建设，建设一支政治坚定、作风硬朗、业务精通、装备精良、纪律严明的安全生产应急管理和应急救援队伍。加强思想作风建设，强化忧患意识、执行意识、服务意识、奉献意识，养成勤勉敬业、雷厉风行、尊重科学、敢打硬仗的作风。加强业务建设，强化教育、培训与训练，提高管理水平和实战能力。建立激励和约束机制，对在安全生产事故应急救援工作中做出突出贡献的单位和个人，要给予表彰和奖励。

（5）建立健全事故应急救援法律、法规及标准规范体系。加强事故应急救援管理的法治建设，逐步形成规范的安全生产事故灾难预防与处理工作的法律、法规和标准规范体系。认真贯彻《中华人民共和国安全生产法》和《中华人民共和国突发事件应对法》，认真执行《国家突发公共事件总体应急预案》。抓紧研究制定安全生产应急预案管理、救援资源管理、信息管理、队伍建设、培训教育等配套规章、规程和标准，尽快形成安全生产应急管理的法规标准体系。

（6）加强安全生产应急管理培训和宣传教育工作。将安全生产应急管理和应急救援培训纳入安全生产教育培训体系。在有关注册安全工程师、安全评价师等安全生产类资格培训，以及特种作业培训，企业主要负责人培训、安全生产管理人员培训和市县长等培训中增加安全生产应急管理的内容。分类组织开发应急管理和应急救援培训适用教材，加强培训管理，提高培训质量。生产经营单位要加强对从业人员的应急管理知识和应急救援内容的培训，特别是要加强重点岗位人员的应急知识培训，提高现场应急救援处置能力。

充分发挥出版、广播、电视、报纸、网络等文化宣传的作用，通过各种有效方式加强宣传力度，要使事故应急救援的法律法规、应急预案、救援知识进企业、进学校、进社区，普及安全生产事故预防、避险、自救、互救和应急处置知识，提高生产经营单位从业人员的救援技能，增强社会公众的安全意识和应对事故灾难的能力。

（7）加强事故应急救援管理支撑保障体系的建设。依靠科技进步，提高安全生产应急管理和应急救援水平。成立国家、专业、地方安全生产应急管理专家组。为应急管理、事故救援提供技术支持；依托大型企业、院校、科研院所，建立安全生产应急管理研究和工程中心，开展突发性事故灾难的预防、处理的研究攻关；鼓励、支持救援技术装备的自主创新，引进、消化、吸收先进救援技术和装备，提高应急救援装备的含金量。

建立政府、企业、社会相结合的多方共同支持的安全生产应急保障投入机制。各级安全生产监督管理部门和其他负有安全监管职责的部门要根据国家有关规定，积极争取将事故应急救援需要政府负担的经费纳入本级财政年度预算。制定事故应急救援队伍有偿服务的指导意见和管理办法，建立事故应急救援队伍正常的经费渠道。企业要建立安全生产应急管理的投入保障机制。

（8）加强与有关国家、地区及国际组织在安全生产应急管理领域的交流与合作，积极参加国际矿山救援技术竞赛及国际事故应急救援活动。密切跟踪研究国际安全生产应急管理发展的动态和趋势，开展重大项目研究与合作。组织国际交流和学习培训，学习、借鉴国外事故灾难预防、处置和应急救援体系建设等方面的有益经验。

三、事故应急救援现状与发展趋势

【案例】

某公司A、B、C、D四名员工在学习之余讨论应急救援相关内容，他们分别持以下观点：

A：镇乡级以上地方各级人民政府应当组织有关部门制定本行政区域内生产安全事故应急救援预案，建立应急救援体系。

B：国家加强生产安全事故应急能力建设，在重点行业、领域建立应急救援基地和应急救援队伍，并由国家安全生产应急救援机构统一协调指挥。

C：乡镇人民政府和街道办事处，以及开发区、工业园区、港区、风景区等应当制定相应的生产安全事故应急救援预案，协助人民政府有关部门或者按照授权依法履行生产安全事故应急救援工作职责。

D：国务院应急管理部门牵头建立全国统一的生产安全事故应急救援信息系统。

【问题】这四名员工的阐述是否正确，为什么？试简单概述我国应急救援近些年的成绩和发展。

（一）生产安全事故应急救援现状

1. 应急救援形势依然严峻

进入 21 世纪以来，我国经济建设取得了举世瞩目的长足发展，然而随着工矿商贸、危化品、烟花爆竹等行业的发展，生产经营活动日益频繁，以及人们生活水平的不断提高，安全隐患也逐渐增多。人的不安全行为、物的不安全状态、环境缺陷、管理失误，以及教育培训科普不到位等，都不同程度地增加了诱发事故的不确定因素。各种自然灾害、事故灾难、突发公共事件等在我国频频发生，呈现出多发性、连锁性、复杂性和不可预见性的特点，给国家和人民群众生命财产安全造成了不可估量的损失，也给应急救援工作带来了极大的挑战。

2. 国家支持力度不断加大

我国高度重视安全生产工作，坚持以人为本的执政理念，大力实施安全发展战略，注重事故应急救援作为促进社会和谐稳定，保障人们生命和财产安全的基础工程，在政策上给予特别支持，加大投入，取得了重要建设成果。

党的十八大以来，党和国家高度重视应急管理工作。在深化党和国家机构改革中，党中央决定组建应急管理部和国家综合性消防救援队伍，对我国应急管理体制进行系统性、整体性重构，推动我国应急管理事业取得历史性成就、发生历史性变革。2018 年，应急管理部正式组建，《消防救援衔条例》同年施行，原有的消防救援从单一救援转型为全灾种、大应急。这个新生的部门，不仅整合 11 个部门的 13 项职责，更重要的是，它确立了灾害事故应急的专业化、职业化之路。全国防灾减灾救灾的组织和协调也有了"主心骨"，各类救援力量资源实现充分整合。这一更为先进的制度模式，给科学高效的应急救援，提供了有力支撑。

3. 应急救援工作日趋完善

在国家统一领导下，坚持综合协调、分类管理、分级负责、属地管理为主的原则来应对突发公共事件。在应急体系中，国务院是最高行政领导机构，下设的应急管理部是应急管理工作的主要责任部门。同时，国务院安委会、国家防汛抗旱总指挥部等也在国务院统一领导下有专门分工，共同履行国家应急管理职能。

2001 年，我国进入综合性应急预案的编写使用阶段。2004 年，国务院办公厅发布《国务院有关部门和单位制定和修订突发公共事件应急预案框架指南》，使重大事故应急预案的编写有章可循。到目前为止，我国已编制国务院部门应急预案 57 部，国家专项应急预案 21 部，全国各级应急预案 130 多万件，基本上涵盖了各类常见突发事件。

作为世界上自然灾害最为严重的国家之一，各类事故隐患和安全风险交织，易发多发，为此，我国政府加快了建立应急救援体系的步伐，相继颁布了一系列法律法规，如《危险化学品安全管理条例》《关于特大安全事故行政责任追究的规定》《安全生产法》《特种设备安全监察条例》《突发事件应对法》《"十四五"应急救援力量建设规划》等，对危险化学品、特大安全事故、重大危险源等应急救援工作提出了相应的规定和要求。我国制定的相关法律法规多达 60 多部，基本建立了以宪法为依据、以突发事件应对法为核心、以相关法律法规为配套的应急管理法律体系，使应急工作可以做到有章可循、有法可依。

4. 国际交流协作逐步加强

为进一步拓展安全生产应急工作事宜，我国先后加入了矿山救援、水上搜救等国际救援组织。先后与澳大利亚、德国、波兰、俄罗斯、美国等国家建立合作关系，积极参加国际范围的技术竞赛、学术交流和装备展览等活动，学习先进理念，借鉴成功经验。

5. 应急救援成绩突出

近年来，应急管理部强化应急工作的综合管理、全过程管理和力量资源的优化管理，综合应急管理能力全面提升，重大安全风险有效防控，重大灾害事故有力应对。与 2012年相比，2021 年生产安全事故起数和死亡人数分别下降 56.8% 和 45.9%，事故总量连续十年下降。2013—2021 年，全国年均因自然灾害死亡失踪人数、倒塌房屋数量、直接经济损失占 GDP 比例，较 2000—2012 年均值分别下降 87.2%、87.4%、61.7%。

应急管理的专业化和职业化优势，在一系列事故灾害中展现无遗。比如，在福州"2·16"建筑坍塌事故中，不仅第一时间成建制、模块化调集消防救援专业人员和装备以及搜救犬到场实施救援，还运用先进科技成果，会同公安部门快速精准确定被困者位置。正是依靠专业、科学施救，17 名被困人员最终被救出，其中 14 人得以生还。

响水"3·21"爆炸事故发生后，应急管理部会同江苏省启动特别重大事故应急响应，消防、应急、公安、环保、卫生、武警等各方力量形成合力，现场救援、防控污染、抢救伤员等工作尽职到位。应急管理部门的统筹，使得部门间沟通顺畅，为协同、高效处置事故创造了条件，最大限度降低了事故危害和规模。而某煤矿"12·14"透水事故，更是在应急管理部工作组统一指挥下，各项应急资源高效运转 80 多个小时，创造了 13 名矿工全部获救的救援奇迹。

6. 中国特色应急管理体制基本形成

党的十八大以来，我国应急管理事业改革发展取得历史性成就，统一指挥、专常兼备、反应灵敏、上下联动的中国特色应急管理体制初步形成，应急救援能力现代化迈出坚实步伐，专业应急救援力量、社会应急力量、基层应急救援力量建设不断加强，对国家综合性消防救援队伍的支撑协同作用进一步凸显。

"十四五"时期，我国发展仍然处于重要战略机遇期。以习近平同志为核心的党中央坚持以人民为中心的发展思想，统筹发展和安全两件大事，对防范化解重大风险挑战、推进应急管理体制改革、提高应急救援能力等作出全面部署，为加强应急救援力量建设提供了根本遵循；各部门、各地方党委政府认真贯彻党中央、国务院决策部署，全面加强应急救援力量建设，积极推进应急管理体系和能力现代化；全社会广泛参与、支持，形成了应急救援力量建设发展的良好社会环境；新一轮科技革命和产业变革创新发展，新技术、新装备不断涌现，为应急救援力量建设形成坚实支撑。

（二）事故应急救援发展趋势

1. 救援意识的主动化和救援需求的快速发展

频繁的事故灾难、严重的恶性事件及非传统性灾害的频发，使大家认识到在紧急状态下缺少救援的危害及实施救援的必要，自救、互救、呼救的自觉性、主动性大大增强，对安全性及救援设施、措施的要求日益提升。经济的发展、社会的进步、人们生活水平的提高使得人们的需求发生变化，其中之一就是随着人的生命价值的提升而来的对安全及救援需求的提高，即人们更加关注自己的生命安全和人身安全，更加关心自己在紧急状态下的逃生、救助、营救等问题。同时，经济的发展和社会的进步，又为满足人们紧急救援需求提供了物资条件和社会基础，为救援需求的满足和提升提供了实现的可能性。如此，这种主动意识一是增强了大家的学习热情，对救援知识普及、培训、宣传教育的需求增加了，需要根据不同的事故灾难特点，进行研究、编辑书籍、印发刊物、配备物品，以使大家知道怎么自救和互救；二是对各相关工作、生活、活动场所的救援要求也大大提高了，要求在物资、产品、通信、交通、人员等方面适应大家新的需求，特别是对于一些事故灾难多发场所（如煤矿、高速公路、公众场所等）提出了更高的要求；三是对社会救援体系的建设、救援能力的配备要求也日渐提高，要求在一定时间内有专业的救援队伍到达现场，实施专业高效的救援。可以说，救援主动意识的增强，对每个人、每个机构、每个场所乃至整个社会救援体系都提出了新的更高的要求，从而也有助于减少突发事件特别是事故灾难的发生、蔓延的速度和人们生命财产损失的程度。

2. 救援内容的多元化和救援力量的社会化

随着行业分工的细化、突发事件种类的增多，人们对救援的需求发生了分化，这也要求救援服务的多样化。总体上看，随着需求的变化，救援力量逐渐从家庭到政府，再由政府到专业机构和整个社会，救援的社会化趋势既是社会发展的共同需要，也是社会文明程度提高的一大标志。而且，救援总体上看是一个新兴服务业，服务业的特点是尽可能根据不同服务对象的需求特点提供量身定制的紧急救援服务。在这里，作为政府，实际上一直在努力给每个公民提供基本的公共救援服务，这是每个普通公民都可以享受的基本救援保障；作为专业性救援机构，他们主要针对自己的专业领域实施救援；作为商业机构，主要根据市场原则为客户提供服务，并在服务中实现盈利目标。总之，救援供给的社会化和多元化，救援服务内容的细化和差别化，都来自于救援需求的多样化，属于社会文明进步的主要内容。

3. 救援管理、机构、队伍和技能的专业化

随着经济的发展、生态环境的改变、人口的增多以及人们生产生活方式的调整，突发事件的发生也呈现出非传统性、多样化、危害烈度加大等特点，传统的一揽子粗放式救援体制、机制、模式和手段已难以适应新的日益细化的事故灾难特点和形势需要，这就催生了紧急救援作为一个新的专门领域的产生和发展。紧急救援从政府到社会、从法律法规政策到具体措施、从机构和装备到人员等的专门化、专业化倾向日渐显著，这已被国际国内的发展进程所证明。

一是专业性法律法规逐渐增多。我国先后出台了几部影响重大的涉及紧急救援的法律、行政规章和指导意见。如《中华人民共和国突发事件应对法》《"十一五"期间国家突

发公共事件应急体系建设规划》《国务院办公厅关于加强基层应急管理工作的意见》等。

二是政府管理机构的专门化。美国于1979年设立了联邦紧急救援署（FEMA），俄罗斯也于1994年设立了"民防、紧急状态和消除自然灾害后果部"（简称为紧急状态部），瑞典设有紧急救援署，几乎所有的发达国家都有专司紧急救援、应急管理的政府机构。我国由于原来的行政、经济管理体制的原因，基本上各生产部门都是自成体系，从设计、研发、教育、培训到生产以及安全管理、应急管理、救援队伍大都是基于行业特点和部门需要设立的。随着经济体制的改革，一些行业性主管部门的撤并，尽管企业自身的经营还可以正常进行，但安全、应急、救援管理体系却受到了冲击，因此一些专家学者一直呼吁希望建立新的应急救援管理体制，形成新的救援机制。2003年"非典"事件后，国务院设立了应急管理办公室，作为国务院内专司应急的值班和管理机构；一些综合性政府部门内也设立了专门机构（如交通运输部的海事打捞局等）。这都说明，紧急救援作为一个非常态业务，政府需要有专门的、具有权威性的部门进行研究和管理，否则在重大灾害和灾难事故面前就可能陷入被动。

三是具体救援机构的专业化。各国的救援机构基本都是从医疗救援开始发展的，近年来在医疗救援的基础上，矿山救援、道路救援、航空救援、海上救援、化工救援、地震救援、旅游救援、心理救援等专业救援机构蓬勃发展。这些以某一领域的灾难事故为救援业务的救援机构，在设备配置、人员培训、业务流程、内部管理等方面都具有其他救援机构所没有的独特优势，这不仅完善了救援体系，更重要的是提高了救援速度和效率。

四是救援知识、技能的专业化。随着突发事件的增多，大家在接受教训的同时也在总结经验，思考和研究如何才能更好地实施救援，并按照特有的规律对救援人员进行培训。而且，一些原来自己搞救援、养救援人员、配救援装备的机构也在逐渐将紧急救援业务承包或转移给新设立的专业性第三方救援机构。以上专业化趋势，提醒我们必须认真研究这一发展趋势，使我国的紧急救援体系建设尽快达到一定的专业化水平。

4. 救援体系的系统化、网络化和运行管理的科学化、标准化

突发事件的特点之一是无国界、跨行政区，而且，随着经济全球化的发展，生产、贸易、资本、科技等的全球化也迅猛发展，人们的生产、经营和生活的国际化日渐明显，这就使得突发事件在固有的自然特征之上，又有了人们生产生活的跨区域特点。因此，作为为人们提供紧急救援服务的体系也必须随之发展，形成遍布全球、逻辑严密、合理衔接的网络体系。在救援事件较少、覆盖面较小、参与机构和人员有限的情况下，紧急救援带有零散性或权宜性特点，而随着业务量的增大，政府、企业、社会的救援机构便需要紧密对接，形成一个覆盖世界各地的网络体系，以便随时接受有关机构和人员的呼救并开展救援。由呼叫—搜救—现场救援—转运—医疗—康复—保险—结算等形成了一个严密的体系，从国内到国外乃至整个国际社会需要连接和并网，其体系必须按照实际需要进行系统化和网络化的科学设计。但由于救援本身具有跨领域、跨行业的特点，因此在紧急救援体系的建设中需要采取集成、整合、契约等方法，即围绕体系创新，运用市场手段，通过契约方式以较低的社会成本和代价将有关已有资源纳入新的运行体系之中，形成新的救援服务能力，而不是什么都自己搞，一切都重新建设。

目前，一些按照商业化运作原则设立的机构，其不仅在设计上进行了充分的论证，在建设中最大限度地对已有资源进行了整合，而且在运行、管理中也按照科学规律开展工作，实行

全球范围内的标准化服务，使其能按照清晰的业务流程、规范的运作体系、高效的服务方式为客户提供满意的救援服务。目前，世界上的大型专业救援机构中，其救援的科学性、规范性、标准化、法律关系的清晰性都已达到一定水平，而且，随着社会的发展会更加完善。

5. 救援装备、产品、技能的高科技化

随着救援需求的增加、救援市场的扩大，所涉及的救援人数越来越多，且这些被救援者对救援的速度、效率、质量的要求也越来越高。同时，对于救援机构来说，要提高市场占有率、竞争力和社会知名度，就必须救援效率高，救援服务好，有相当的人员、装备、技术作支撑，特别是对于一些非传统性事故灾难，如果没有相应的先进救援装备和技术作保障，可能就难以完成救援任务。作为救援机构，要提高效益就需要降低成本、减少赔付或赔偿，而及时、高效的救援是减少赔偿的有效手段之一，也是降低综合救援成本、提高机构经济效益的重要手段，还是其为人民服务的最高宗旨和准则。为此，救援队伍的装备水平随着科技的发展而日渐提高，如直升机的调用、生命探测仪的开发、煤矿瓦斯报警装备的发展、高臂消防车的使用、大吨位救援车的投放、海上救援装置的配备、海事卫星等通信设施的运用等，都是救援装备高科技化的重要标志。围绕救援，一些家庭、写字楼、宾馆、饭店开始配备逃生产品，如救援包、防火面具、逃生绳索等。与此同时，救援技能也得以迅速提升，不仅专业救援人员的救援技能在迅速提高，政府救援人员、社会志愿者队伍的救援技能也在不断进步，大量书籍的出版发行、培训机构的诞生都是提高救援技能的重要标志。

6. 救援保障紧密结合与救援前端预测预防

在发达国家，紧急救援作为保险的扩展和延伸，已经取得显著成效，形成了成熟的合作模式和业务流程，且在此基础上逐渐向前端以及向预测、预防、防范突发事件发生、自救互救、增强当事人应急能力等方面转变。搞好预防是减少突发事件发生的主要措施，救援机构只有在收取费用之后没有救援任务、或救援任务较少时才有利可图，而减少突发事件发生的最好方法是做好预测，搞好预防，不出或少出事故。突发事件一旦发生，减少救援工作量的最大可能是及时遏制事态发展，人员伤亡和财产损失越少越好，而从及时性考虑最快捷的是自救，最快速的是现场人员互救。因此，救援机构的工作向前延伸，不仅符合其自身的经济利益，也符合当事人的最高利益，在这个方面的利益本质上是一致的。

在我国，主要是以政府救援为主，商业救援机构发育不够，市场性救援能力较弱。保险公司自改革开放后主要还在从事传统的寿险、财险业务，以致紧急救援目前还主要在医疗领域进行。其他救援，如道路救援、矿山救援等也基本未完成与保险的紧密对接，救援的理论基础还是行政性、公益性、公共性为主导的。基于救援行业的特点，按照保险理念，从大数法则和概率论原理出发，通过精算进而形成新的业务模式还没有达成广泛共识，以致基本上还是点对点、一对一地救援，且还没有向前延伸或延伸远远不够。因此，需要基于这一趋势，构建基于保险理念的紧急救援体系，并切实地通过预防减少突发事件发生，有效遏制事态发展，尽可能减少人民群众的生命财产损失。

7. 紧急救援的国际化和广泛合作

突发事件特别是特大自然灾害的发生往往不是以国家、行政区划来界定的，它们常常涉及范围广，跨越国界地域，而且即使在一个国家内部发生特大灾害，各国间的相互支持

也是应该的，这在近年来发生的重大自然灾害中已有实践。经济的全球化、国际合作的加强和交流的增多、人员跨国流动的迅猛增长，都使得合作成为必要和必然，国际上和平与发展主题的确立、国际环境的改善、国家地区间睦邻友好关系的加强，也使得国际救援合作成为可能。为此，我们不仅自己要加强与国际救援机构的交流合作，且要在重大救援力量布局、重大规划制定、重要救援队伍设立等方面考虑与周边国家的救援合作需求，通过国际社会的共同努力，减少突发事件的发生及其给人类社会带来的威胁和损失。

8. 救援的产业化、市场化、商业化

政府作为紧急救援的基本保障者和提供者，固然可以满足一般人群的普通救援需求，但难以完全满足不同人群、不同突发事件下的不同需求。有必要按照工作或环境特征、事故灾难特点设计特殊的紧急救援产品，满足特殊需要。紧急救援还是个可以向各方面延伸的领域，如进入预防阶段，则涉及装备、产品、物资配备，涉及救援人员数量和质量；如进入培训领域，则涉及编写教材、设立场所、购置器材、组织培训等，同时还需要耗费人力财力等。政府给予紧急救援支持是必要的，在政府加大投入、社会积极参与的同时，还需要发展市场化的紧急救援体系，尽可能实现一些应急救援领域的产业化。

任务二　生产安全事故应急救援体系

一、事故应急救援体系构成

【案例1】施救措施不当造成严重危害

2017年8月19日9时左右，工人孔某在巡查原料系统选粉机时发生一氧化碳中毒。监护人谢某发现孔某一氧化碳中毒后，在未佩戴使用防护用品的情况下进行施救，后颜某、胡某、朱某同样在未佩戴使用防护用品的情况下陆续进行施救，造成施救4人一氧化碳中毒。相关部门接警将5人救出送医，但经医院抢救无效5人全部死亡。

【问题】试分析以上案例中的施救措施是否妥当，若不当请指出并分析应该如何正确施救。

在安全生产工作中，由于潜在的重大事故风险多种多样，所以相应每一类事故灾难的应急救援措施可能千差万别，但其基本应急模式是一致的。构建应急救援体系，应落实顶层设计和系统论的思想，以事件为中心，以功能为基础，分析和明确应急救援工作的各项基本要求，在应急能力评估和应急资源统筹安排的基础上，科学地建立规范化、标准化的应急救援体系，保证各级应急救援体系的统一和协调。一个完整的应急救援体系应由组织体制、运作机制、法制基础和应急保障系统4部分构成，如图1-3所示。

（一）组织体制

应急救援体系组织体制建设中的管理机构是指维持应急日常管理的负责部门；功能部门包括与应急活动有关的各类组织机构，如消防机构、医疗机构等，应急指挥是在应急预案启动后，负责应急救援活动场外与场内的指挥；而救援队伍则由专业和志愿人员组成。

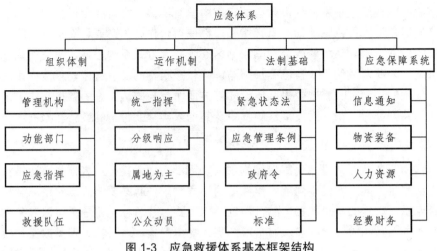

图 1-3　应急救援体系基本框架结构

（二）运作机制

应急救援活动一般划分为应急准备、初级响应、扩大应急和应急恢复四个阶段，应急运作机制与这四个阶段的应急活动密切相关。应急运作机制主要由统一指挥、分级响应、属地为主和公众动员这四个基本机制组成。

统一指挥是应急活动的最基本原则。应急指挥一般可分为集中指挥与现场指挥，或场外指挥与场内指挥等。无论采用哪一种指挥方式，都必须实行统一指挥的模式；无论应急救援活动涉及单位的行政级别高低还是隶属关系不同，都必须在应急指挥部的统一组织协调下行动，有令则行，有禁则止，统一号令，步调一致。

分级响应是指在初级响应到扩大应急的过程中实行的分级响应的机制。扩大或提高应急级别的主要依据是事故灾难的危害程度、影响范围和控制事态能力。影响范围和控制事态能力是"升级"的最基本条件。扩大应急救援主要是提高指挥级别、扩大应急范围等。属地为主强调"第一反应"的思想和以现场应急、现场指挥为主的原则。

公众动员机制是应急机制的基础，也是整个应急体系的基础。

（三）法制基础

法制建设是应急体系的基础和保障，也是开展各项应急活动的依据，与应急有关的法规可分为四个层次：由立法机关通过的法律，如紧急状态法等；由政府颁布的规章，如应急救援管理条例等；包括预案在内的以政府令形式颁布的政府法令、规定等；与应急救援活动直接有关的标准或管理办法等。

（四）应急保障系统

列于应急保障系统第一位的是信息与通信系统，构筑集中管理的信息通信平台是应急体系最重要的基础建设。应急信息通信系统要保证所有预警、报警、警报、报告、指挥等活动的信息交流快速、顺畅、准确，以及信息资源共享；物资与装备不仅要保证有足够的数量，而且还要实现快速、及时供应到位；人力资源保障包括专业队伍的建设、志愿人员以及其他有关人员的培训教育，应急财务保障应建立专项应急科目，如应急基金等，以保障应急管理运行和应急反应中各项活动的支出。

二、事故应急救援组织体系

【案例2】青海省西宁市城中区公交车站路面塌陷救援

2020年1月13日17时24分许，青海省西宁市城中区南大街红十字医院公交车站一辆17路公交车进站上下乘客时，路面突然塌陷，致使公交车和车站部分人员坠落。公交车在下坠过程中砸断地下自来水供水管，水流冲击导致塌陷区快速下陷，造成二次塌陷，又有部分人员坠落。

当地迅速调集应急、消防、公安、城管、交通、人防、矿山救援队等专兼职救援力量1000余人进行救援。青海省消防救援总队调派27辆消防车、129名指战员到场处置，利用生命探测仪搜寻、热成像定位、无人机侦察等搜寻被困人员，采取稳固支撑与开辟救援空间、人工搜寻与工程清障、持续搜救与交替换防相结合的方式，全力搜救被困人员。经过88小时不间断搜救，共营救被困人员22人，找到9名遇难者遗体。

【问题】试分析上述案例中救援成功的原因和采用的先进救援技术有哪些。

组织体系是全国安全生产应急救援体系的基础之一，根据《全国安全生产应急救援体系总体规划方案》的要求，通过建立和完善应急救援的管理决策层、协调指挥系统及应急救援队伍，形成完整的全国事故应急救援组织体系，如图1-4所示。

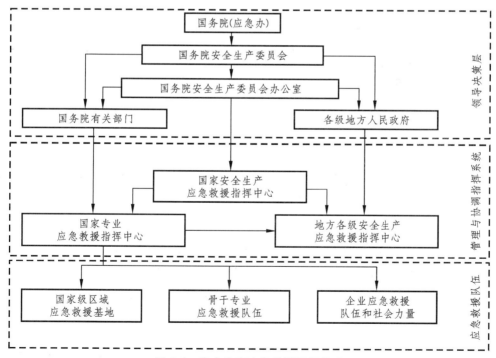

图1-4 安全生产应急救援组织体系

国家安全生产应急救援指挥中心的主要职责和内设机构

（一）事故应急救援管理机构

按照统一领导、分级管理的原则，全国事故应急救援管理机构主要由国务院安全生产委员会及其办公室、国务院有关部门、地方各级人民政府组成。

1. 国务院安全生产委员会

国务院安全生产委员会旨在加强对全国安全生产工作的统一领导，促进安全生产形势的稳定好转，保护国家财产和人民生命安全，主要是在国务院领导下，负责研究部署、指导协调全国安全生产工作；研究提出全国安全生产工作的重大方针政策；分析全国安全生产形势，研究解决安全生产工作中的重大问题；必要时，协调军委联合参谋部调集部队参加特大生产安全事故应急救援工作；完成国务院交办的其他安全生产工作。

2. 国务院安全生产委员会办公室

安全生产委员会办公室是安委会的办事机构。安全生产委员会办公室设在应急管理部，承担安委会的日常工作。

安全生产委员会办公室主要职责是：研究提出安全生产重大方针政策和重要措施的建议；监督检查、指导协调国务院有关部门和各省、自治区、直辖市人民政府的安全生产工作；组织国务院安全生产大检查和专项督查；参与研究有关部门在产业政策、资金投入、科技发展等工作中涉及安全生产的相关工作；负责组织国务院特别重大事故调查处理和办理结案工作；组织协调特别重大事故应急救援工作；指导协调全国安全生产行政执法工作；承办安委会召开的会议和重要活动，督促、检查安委会会议决定事项的贯彻落实情况；承办安委会交办的其他事项。

3. 国务院有关部门

国务院有关部门在各自职责范围内领导有关行业或领域的事故应急救援管理和应急救援工作，监督检查、指导协调有关行业和领域的事故应急救援工作，负责本部门所属的事故应急救援协调指挥机构、队伍的行政和业务管理，协调和指挥本行业或领域应急救援队伍和资源参加重特大事故应急救援。

4. 地方各级人民政府和相关部门

地方各级人民政府统一领导本地区事故应急救援工作，按照分级管理的原则统一指挥本地区安全生产事故应急救援，相关部门指导协调有关行业和领域的事故应急救援工作，负责本部门所属的事故应急救援协调指挥机构、队伍的行政和业务管理。

（二）事故应急救援指挥系统

全国安全生产应急管理与协调指挥系统由国家安全生产应急救援指挥中心、有关专业安全生产应急管理与协调指挥机构、地方各级安全生产应急管理与协调指挥机构与现场应急指挥机构组成，如图1-5所示。

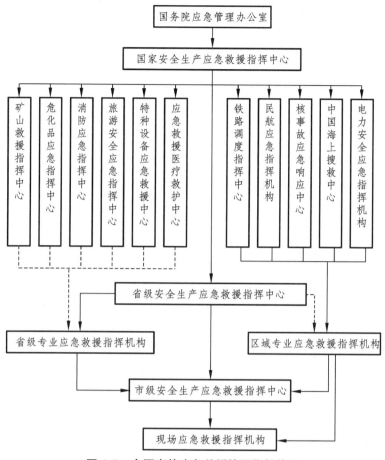

图 1-5　全国事故应急救援协调指挥体系

1. 国务院应急管理办公室

作为承担国务院应急管理日常工作和国务院总值班工作的机构，国务院应急管理办公室履行值守应急、信息汇总和综合协调职责，发挥运转枢纽作用。其主要职责如下：

（1）承担国务院总值班工作，及时掌握和报告国内外相关重大情况和动态，办理向国务院报送的紧急重要事项，保证国务院与各省（区、市）人民政府、国务院各部门联络畅通，指导全国政府系统值班工作。

（2）办理国务院有关决定事项，督促落实国务院领导批示、指示，承办国务院应急管理的专题会议、活动和文电等工作。

（3）负责协调和督促检查各省（区、市）人民政府、国务院各部门应急管理工作，协调、组织有关方面研究提出国家应急管理的政策、法规和规划建议。

（4）负责组织编制国家突发公共事件总体应急预案和审核专项应急预案，协调指导应急预案体系和应急体制、机制、法治建设，指导各省（区、市）人民政府、国务院有关部门应急体系、应急信息平台建设等工作。

（5）协助国务院领导处置特别重大突发公共事件，协调指导特别重大和重大突发公共事件的预防预警、应急演练、应急处置、调查评估、信息发布、应急保障和国际救援等工作。

（6）组织开展信息调研和宣传培训工作，协调应急管理方面的国际交流与合作。

（7）承办国务院领导交办的其他事项。

2. 国家安全生产应急救援指挥中心

根据中央机构编制委员会的有关文件规定，国家安全生产应急救援指挥中心为国务院安全生产委员会办公室领导、应急管理部管理的事业单位，履行全国安全生产应急救援综合监督管理的行政职能，按照国家安全生产突发事件应急预案的规定，协调、指挥安全生产事故灾难应急救援工作。主要职责如下：

（1）参与拟定、修订全国安全生产应急救援方面的法律法规和规章，制定国家安全生产应急救援管理制度和有关规定并负责组织实施。

（2）负责全国安全生产应急救援体系建设，指导、协调地方及有关部门安全生产应急救援工作。

（3）组织编制和综合管理全国安全生产应急救援预案。对地方及有关部门安全生产应急预案的实施进行综合监督管理。

（4）负责全国安全生产应急救援资源综合监督管理和信息统计工作，建立全国安全生产应急救援信息数据库，统一规划全国安全生产应急救援通信信息网络。

（5）负责全国安全生产应急救援重大信息的接收、处理和上报工作。负责分析重大危险源监控信息并预测特别重大事故风险，及时提出预警信息。

（6）指导、协调特别重大安全生产事故灾难的应急救援工作；根据地方或部门应急救援指挥机构的要求，调集有关应急救援力量和资源参加事故抢救；根据法律法规的规定或国务院授权组织指挥应急救援工作。

（7）组织、指导全国安全生产应急救援培训工作。组织、指导安全生产应急救援训练、演习。协调指导有关部门依法对安全生产应急救援队伍实施资质管理和救援能力评估工作。

（8）负责安全生产应急救援科技创新、成果推广工作。参与安全生产应急救援国际合作与交流。

（9）负责国家投资的安全生产应急救援资产的监督管理，组织对安全生产应急救援项目投入资产的清理和核定工作。

（10）完成国务院安全生产委员会办公室交办的其他事项。

另外，根据中央机构编制委员会的文件规定，国家安全生产应急救援指挥中心经授权履行安全生产应急救援综合监督管理和应急救援协调指挥职责

3. 专业事故应急救援协调指挥系统

依托国务院有关部门现有的应急救援调度指挥系统，建立完善矿山、危险化学品、消防、铁路、民航、核工业、海上搜救、电力、旅游、特种设备10个国家级专业安全生产应急管理与协调指挥机构，负责本行业或领域事故应急管理工作，负责相应的国家专项应急预案的组织实施，调动指挥所属应急救援队伍和资源参加事故抢救。依托国家矿山医疗救护中心，建立国家事故应急救援医疗救护中心，负责组织协调全国事故应急救援医疗救护工作，组织协调全国有关专业医疗机构和各类事故灾难医疗救治专家进行应

急救援医疗抢救。

各省（区、市）根据本地事故应急救援工作特点和需要，相应建立矿山、危险化学品、消防、旅游、特种设备等专业安全生产应急管理与协调指挥机构，是本省（区、市）安全生产应急管理与协调指挥系统的组成部分，也是相应的专业安全生产应急管理与协调指挥系统的组成部分，同时接受相应的国家级专业安全生产应急管理与协调指挥机构的指导。

国务院有关部门根据本行业或领域事故应急救援工作的特点和需要建立海上、铁路、民航、核工业、电力等区域性专业应急管理与协调指挥机构，是本行业或领域专业事故应急救援管理与协调指挥系统的组成部分，同时接受所在省（区、市）事故应急救援管理与协调指挥机构的指导，也是所在省（区、市）事故应急救援管理与协调指挥系统的组成部分。

（1）矿山和危险化学品事故应急救援管理与协调指挥系统由国家安全生产应急救援指挥中心和各省（区、市）应急管理部门建立的事故应急救援指挥机构、市（地）及重点县（区）事故应急救援指挥机构组成。

（2）消防应急管理与协调指挥系统由公安部设立的国家消防应急救援指挥中心和县级以上地方人民政府公安部门设立的消防应急救援指挥机构组成。

（3）中国民用航空局设立的国家民航应急指挥机构，北京、上海、广州、成都、沈阳、西安和乌鲁木齐7个地区民航管理局设立的区域搜寻救援协调中心和全国各机场设立的应急救援指挥中心，形成全国民航三级搜寻救援管理与协调指挥系统。

（4）国家国防科技工业局（简称国防科工局）设立的国家核应急响应中心，广东、浙江、江苏三个核电厂所在的省和北京、四川、甘肃、内蒙古、辽宁、陕西6个核设施集中的省（区、市）建立的核应急救援指挥中心，核电厂营运单位设立的核应急响应中心，构成三级核应急管理与协调指挥系统。

（5）交通运输部设立的中国海上搜救中心，与辽宁、河北、天津、山东、江苏、上海、浙江、福建、广东、广西、海南11个沿海省（区、市）设立的区域海上搜救指挥中心和在武汉设立的长江水上搜救指挥中心，形成全国水上搜救管理与协调指挥系统。

（6）国家能源局设立电力安全应急救援指挥机构，在电网企业和各级电力调度机构基础上建立全国电力安全应急管理与协调指挥组织体系。

（7）文化和旅游部建立中国旅游应急救援指挥中心，各省（区、市）设立省级旅游应急救援中心，优秀旅游城市设立旅游应急救援中心，形成全国旅游安全应急救援协调指挥机构。

（8）国家市场监督管理总局建立特种设备应急协调指挥机构，与地方各级质监部门的应急协调指挥机构、检测检验机构构成全国特种设备事故应急协调指挥系统，与国家安全生产应急救援指挥中心建立通信信息网络联系，实现应急救援信息共享、统一协调指挥。

（9）应急管理部（原国家安全生产监督管理总局）在国家矿山医疗救护中心基础上设立国家事故应急救援医疗救护中心，依托省级卫生部门的医疗救治中心和特殊行业（领域）的事故应急救援医疗救护中心，形成全国事故应急救援医疗救护协调调度系统，掌握和协调专业的医疗救护资源，配合事故应急救援开展医院前的现场急救。它既是全国事故应急救援体系的组成部分，也是全国医疗卫生救治体系中的一个专业医疗救护体系，接受国家卫生健康委员会的指导。

4. 地方安全生产应急协调指挥系统

全国各省（区、市）建立安全生产应急救援指挥中心，在本省（区、市）人民政府及其安全生产委员会领导下负责本地安全生产应急管理和事故灾难应急救援协同指挥工作。

各省（区、市）根据本地实际情况和事故应急救援工作的需要，建立有关专业安全生产应急协调指挥机构，或依托国务院有关部门设立在本地的区域性专业应急管理与协调指挥机构，负责本地相关行业的安全生产应急协调指挥工作。

在全国各市（地）规划建立市（地）级安全生产应急协调指挥机构，在当地政府的领导下负责本地事故应急救援工作，并与省级专业应急救援指挥机构和区域级专业应急救援指挥机构相协调，组织本地安全生产事故应急救援工作。

市（地）级专业安全生产应急协调指挥机构的设立，以及县级地方政府安全生产应急协调指挥机构的设立，由各地方政府根据实际情况确定。

5. 现场指挥系统的组织结构

重大事故的现场情况往往十分复杂，且汇集了各方面的应急力量与大量的资源，应急救援行动的组织、指挥和管理成为重大事故应急工作所面临的一个严峻挑战。应急过程中存在的主要问题有：太多的人员向事故指挥官汇报；应急响应的组织结构各异，机构间缺乏协调机制，且术语不同；缺乏可靠的事故相关信息和决策机制；应急救援的整体目标不清或不明；通信不兼容或不畅；授权不清或机构对自身现场的任务、目标不清。

对事故事态的管理方式决定了整个应急行动的效率。为保证现场应急救援工作的有效实施，必须对事故现场的所有应急救援工作实施统一指挥和管理，即建立事故应急指挥系统，形成清晰的指挥链，以便及时地获取事故信息，分析和评估事态，确定救援的优先目标，决定如何实施快速、有效的救援行动和保护生命的安全措施，指挥和协调各方应急力量的行动，高效地利用可获取的资源，确保应急决策的正确性和应急的整体性、有效性。

事故应急指挥系统目的是在标准的结构下，将设施、设备、人员、程序和通信连为一个整体，提高事故管理的效率与质量。事故应急指挥系统是一个通用模板，不仅适用于组织短期事故现场行动，还适用于长期应急管理行为，从单纯事故到复杂事故，从自然灾害到人为事故均适用。应急指挥系统适用于各级政府、各领域和行业，以及多数企事业单位，广泛适用于包括恐怖袭击在内的各类突发公共安全事件。现场应急指挥系统的结构应当在紧急事件发生前就已建立，预先对指挥结构达成一致意见，将有助于保证应急各方明确各自的职责，并在应急救援过程中更好地履行职责。应急指挥模式按照事故性质与规模大致可以划分为三种类型：单一应急指挥、区域应急指挥和联合应急指挥。这三种应急指挥模式也不是一成不变的，可单独存在，也可互相结合，如多起事故并发、影响性质严重、波及范围广泛时，则可采用区域联合指挥，以提高应急指挥效率和质量。

无论哪种类型或哪个级别的应急指挥，其组织机构基本原型都可以由指挥部、行动部、策划部、后勤部和财政/行政部五部分核心应急响应职能部门组成，如图1-6所示。这是构成应急指挥系统的基本要素并具有特定的功能。

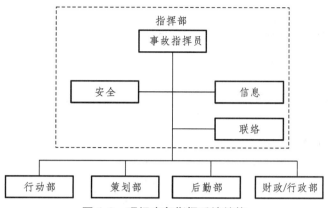

图 1-6　现场应急指挥系统结构

1）指挥部

事故应急指挥部成员包括事故指挥员和各类专职岗位人员。事故指挥员主要职责如下：实施应急指挥；协调有效的通信；协调资源分配；确定事故优先级；建立相互一致的事故目标及批准应急策略；将事故目标落实到响应机构；审查和批准事故行动计划；确保整个响应组织与事故指挥系统融为一体；建立内外部协议；确保响应人员与公众的健康、安全；沟通媒体等。

专职岗位是指直接向事故应急指挥员负责并在指挥部门内负责专门事务的岗位，在特殊情况下，有权处理一些事先并未预测到的重大问题。事故应急指挥系统中主要有公共信息官员、安全官员和联络官员三类专职岗位。

公共信息官员负责与公众或媒体沟通，以及与其他相关机构交流事故信息。公共信息官员准确而有序地报告有关事故原因、规模和现状的信息，还包括资源使用状况等内外部需要的一般信息。公共信息官员要发挥监督公共信息的重要作用。无论是哪一类指挥机构，仅能任命唯一的公共信息官员。所有事故重要信息的发布必须经事故指挥员批准。

安全官员负责监测事故行动并向事故指挥员提出关于行动安全的建议，包括应急响应人员的安全与健康。安全官员直接对事故应急指挥员负责，安全问题最终由各级事故指挥员负责。在应急行动过程中，安全官员有权制止或防止危及生命安全行为。在应急指挥系统内，无论有多少机构参与，仅任命唯一的安全官员，联合指挥结构下其他部门或机构可以根据需要委派安全官员助手。行动部门领导和策划部门领导，必须在应急响应人员安全与健康问题上与安全官员密切配合。

联络官员是应急指挥系统与其他机构，包括政府机构、非政府机构和企事业单位等的连接点。联络官员征求并收集参加应急救援各个功能负责单位和支援单位的意见并及时向指挥员报告，同时也把指挥的战略、战术意图传达给各参战单位，使所有应急救援行为更加统一、协调、有序。各参战部门也可以任命来自其他事故处理部门的助手或人员协助安全官员开展协调工作。

针对大型或复杂事故，总指挥员可以配备一名或多名副职（副总指挥），协助指挥员行使应急管理功能。指挥员负责组织管理其副职，每个副职都对总指挥负责，在其指定权力范围内可以发挥大的作用。

2）行动部

行动部负责管理事故现场战术行动，在第一线直接组织现场抢险，减少各类危害，抢救生命财产，维护事故现场秩序，恢复正常状态。

以功能为单元，行动部门的机构类型可能包括消防、执法、工程抢险、医疗救护、卫生防疫、环境保护、现场监测和组织疏散等。根据现场实际情况，可采用各单位独立行动或几个单位联合行动。

根据事故的类型、参与机构、事故应急目标等情况，事故行动部可以采用多种组织与执行方式，也可以根据辖区的边界和范围来选择对应的组织方式。

当应急活动或资源协调超出行动部管理的范围时，则应在行动部之下建立分片、分组或分部。分片是根据地理分界线来划分事故应急区域。分组则根据事故执行任务的实际活动划分出负责某些具体行动的功能组别。出现以下三种情况时，应考虑建立分部。

一是分片或分组数量和任务超出行动部领导控制范围，分部之下再配备相应的分片或分组。

二是可以根据事故性质设置功能分部。例如，大型的飞行器在城市坠落，城市的各部门（包括公安、消防、应急服务、公共卫生服务）均应建立功能分部，在统一行动指挥下行动。一般这类事故的行动部领导来自消防部，副手来自公安、公共卫生部。

三是事故已扩散到多个区域。在事故涉及多辖区情况下，可要求国家、省、市社区或企事业单位建立各自分部并在统一行动指挥下联合响应。

3）策划部

策划部负责收集、评价、传输事故相关的战略信息。该部门应掌握最新的情报，了解战略发展变化态势和事故应急救援现状与分配情况。策划部门的职能是制定应急活动方案和事故指挥地图，应在指挥员批准后下达到相关应急功能单位。策划部一般是由部门领导、资源配置计划、现状分析、文件管理、撤离善后和技术支持这6个部分组成。

策划部领导组织和监督所有事故相关的资料收集和分析工作，提出替代战略行动，指导策划会议、制定各行动期间应急活动方案。

资源配置计划单位负责提出有关人员、队伍、设施、供给、物资材料和主要设备的需求计划；确认所分配资源的最新位置与使用现状；制定当前和下期行动所有资源的管理清单。

现状分析单位负责收集、处理和组织管理现状信息；准备现状概述报告；提出事故有关工作的未来发展方向；准备地图等资料；收集并传输用于应急活动方案的信息与情报。

文件管理单位负责准确而完整地保存事故文件，包括解决事故应急问题重大步骤的完整记录；为事故应急人员提供文件资料复制服务；归档、维护并保存文件，以备法律、事故分析和留作历史资料之用。

撤离善后单位负责制定事故解散计划，具体指示所有人员采取善后行动。该单位应在事故的一开始就开展工作。一旦事故善后计划获得批准，善后单位确保将计划通知到现场及其他有关部门，并指导监督其实施。

技术支持可由专家组（群）和专业技术支撑单位两部分组成。根据事故风险分析的需求选择各专业，包括气象、消防、急救、环境、防疫、化学和法律等各类技术专家。依据事故应急管理需要，请专家参加策划部的工作，也可作为总指挥的顾问。另外，还应选择一些专业科技单位作为技术支撑单位，包括防灾中心和安全科技研究院。

4）后勤部

后勤部支持所有的事故应急资源需求，包括通过采购部门订购资源，向事故应急人员提供后勤支持和服务。后勤部一般由领导、供应、食品、运输、设施通信、医疗7个部分组成。

供应单位负责订购、接收、储存和处理事故应急资源与人力。供应单位为所有的需求部门提供支持，包括所有工具和便携式非消耗性设备的储存、运送和服务。

装备与设施支持单位负责建立、保持和解散用于事故应急行动的设施，并为事故应急行动提供必要的设施维护和安保服务。装备与设施单位还在事故区域和周边地区设立应急指挥工作站、基站、营地、移动房屋或其他形式的掩体。事故救援基地与营地往往设立在有现成建筑物的场所，可以部分或全部利用现有建筑。装备与设施单位还提供和建立应急人员必需生活设施。

交通运输支持单位的工作主要包括维护并修复主要战略性设备、车辆、移动式地面支持设备。记录所有分配到事故现场的地面设施（包括合同设备）的使用时间；为所有移动设备提供燃料；提供支持事故应急行动的交通工具；制定并实施事故交通计划，维持并保证交通顺畅有序。

通信单位制定通信计划，以提高通信设备与设施使用效率，安装和检测所有通信设备，监督并维护事故通信中心，向个人分配并修复通信设备，在现场对设备进行维护与维修。通信单位的主要责任之一是为应急指挥系统进行有效的通信策划。尤其是在多机构参与事故应急时，这类策划对无线网的建立、机构间频率的分配、确保系统的相容性、优化通信能力都非常有意义。通信单位领导应参与所有的事故策划会议，确保通信系统能支持下一步行动期间的战略性行动。如无特殊情况，无线通信不得使用代码，避免复杂词汇或噪声引发的误解，降低出错的概率。

大型事故的无线通信网络通常可按下列要求组建五大网络。

指挥网络：将各有关方联系起来，包括事故指挥人员、部门领导、分管主任、分片和分组监督人员等。

战术性网络：建立几个战术性网络，将各机构、部门、地理区域、具体功能单位联系起来。应策划建立联合网络，通信单位领导应制定总体计划以保证网络运行。

支持网络：主要用来满足资源现状的变化，但也可能满足后勤方面的要求或外部支持的要求。

地面—空中网络：协调地面、空中交通，建立专项战略性频率或常规战略性网络。

空中—空中网络：事前往往预先设计并指定空对空网络。

食品供应单位确定食品和水的需求，尤其是在事故范围很大时更为重要。食品供应单位必须能够预测事故需求，包括饮食的人员数量、类型、地点，或因为事故复杂性而对食品的特殊要求。该单位应为事故应急响应全过程提供食品服务，包括所有的偏远地点（如营地和集结区域），以及向不能离开岗位的行动人员提供饮食。食品单位应密切保持与其他策划、供应和交通运输等有关部门的联系。为确保食品安全，饮食服务前与服务中必须仔细检查和监测，包括请公共卫生、环境卫生和检验安全专家参与。

医疗单位的主要责任包括：为事故人员制定事故医疗计划；制定事故人员重大医疗紧急处理程序；提供24 h持续医护，包括对事故人员提供免疫接种和对带菌者预控；提供职业卫生、预防、精神健康服务；为事故受伤人员提供交通服务；确保从起点到最终处置点，全过程跟踪护送事故伤员，帮助处理人员受伤或死亡的文字登记工作；协调人员死亡时的人事和丧葬工作。

5）财政/行政部

事故管理活动需要财务和行政服务支持时，必须建立财政/行政部。对于大型复杂事故，征集来自多个机构的大量资金运作，财政/行政部则是应急指挥系统的一个关键部门，为各类救援活动提供资金。该部门领导必须向指挥员跟踪报告财物支出的进展情况，以便指挥员预测额外开支，以防造成不良后果。该部门领导还应监督开支是否符合法纪规定，注意与策划及后勤部紧密配合，行动记录应与财务档案一致。

当事故的强度与范围都较小或救援活动比较单一时，不必建立专门的财政/行政部，可临时设一位专业人员行使这方面的职能。

（三）事故应急救援队伍系统

根据矿山、石油化工、铁路、民航、核工业、水上交通、旅游等行业领域的特点、危险源分布情况，通过整合资源、调整区域分布、补充人员和装备，形成以企业应急救援力量为基础，以国家级区域专业应急救援基地和地方骨干专业队伍为中坚力量，以应急救援志愿者等社会救援力量为补充的安全生产应急救援队伍体系。

全国事故应急救援队伍体系主要包括以下 4 个方面：

1. 国家级区域应急救援基地

依托国务院有关部门和有关大中型企业现有的专业应急救援队伍进行重点加强和完善，建立国家安全生产应急救援指挥中心管理指挥的国家级综合性区域应急救援基地、国家级专业应急救援指挥中心管理指挥的专业区域应急救援基地，保证特别重大安全生产事故灾难应急救援和实施跨省（区、市）应急救援。

2. 骨干专业应急救援队伍

根据有关行业或领域事故应急救援的需要，依托有关企业现有的专业应急救援队伍进行加强、补充、提高，形成骨干救援队伍，保证本行业或领域重特大事故应急救援和跨地区实施救援。

3. 企业的应急救援队伍

各类企业严格按照有关法律、法规和标准的规定建立专业应急救援队伍，或按规定与有关专业救援队伍签订救援服务协议，保证企业自救能力。鼓励企业应急救援队伍扩展专业领域，为周边企业和社会提供救援服务。企业应急救援队伍是事故应急救援队伍体系的基础。

4. 社会救援力量

引导、鼓励、扶持社区建立由居民组成的应急救援组织和志愿者队伍，事故发生后能够立即开展自救、互救，协助专业队伍展开救援；鼓励各种社会组织建立应急救援队伍，按市场运作的方式展开事故应急救援，作为安全生产应急救援队伍的补充。

矿山、危化品、电力、特种设备等行业领域的事故灾难，应充分发挥本行业（领域）专家的作用，以相关专业救援队伍、企业救援队伍和社会力量展开应急救援。通过事故所属专业安全生产应急管理与协调指挥机构和相关安全生产应急管理与协调指挥机构建立的业务及通信信息网络联系，调集相关专业队伍实施救援。

各级各类应急救援队伍承担所属企业（单位）及有关管理部门划定区域内的安全生产事故灾难应急救援工作，并接受当地政府和上级安全生产应急管理与协调指挥机构的协调指挥。

三、事故应急救援运行机制

【案例3】1·10 烟台金矿爆炸事故

2021年1月10日14时，山东省烟台市栖霞市一金矿发生爆炸事故，致井通梯子间损坏，罐笼无法正常运行，因信号系统损坏，造成井下22名工人被困失联。事故发生后，涉事企业迅速组织力量施救，但由于对救援困难估计不足，直到1月11日20时5分才向栖霞市应急管理局报告有关情况，存在迟报问题。接报后，立即成立省市县一体化应急救援指挥部，投入专业救援力量300余人、40余套各类机械设备，紧张有序开展救援。经全力救援，11人获救，10人死亡，1人失踪，直接经济损失达6847.33万元。

【问题】试对该案例进行事故分析，并总结事故救援过程中存在的问题和应对措施。

山东某公司某金矿"1·10"重大爆炸事故调查报告

（一）事故应急运作机制

事故应急运作机制主要由统一指挥、分级响应、属地为主和公众动员这4个基本机制组成。

统一指挥是应急活动的最基本原则。应急指挥一般可分为集中指挥与现场指挥或场外指挥与场内指挥等。无论采用哪一种指挥方式，都必须实行统一指挥的模式。无论应急救援活动涉及单位的行政级别高低和隶属关系有何不同，都必须在应急指挥部的统一组织协调下行动，有令则行，有禁则止，统一号令，步调一致。

分级响应是指在初级响应到扩大应急的过程中实行的分级响应的机制。扩大或提高应急级别的主要依据是事故灾难的危害程度、影响范围和控制事态能力。影响范围和控制事态能力是"升级"的最基本条件。扩大应急救援主要是指提高指挥级别、扩大应急范围等。

属地为主强调"第一反应"的思想和以现场应急指挥为主的原则。在国家的整个应急救援体系中，地方政府和地方应急力量是开展事故应急救援工作的主力军，地方政府应充分调动地方应急资源和力量开展应急救援工作。现场指挥以地方政府为主，部门和专家参与，充分发挥企业的自救作用。

公众动员是应急机制的基础，也是整个应急体系的基础，是指在应急体系的建立及应急救援过程中要充分考虑并依靠民间组织、社会团体及个人力量，营造良好的社会氛围，使公众都参与到救援过程中，人人都成为救援体系的一部分。当然这并不是要求公众去承担事故应急救援任务，而是希望充分发挥社会力量的基础性作用，建立健全组织和动员人民群众参与应对事故灾难的有效机制，增强公众防灾减灾意识，在条件允许的情况下发挥应有的作用。

按照统一指挥、分级响应、属地为主、公众动员的原则，建立应急管理、应急响应、经费保障和有关管理制度等关键性运行机制，形成统一指挥、反应灵敏、协调有序、运转高效的应急管理工作机制，以保障应急救援体系运转高效、反应灵敏，取得良好的救援效果。

（二）事故应急响应机制

重大事故应急救援体系应根据事故的性质、严重程度、事态发展趋势和控制能力实行分级响应机制，对不同的响应级别，相应地明确事故的通报范围，应急中心的启动程度，应急力量的出动，设备、物资的调集规模，疏散的范围，应急总指挥的职位等。典型的响应级别通常可分为以下三级。

1. 一级紧急情况（Ⅰ级响应）

一级紧急情况级别最高，事态发展比较严峻。

一级紧急情况指必须利用所有有关部门及一切资源的紧急情况，或者需要各个部门同外部机构联合处理的各种紧急情况，通常要宣布进入紧急状态。在该级别中，作出主要决定的职责通常是紧急事务管理部门。现场指挥部可在现场作出保护生命和财产以及控制事态所必需的各种决定。解决整个紧急事件的决定，应该由紧急事务管理部门负责。

2. 二级紧急情况（Ⅱ级响应）

二级紧急情况指需要两个或更多的部门响应的紧急情况。该事故的救援需要有关部门的协作，并且提供人员、设备和其他资源。该级响应需要成立现场指挥部来统一指挥现场的应急救援行动。

3. 三级紧急情况（Ⅲ级响应）

三级紧急情况指能被一个部门通过正常可利用的资源处理的紧急情况，属于程度最小的响应。正常可利用的资源指在该部门权力范围内可以利用的应急资源，包括人力和物力等。必要时，该部门可以建立一个现场指挥部，所需的后勤支持、人员或其他资源增援由本部门负责解决。

（三）事故应急救援响应程序

事故应急救援体系的应急响应程序按过程可分为接警与响应级别确定、应急启动、救援行动、应急恢复和应急结束五个阶段，如图1-7所示。

1. 接警与响应级别确定

接到事故报警后，按照工作程序，对警情做出判断，初步确定相应的响应级别。如果事故不足以启动应急体系的最低响应级别，响应关闭。由自然灾害、道路运输生产事故等原因引发的突发事件，企业应根据其造成或者可能造成的重要客运枢纽运行中断时间、人员伤亡情况、生态环境破坏和社会危害严重程度等情况综合确定突发事件响应级别。

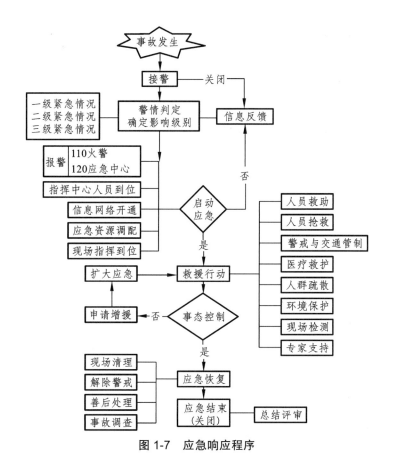

图 1-7　应急响应程序

2. 应急启动

应急响应级别确定后，按所确定的响应级别启动应急程序，如通知应急中心有关人员到位、开通信息与通信网络、通知调配救援所需的应急资源（包括应急队伍和物资、装备等）、成立现场指挥部等。

3. 救援行动

相关应急队伍进入事故现场后，迅速开展事故侦测、警戒、疏散、人员救助、工程抢险等有关应急工作，专家组为救援决策提供建议和技术支持。当事态超出响应级别无法得到有效控制时，向应急中心请求实施更高级别的响应。

4. 应急恢复

救援行动结束后，进入临时应急恢复阶段。该阶段主要包括现场清理、人员清理和撤离、警戒解除、善后处理和事故调查等。

5. 应急结束

突发事件的威胁和危害得到控制和消除，经有关单位或组织发出突发事件应急响应终止，执行应急关闭程序，由应急总指挥宣布应急结束。

【案例 4】浦江某公司储存危险物品未采取可靠的安全措施

2022 年 2 月 24 日上午，浦江县应急管理局执法人员在对某公司开展执法检查时，发现该公司储存危化品胶水、白电油的仓库未安装防爆排风扇、可燃气体浓度报警仪，未配备消防器材，电气设备不防爆，未在明显位置设置危化品周知卡，仓库门口未设置人体静电释放器。

该公司储存危险物品未采取可靠的安全措施，该行为违反了《中华人民共和国安全生产法》，浦江县应急管理局对其作出处罚。

【问题】试分析上述案例行为违反了《中华人民共和国安全生产法》的哪条规定，并分析该如何处罚。

【案例 5】湖北十堰"6·13"重大燃气爆炸事故

2021 年 6 月 13 日 6 时 42 分，湖北省十堰市张湾区某集贸市场发生重大燃气爆炸事故，造成 26 人死亡，138 人受伤，其中重伤 37 人，直接经济损失约 5395.41 万元。

【问题】试分析上述案例的事故原因，总结经验教训，并概括有哪些系统参与救援保障。

（一）事故应急救援法制基础

事故应急管理的目的在于：负责保护本国公民免遭各种灾害、灾难、危害、威胁和攻击。在 20 世纪 50 年代和 60 年代，事故应急管理有其明显的政治背景。20 世纪 70 至 90 年代，潜在危险主要来自社会冲突、恐怖组织袭击、自然灾害和生产事故灾难。近年来，越来越多的社会危险因素导致了突发事件和灾害的发生，事故灾害逐渐成为国家安全和公共安全所考虑的主要问题。在处理自然灾害和生产事故灾难时，各国政府一直通过媒体使公众了解遇到紧急情况时该如何处置，由此加快事故应急管理法规体系的建设。

我国是一个事故灾难等较多的国家。各种事故的频繁发生，给人民群众的生命财产造成了巨大损失。党和国家历来高度重视事故应对工作，采取了一系列措施，建立了许多应急管理制度。改革开放后，特别是近些年来，国家高度重视事故应急救援的法治建设，并取得了显著成绩。

1. 应急管理法制的框架

从宏观角度来看，应急管理法制由与应急活动有关的 4 个层次的法律法规内容组成，如图 1-8 所示。

应急法律法规体系是在国家应急法律法规体系的基础上，结合自身具有的特殊性，由国家及各地市有关应急活动法律法规制度构成的统一整体。第一，有关紧急状态下发挥作用的法律法规体系，以宪法为指导和纲领；体系内包含的各种法律、法规、规章和措施都要服从于宪法，不得与宪法相冲突、相抵触。第二，体系内所有内容保持相互一致，互为补充和支持体现出法制的连续性和一致性。第三，体系具有明显的层次结构，是由纲到目，从上到下，各类法律法规构成的贯穿一致的有机整体。

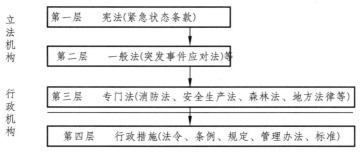

图 1-8　应急管理法制框架

总的来讲，应急法律法规体系分为 4 个层次。

第一层：宪法（关于紧急状态制度的内容）。

应急管理法制是整个社会法律法规体系在紧急状态下的具体表现，对维护公共安全、尽快恢复社会秩序起着非常重要的作用，紧急状态制度入宪是客观事实所决定的。宪法是一个国家的根本大法，宪法的核心任务和内容是规范国家权力的有效运行和保障公民的基本权利。凡是涉及根本的国家权力体制问题和公民的基本权利问题，都需要宪法作出规定，包括紧急状态下的国家权力与公民权利。在国家和社会管理过程中，宪法的地位和作用是至高无上的，具有最高的法律效力，是一切机关、组织和个人的根本行为准则。应急法律法规制度入宪成为保障宪法至上所必需的条件。在紧急状态下，往往需要权力的高度集中，以便能够迅速作出决策并下达命令。为保证这一目的的实现，在紧急状态下可以暂时停止部分法律的实施，甚至暂停宪法中某些条款的实施。这种极端的措施必须要有宪法的授权。由于宪法的性质和紧急状态制度的特殊性，完整的应急管理法制的第一层次或最高层应体现在宪法上。

第二层：一般法。

根据宪法制定统一的突发事件应对法，为应急管理法制提供基本的框架，对确立我国突发事件应对法制的法律基础具有重要意义。

我国最初列入全国人民代表大会常务委员会立法计划的是紧急状态法，但紧急状态立法应含有突发事件应对，紧急状态法不仅是国家处理紧急状态事务的基本法，而且也应当是国家应急事务的基本法。建立综合性国家应急管理法制是当代国家应急管理的基本取向，同时制定紧急状态和一般应急两个并行的基本法是不科学和不可取的。紧急状态应对只是应急管理的一个过程，因此制定突发事件应对法是对我国全面的应急管理法律的回应。

第三层：专门法。

统一的突发事件应对基本法只是提供了应急管理的基本准则、基本职权和基本程序，它不是对现行应急管理方面的立法的汇编，不会简单地替代专门应急方面的法律，而是为现行和未来的专门应急立法规定标准和要求。因此，需要统一立法与专门立法相结合。

专门立法可以是"一事一法"，即分别针对不同类型的突发事件专门立法，如防洪法、消防法等；也可以是"一阶段一法"，即针对突发事件不同处理阶段的特点来分别立法，如灾害预防法、灾害救助法等。

第四层：行政措施。

宪法、统一和专门的立法需要由立法机关起草、表决、通过和颁布，一般有一个较长的制定和形成过程，而且一旦形成，就会在很长的一段时间内发挥效能。对于具有短期行为、变动比较强、具有区域效应、社会性较弱和技术性很强等特点的与应急活动有关的管理，在保持宪法、一般法和专门法中应急法律法规内容要求一致的基础上，政府可采用行政措施的方式进行颁布和实施，如条例、管理办法、应急规划、应急预案、技术标准等。

2. 有中国特色的应急管理法制

法律是治国之重器，良法是善治的前提。党的十八大以来，建设中国特色社会主义法治体系，必须坚持立法先行，发挥立法的引领、推动作用。应急管理部自 2018 年 4 月成立以来，高度重视应急管理法律体系建设，应急管理部党组书记明确指出，要适应新体制新要求，必须加快创建新的制度，把习近平总书记关于应急管理方面的重要论述和中央决策部署转化为系统完备、科学规范、运行有效的法律制度体系，以法治思维和法治方式推动应急管理事业改革发展。统筹相关法律法规政策规划和标准建设，为应急管理、应急救援、防灾减灾救灾等工作提供法治保障。

2019 年 11 月 29 日，习近平总书记在主持中央政治局第十九次集体学习时专门强调，要坚持依法管理，运用法治思维和法治方式提高应急管理法治化、规范化水平，系统梳理和修订应急管理相关法律法规，抓紧研究制定应急管理、自然灾害防治、应急救援组织、国家消防救援人员、危险化学品安全等方面的法律法规。总书记这一重要指示擘画了应急管理法律体系的宏伟蓝图。

应急管理部深入贯彻总书记重要指示精神，在有关立法机构的指导下，全力推进应急管理法律体系。在对应急管理领域法律法规全面梳理的基础上，研究提出了"1＋5"应急管理法律骨干框架。"1"就是应急管理方面综合性法律，"5"就是 5 个方面的单行法律，包括安全生产法、消防法以及自然灾害防治、应急救援组织、国家消防救援人员三个方面的法律，在整个框架之下，又划分了安全生产、消防、自然灾害三个子法律体系。

我国应急管理法制体系属条、块结合型，中央人民政府，省、市、县、镇（区）人民政府的纵向应急管理与地方行政区域（县、镇、社区）的各管理局的横向管理结合构成具有中国特色的应急管理法制体系。国家级的应急管理立法有《中华人民共和国安全生产法》《中华人民共和国突发事件应对法》《中华人民共和国消防法》《中华人民共和国防震减灾法》《中华人民共和国港口法》《中华人民共和国公路法》《中华人民共和国食品安全法》《中华人民共和国道路交通安全法》《中华人民共和国矿山安全法》《危险化学品安全法》《生产安全事故应急条例》《生产安全事故应急预案管理办法》《自然灾害救助条例》《森林防火条例》等。

3. 事故应急救援标准体系

应急救援标准体系是根据应急救援基本立法的要求，为贯彻国家有关应急救援管理的法规，按应急救援管理的性质功能、内在联系进行分级、分类，构成一个有机联系的整体。体系内的各种标准互相联系、互相依存、互相补充，具有很好的配套性和协调性。应急救援标准体系不是一成不变的，它与一定时期的技术经济水平及应急救援管理状况相适应，因此，它随着应急救援管理要求的提高而不断变化。我国现行应急救援标准尚未形成体系，主要分散在国家标准、行业标准和地方标准三个方面。

1）国家标准

应急救援国家标准是在全国范围内统一的技术要求，是我国在建的应急救援标准体系中的主体，主要由国家安全生产综合管理部门、卫生部门组织制定，归口管理。强制性国家标准的代号为"GB"，推荐性国家标准的代号为"GB/T"。

2）行业标准

行业标准是对没有国家标准而又需要在全国范围内统一制定的标准，是国家标准的补充，由安全生产行政管理部门及各行业部门制定并发布实施。有关应急救援的行业标准主要分布在安全生产（AQ）、应急（YJ）、煤炭（MT）、化工（HG）、公安消防（GA）等行业标准中。

3）地方标准

根据《中华人民共和国标准化法》，对没有国家标准和行业标准而又需要在省、自治区、直辖市范围内统一工业产品的安全、卫生要求，可以制定地方标准。地方标准由省、自治区、直辖市标准化行政主管部门制定，并报国务院标准化行政主管部门和国务院有关行政主管部门备案。在公布国家标准或者行业标准之后，该项地方标准即废止。地方应急救援标准是对国家标准和行业标准的补充，同时也为将来制定国家标准和行业标准打下了基础，创造了条件。对于特殊情况而我国又暂无相对应的应急救援标准时，可采用国际标准。采用国际标准时，必须与我国标准体系进行对比分析或验证，应不低于我国相关标准或暂行规定的要求，并经有关安全综合管理部门批准。国家标准及行业标准中按标准对象特性分类，主要包括基础标准、产品标准、方法标准和卫生标准等。目前，地方标准中有关应急救援标准主要体现在产品标准方面，而且属于企业自定产品标准，不十分规范。

为贯彻落实《中华人民共和国突发事件应对法》等国家有关应急救援的法规，应按照《中华人民共和国标准化法》的要求，对应急救援的功能、内在联系进行分级分类，建立应急救援标准体系。

（二）事故应急救援保障系统

1. 事故应急救援装备保障系统

为了保障事故应急救援的及时、有效，具备重大、复杂灾变事故的应急处置能力，必须建立相应事故应急救援装备保障系统，形成全方位的应急救援装备支持。

（1）中央政府、地方政府需要投资购置先进的、具备较高技术含量的救灾装备，储存于国家级、区域级等各级应急救援基地，用于支持重大复杂的应急救灾，实行严格的设备管理制度。

（2）相关部门要加大各专业应急救援队伍装备保障的投入，要根据法律、法规和规程要求，配备必要的救灾装备，并保障救灾装备的完好性。

（3）各企业必须按照国家法律法规和规程要求配置必需的应急装备和器材，保障相应的应急设备费用支出。

2. 事故应急救援技术保障系统

1）国家安全生产应急专家组

国家安全生产应急专家组是为安全生产应急管理重大决策和重要工作提供专业支持和咨询服务，为重特大生产安全事故、自然灾害救援提供技术支撑的高级技术专家队伍，包括对城市潜在重大危险的评估、应急资源的配备、事态及发展趋势的预测、应急力量的重新调整和部署、个人防护、公众疏散、抢险、监测、洗消、现场恢复等行动提出决策性的建议。

国家安全生产应急专家组的主要任务是：参与安全生产应急管理方面的法律法规政策、标准、规范、规划、预案等的制（修）订工作；参与安全生产应急管理重大问题的专题调研、技术咨询、学术交流和重要课题研究；参加重特大生产安全事故、自然灾害的救援工作；参与安全生产应急管理和应急救援工作评估。

各地方根据国家安全生产应急专家组管理办法，建立相应的应急救援专家组，为地方应急救援提供技术支持。

2）应急管理部紧急救援促进中心

应急管理部紧急救援促进中心主要承担应急管理、社会动员、促进保障工作，承担应急资源管理平台运营和社会力量救援行动联络服务有关工作，参与社会应急资源管理体系和社会应急力量建设有关工作。中心的主要任务是：通过协调救援资源，促进中国紧急救援体系及相关产业建设，尽快建立起作为政府职能补充的，以服务社会、服务大众为根本宗旨的紧急救援服务体系；通过紧急救援产业研究，制定产业标准，凝聚社会资本，推动中国社会紧急救援产业发展，形成中国的紧急救援物资产品、技术产品和服务产品的生产和营销能力；培训紧急救援指挥人员和救助操作人员，宣传和普及紧急救援知识，提升全社会的紧急救援知识水平和实际救援技能；开展紧急救援理论、政策、体制、法制、运作研究，推动中国紧急救援理论、政策和法规体系建设；收集并反映有关紧急救援信息和情况，参与重大紧急救援预案的制定和鉴定，配合有关重大紧急救援事项的处置以及国内国际紧急救援事业的合作与交流等。

3）中国应急管理培训中心

为了提高社会各方面依法应对突发事件的能力，及时有效控制、减轻和消除突发事件引起的严重社会危害，保护人民生命财产安全，维护国家安全、公共安全、环境安全和社会秩序，培训中心为各地应急部门建立一个统一的、系统的技术学习交流平台。

4）中国管理科学研究院应急救援管理中心

该中心主要任务是推动应急预案体系建设和预案演练，建立灾情报告系统并统一发布灾情，统筹应急力量建设和物资储备并在救灾时统一调度，组织灾害救助体系建设，指导安全生产类、自然灾害类应急救援。

3. 事故应急救援通信信息保障系统

建立完善国家应急救援通信信息系统，使国家安全生产应急救援指挥中心、各级专业应急救援指挥中心、各级应急救援队伍、各级应急医疗救护队伍、各级应急救援研究中心、培训中心、应急救援专家组及各地（市）、县（区）应急救援管理部门和企业之间建立并保持畅通的信息通道，并逐步建立救灾移动通信和远程视频系统。

4. 事故应急救援培训演练保障系统

为提高救援人员的技术水平与救援队伍的整体能力，以便在事故的救援行动中达到快速、有序、有效的效果，经常性地开展应急救援培训或演习应成为救援队伍的一项重要的日常性工作。国家、地方政府及相关部门和企业必须按照规定定期进行事故应急救援培训演练。

思考题

1. 简述事故应急救援的四个阶段。
2. 在应急救援中，现场处置任务具体包括哪些内容？
3. 简述生产安全事故的含义和分类。
4. 一案三制主要包括哪些内容？
5. 事故应急救援有哪些特点？
6. 简述应急救援体系的构成。
7. 典型的事故应急响应分为哪几个级别？
8. 事故应急救援保障系统有哪些？

生产安全事故应急救援预案编制与管理

任务一　生产安全事故应急救援预案编制

事故应急救援预案是针对可能发生的事故，为最大限度减少事故损害而预先制定的应急准备工作方案。它作为一个有机整体，由一些子系统构成，如应急组织管理指挥系统、应急工程救援保障体系、相互支持系统、供应保障系统、应急队伍等。

应急预案又可称为"预防和应急处理预案""应急处理预案""应急计划"，是标准化的反应程序，使应急救援活动能迅速、有序地按照计划和最有效的步骤进行。在事故发生前，明确事前、事发、事中、事后各个过程中要做的工作准备，明确谁来做、怎样做、何时做以及相应的应急资源和策略准备等。明确在什么样的情况下，由谁和哪个权力部门，用什么样的资源，采取什么样的行动应对紧急事态。

对生产企业来讲，为有效预防和控制可能发生的事故，最大限度地减少事故发生、减轻事故损害而预先制定的工作方案就是企业的应急预案，包括应急管理、指挥、事故控制、救援等计划。企业应急预案由企业法人组织制定，侧重明确应急响应责任人、风险隐患监测、信息报告、预警响应、应急处置、人员疏散撤离组织和路线、可调用或可请求援助的应急资源情况及如何实施等，体现自救互救、信息报告和先期处置特点。因此，企业有效应急管理措施之一是制定企业事故应急预案。

应急预案的 6 个基本要求分别是针对性、完整性、可读性、相互衔接、可操作性和科学性。

（1）针对性。

预案编制要针对重大危险源、可能发生的各类事故、关键的岗位和地点、薄弱环节、重要工程。应急预案的应对对象是突发事件，因此具有极强的针对性。不同类型应急预案的作用和功能也有所区别。因此，编制应急预案时，应当注重其针对性，做到有的放矢。要根据实际面临的风险、事故种类特点、现有应急资源及本地区和本单位实际情况，编制应急救援预案。突发事件总体应急预案（综合预案）是对突发事件应对工作的总体安排和部署，体现在原则和指导上；专项应急预案是对不同类型的突发事件应对工作做出的专项安排，提出具体应对要求，体现在专业应对上；现场处置方案是对突发事件应对的具体环节进行计划和部署，明确怎么干，干到什么程度，体现在突发事件应对工作的具体行动上；

重大活动应急预案体现在"预防措施"上。应急预案应充分吸取其他地区或部门应急预案编制与管理的有效做法，借鉴国内外突发事件处置工作的成功经验，研究本地区、本单位突发事件应对与处置工作的典型案例，从成功经验或失败教训中分析比较，归纳出符合实际、行之有效的做法。组织应急预案编制时，要明确编制目的，要始终围绕着突发事件应对与处置工作的重点和关键环节，确保应急预案能有效指导、科学应对、妥善处置各类突发事件。

（2）完整性。

企业应急预案内容要完整，包括功能完整、应急过程完整、适用范围完整等。

（3）可读性。

企业应急预案的编写要有条理，简单易读。

（4）相互衔接。

企业应急预案与上级单位应急预案、当地政府应急预案、主管部门应急预案、下级单位应急预案等要相互衔接。

（5）可操作性。

企业编制的预案应能在第一时间用于事故救援，能有效应对事故。特别是专项预案和现场处置方案。应急预案重点突出的是突发事件应对与处置，强调的是操作性。应急预案是针对突发事件处置工作而制定的，必须能用、管用、实用。因此，应急预案一定要从实际出发，切忌生搬硬套，不同层级的应急预案应在具体内容、操作程序、行动方案上有所区别。突发事件总体应急预案重在明确相关组织机构与职责、预案体系的设计与安排、应对工作的原则和要求等；专项应急预案重点明确参与应对相关单位的职责与联动、应急响应的级别与措施等；现场处置工作方案重在明确应急处置的程序和方法、个人防护和现场处置技能等。预案文本描述必须准确无误、表述清楚，对突发事件事前、事发、事中、事后的各个环节，对预案所涉及的内容都应有明确、清晰的描述，能量化的一定要量化，能具体的一定要具体，不能模棱两可、产生歧义。每个应急预案的分类分级标准尽可能量化、细化，职能职责定位尽可能具体到单位或人员，避免在应急预案启动时出现职责不清、推诿扯皮等现象。编制应急预案，必须立足突发事件一定会发生、马上发生、发生的大小和级别与预案设计的等级相同，只有在这个基础上，明确的相关职责与资源调动才是可行的；预案编制时，只写以现有力量和资源能做到的，不写未来的建设规划、目标等内容；组织指挥体系与应急处置工作的实际要相适应，与现行的工作机制相适应；根据实际情况确定应急响应与应急处置的相关级别和程序。

（6）科学性。

预案编制必须在全面调查研究的基础上，开展分析论证，制定出科学的处置方案，使应急预案建立在科学的基础上，严密同一、协调有序、高效快捷地应对突发事件。

因此，生产经营企业都要针对企业存在的事故风险编制相应的应急预案，做到安全生产应急预案全覆盖。同时，要切实提高应急预案质量，使之具有良好的针对性、可行性、科学性，并通过持续不断的应急演练和培训，熟悉预案，检验预案，完善预案，促进应急救援效率的持续提高。

生产安全事故应急
预案管理办法

【案例】天津港"8·12"某公司危险品仓库特别重大火灾爆炸事故

2015 年 8 月 12 日 22 时 50 分，天津消防总队接到报警称，天津滨海新区某物流危险化学品堆垛发生火灾，天津消防总队即派出了 36 辆消防车和港务局码头的 3 个消防大队赶赴现场扑救。23 时 06 分，消防官兵到达现场。2015 年 8 月 12 日 23 时许，天津滨海新区第五大街与跃进路交叉口的一处集装箱码头发生爆炸：第一次爆炸发生在 2015 年 8 月 12 日 23 时 34 分 06 秒，爆炸当量相当于 3 t TNT（三硝基甲苯）；第二次爆炸发生在半分钟后，爆炸当量相当于 21 t TNT。爆炸造成 165 人遇难（其中，参与救援处置的公安现役消防人员 24 人，天津港消防人员 75 人，公安民警 11 人，事故企业、周边企业员工和居民 55 人），8 人失踪（其中天津消防人员 5 人，周边企业员工、天津港消防人员家属 3 人），798 人受伤（其中，伤情重及较重伤员 58 人、轻伤员 740 人），304 幢建筑物、12 428 辆商品汽车、7533 个集装箱受损。

这次事故表明，天津港管理混乱，没有认真落实安全生产的法律、法规，日常经营管理过程中没有很好地实施应急预案。天津港有关各方如果认真执行了国家安全生产的法律、法规标准，日常管理过程中认真实施了应急预案，事故是可以避免的，即使事故发生，损失应该可以大大减少，伤亡人数也会降低。

【思考】为什么要制定事故应急预案？

（一）制定应急预案的目的和意义

1. 制定应急预案的目的

为了规范安全生产事故的应急管理和应急响应程序，及时有效地实施应急救援工作，最大程度地减少人员伤亡、财产损失，维护公民的生命安全和社会稳定，要制定相应的应急预案，目的在于通过安全设计、维护、实施、检查等各种措施来预防风险，但绝不可能确保万无一失，因此，必须准备一旦发生生产事故后的应急方法和紧急措施。总之，采取预防措施使事故控制在局部范围，消除蔓延条件，防止发生突发性重大或连锁事故；能在事故发生后迅速有效控制和处理事故，尽力减轻事故对人和财产的影响。

2. 应急预案的作用

应急救援预案是整个应急救援体系建设的重要内容。应急预案在应急系统中起着关键作用，它明确了在突发事故发生之前、发生过程中以及刚刚结束之后，谁负责做什么、何时做，以及相应的策略和资源准备等。它是针对可能发生的重大事故及其影响和后果的严重程度，为应急准备和应急响应的各个方面所预先做出的具体安排，是开展及时、有序和有效应急救援工作的行动指南。

（1）应急预案确定了应急救援的范围和体系，使应急准备和应急管理有据可依、有章可循。

（2）制定应急预案有利于做出及时的应急响应，降低事故后果。

（3）成为各类突发重大事故的应急基础。

（4）当发生超过应急能力的重大事故时，便于与上级应急部门的联系和协调。

（5）有利于提高风险防范意识。

　3．策划应急预案时应考虑的因素

（1）重大危险普查的结果，包括重大危险源的数量、种类和分布情况，以及重大事故隐患情况等。

（2）本地区的地质、气象、水文等不利的自然条件（如地震、洪水、台风等）及其影响。

（3）本地区以及国家和上级机构已制定的应急预案的情况。

（4）本地区以往灾难事故的发生情况。

（5）功能区布置及相互影响情况。

（6）周边重大危险可能带来的影响。

（7）国家及地方相关法律法规的要求。

（二）预案编制的相关法律规定

《安全生产法》规定：县级以上地方各级人民政府应当组织有关部门制定本行政区域内特大生产安全事故应急救援预案，建立应急救援体系。乡镇人民政府和街道办事处，以及开发区、工业园区、港区、风景区等应当制定相应的生产安全事故应急救援预案。生产经营单位应当制定本单位生产安全事故应急救援预案，与所在地县级以上地方人民政府组织制定的生产安全事故应急救援预案相衔接，并定期组织演练。

《突发事件应对法》规定：国家建立健全突发事件应急预案体系。国务院制定国家突发事件总体应急预案，组织制定国家突发事件专项应急预案；国务院有关部门根据各自的职责和国务院相关应急预案，制定国家突发事件部门应急预案。地方各级人民政府和县级以上地方各级人民政府有关部门根据有关法律、法规、规章、上级人民政府及其有关部门的应急预案以及本地区的实际情况，制定相应的突发事件应急预案。

应急预案制定机关应当根据实际需要和情势变化，适时修订应急预案。

《生产安全事故应急条例》规定：县级以上人民政府及其负有安全生产监督管理职责的部门和乡、镇人民政府以及街道办事处等地方人民政府派出机关，应当针对可能发生的生产安全事故的特点和危害，进行风险辨识和评估，制定相应的生产安全事故应急救援预案，并依法向社会公布。

生产经营单位应当针对本单位可能发生的生产安全事故的特点和危害，进行风险辨识和评估，制定相应的生产安全事故应急救援预案，并向本单位从业人员公布。

生产安全事故应急救援预案应当符合有关法律、法规、规章和标准的规定，具有科学性、针对性和可操作性，明确规定应急组织体系、职责分工以及应急救援程序和措施。

在制定预案所依据的法律、法规、规章、标准发生重大变化，应急指挥机构及其职责发生调整，安全生产面临的风险发生重大变化，重要应急资源发生重大变化，在预案演练或者应急救援中发现需要修订预案的重大问题，以及其他应当修订的情形时，生产安全事故应急救援预案制定单位应当及时修订相关预案。

县级以上人民政府负有安全生产监督管理职责的部门应当将其制定的生产安全事故应急救援预案报送本级人民政府备案；易燃易爆物品、危险化学品等危险物品的生产、经营、储存、运输单位，矿山、金属冶炼、城市轨道交通运营、建筑施工单位，以及宾馆、商场、娱乐场所、旅游景区等人员密集场所经营单位，应当将其制定的生产安全事故应急救援预案按照国家有关规定报送县级以上人民政府负有安全生产监督管理职责的部门备案，并依法向社会公布。

（三）应急预案的分级与分类

1. 应急预案的分级

根据行政管理权限的大小和范围，事故应急预案可分成 5 个层级：

Ⅰ级（企业级）。事故的有害影响局限于某个生产经营单位的厂界内，并且可被现场的操作者遏制和控制在该区域内。这类事故可能需要投入整个单位的力量来控制，但其影响预期不会扩大到社区（公共区）。

Ⅱ级（县、市级）。所涉及的事故其影响可扩大到公共区，但可被县（市、区）的力量加上所涉及的生产经营单位的力量所控制。

Ⅲ级（市级）。事故影响范围大，后果严重，或发生在两个县或县级市管辖区边界上的事故，其应急救援需动用地区力量。

Ⅳ级（省级）。对可能发生的特大火灾、爆炸、毒物泄漏事故，特大矿山事故以及省级特大事故隐患、重大危险源的设施或场所，应建立省级事故应急预案。较大规模的灾难事故，或是需要用事故发生地的城市或地区所没有的特殊技术和设备进行处理的特殊事故；需用全省范围内的力量来控制。

Ⅴ级（国家级）。对事故后果超过省、自治区、直辖市边界以及列为国家级事故隐患、重大危险源的设施或场所，应制定国家级预案。

应急预案的具体分级如图 2-1 所示。

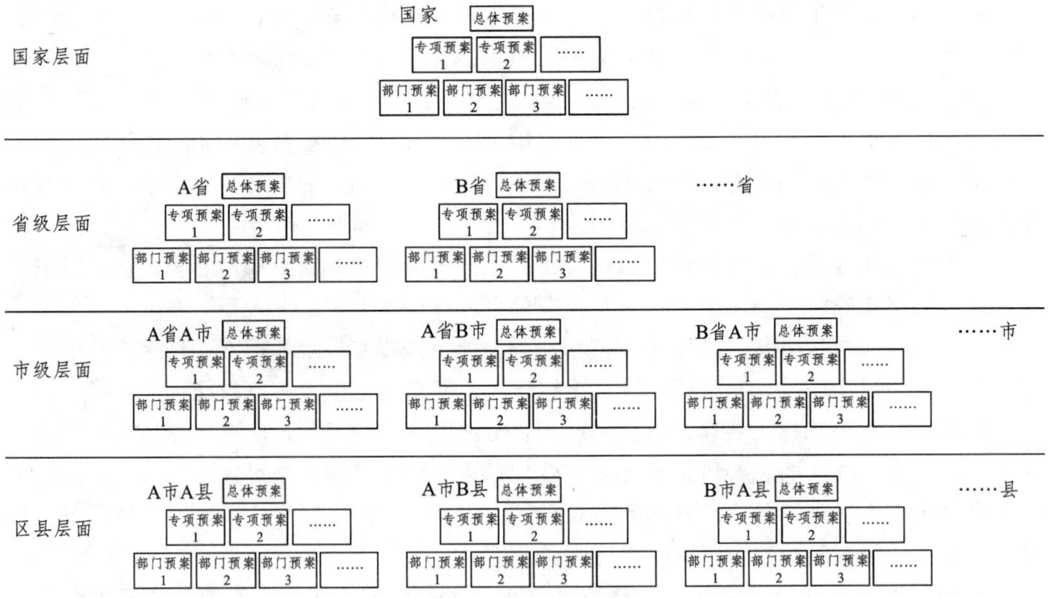

图 2-1　应急预案分级

2. 应急预案的分类

通常一个城市或地区会存在多种潜在事故类型，如地震、水灾、飓风、泥石流、地表塌陷、海啸、火山爆发、暴风雪、空难、危险物质泄漏、长时间停电、放射性物质泄漏等。此外，城市举行的各种大型活动也可能会出现重大紧急情况。因此，在编制应急预案时必须进行合理策划，做到重点突出，反映本地区的主要重大事故风险并合理地组织编制各类预案，避免预案之间相互孤立、交叉和矛盾。

1）按单位性质和责任主体划分

按单位性质和责任主体的不同，可将应急预案划分为政府应急预案（场外预案）、各级政府编制的应急救援预案、生产经营单位应急预案（场内预案）。

政府预案和生产经营单位预案之间的联系和区别，概括起来有以下几点：

（1）预案管理遵循的原则。

政府应急预案管理遵循统一规划、分类指导、分级负责、动态管理的原则。

生产经营单位应急预案的管理实行属地为主、分级负责、分类指导、综合协调、动态管理的原则。

（2）两者具有共同的目的和最终目标。

两者都是为了预防事故发生和减少事故损失，提高企业防范事故风险和应对突发事故、灾难的能力。

（3）两者的框架、结构基本相同。

政府及其部门应急预案由各级人民政府及其部门制定，包括总体应急预案、专项应急预案、部门应急预案等。

生产经营单位主要负责人负责组织编制和实施本单位的应急预案，并对应急预案的真实性和实用性负责。生产经营单位应急预案分为综合应急预案、专项应急预案和现场处置方案。

（4）政府预案针对的是行政辖区内的社会活动，并不具体针对特定的人、物、组织，可以看作是外向型预案，是最主要的"场外预案"之一；单位预案针对的是本单位的生产经营活动以及特定的人员范围及财产，可以看作是内向型预案，也可称为"现场预案"或"场内预案"；两者在处置事故的性质、规模和后果上存在较大差异。

（5）政府预案是社会性的，由政府来主导和负责，并承担主要责任；单位预案是自我管理性的，是单位承担安全保障责任的一种体现，是立足自救的具体方案，由单位自己主导和负责，并承担主要责任。

（6）政府预案作为"场外预案"和单位预案作为"现场预案"，两者之间必须具有良好的衔接。

（7）政府预案和单位预案在启动时，必须做到双向畅通和联动。

2）按预案功能和适用对象范围划分

依据《生产经营单位生产安全事故应急预案编制导则》（GB/T 29639—2020），根据应急预案的不同功能、不同适用范围，生产经营单位应急预案可划分为三种类型：综合预案、专项预案、现场处置方案（现场预案、单项预案），如图2-2所示。

（1）综合预案。

综合预案是指生产经营单位为应对各种生产安全事故而制定的综合性工作方案，是本单位应对生产安全事故的总体工作程序、措施和应急预案体系的总纲。

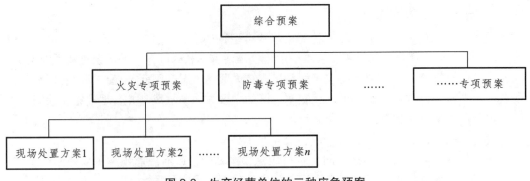

图2-2　生产经营单位的三种应急预案

一般来说，综合预案是总体、全面的预案，以场外指挥与集中指挥为主，侧重在应急救援活动的组织协调。一般大型企业或行业集团，下属很多分公司，比较适于编制这类预案，可以做到统一指挥和资源的最大利用。

综合预案有时也称为"管理预案"，在综合预案中需要说明对各级各类预案的基本要求，对整体预案体系和事故应急各环节提出管理要求。综合预案针对的是整体，着重于共性的、突出的事故风险的处理，而且是对各类事故应急处理的共性方式、方法、原则的说明，对于特定类型的事故风险的特殊处理放在"专项预案"中说明。综合预案一般不会涉及过多的现场工作内容，而将现场处理工作放在"专项预案"和"现场预案"中，且主要放在"现场预案"中，因此，综合预案的可操作性较弱。

（2）专项预案。

专项应急预案是指生产经营单位为应对某一种或者多种类型生产安全事故，或者针对重要生产设施、重大危险源、重大活动防止生产安全事故而制定的专项工作方案。

专项应急预案与综合应急预案中的应急组织机构、应急响应程序相近时，可不编写专项应急预案，相应的应急处置措施并入综合应急预案。

专项预案建立在对特定风险分析基础上，它以综合预案为前提，对应急策划、应急准备等做了更加详尽的描述，专项预案比综合预案的可操作性进一步加强，是"现场预案"的基础。它往往是针对较为突出或集中的事故风险的，一个专项预案所针对的事故一般是存在于多个生产场所的，所以同一个专项预案可以对多个事故现场的应急救援起到指导作用。专项预案注重于某一项事故的应急处理，应尽量避免在专项预案中涉及过多的现场条件，以防缩小专项预案的适用范围，或导致专项预案与现场处置方案界限不清。

（3）现场处置方案（现场预案）。

现场处置方案是指生产经营单位根据不同生产安全事故类型，针对具体场所、装置或者设施所制定的应急处置措施。现场处置方案重点规范事故风险描述、应急工作职责、应急处置措施和注意事项，应体现自救互救、信息报告和先期处置的特点。

事故风险单一、危险性小的生产经营单位，可只编制现场处置方案。

现场处置方案是在综合预案和专项预案的基础上，根据具体情况需要而编制的，特点是针对某一具体现场的特殊危险，在详细分析的基础上，对应急救援中的各个方面都做出具体、周密的安排，因而现场预案具有更强的针对性、指导性和可操作性。

（四）生产安全事故应急救援预案的内容

1. 综合预案

综合预案也称总体预案，从总体上阐述应急目标、原则、应急组织结构及相应职责，以及应急行动的整体思路等。通过综合预案可以较为清晰地了解应急体系和预案体系，更重要的是作为应急工作的基础和"底线"，即使对那些没有分析到的紧急情况或没有预案的事故也能起到一定的应急指导作用。

风险种类多、可能发生多种类型事故的生产经营单位，应当组织编制综合应急预案。

按照《生产经营单位生产安全事故应急预案编制导则》（GB/T 29639—2020），综合预案包括以下内容。

1）总　则

总则包括适用范围和响应分级两部分内容。适用范围说明应急预案适用的范围；响应分级是依据事故危害程度、影响范围和生产经营单位控制事态的能力，对事故应急响应进行分级，明确分级响应的基本原则。响应分级不可照搬事故分级。

2）应急组织机构及职责

明确应急组织形式（可用图示）及构成单位（部门）的应急处置职责。应急组织机构可设置相应的工作小组，各小组具体构成、职责分工及行动任务以工作方案的形式加以明确。

3）应急响应

应急响应是整个应急预案的核心，包括信息报告、预警、响应启动、应急处置、应急支援、响应终止等内容。

（1）信息报告。

信息报告指信息接报、信息处置与研判过程。

信息接报的任务是明确应急值守电话、事故信息接收、内部通报程序、方式和责任人，向上级主管部门、上级单位报告事故信息的流程、内容、时限和责任人，以及向本单位以外的有关部门或单位通报事故信息的方法、程序和责任人。

信息处置与研判明确响应启动的程序和方式。根据事故性质、严重程度、影响范围和可控性，结合响应分级明确的条件，可由应急领导小组做出响应启动的决策并宣布，或者依据事故信息是否达到响应启动的条件自动启动。若未达到响应启动条件，应急领导小组可做出预警启动的决策，做好响应准备，实时跟踪事态发展。

响应启动后，应注意跟踪事态发展，科学分析处置需求，及时调整响应级别，避免响应不足或过度响应。

（2）预警。

预警包括预警启动、响应准备、预警解除等流程。

预警启动明确预警信息发布渠道、方式和内容。

响应准备明确做出预警启动后应开展的响应准备工作，包括队伍、物资、装备、后勤及通信等相关工作。

预警解除明确预警解除的基本条件、要求及责任人。

（3）响应启动。

确定响应级别，明确响应启动后的程序性工作，包括应急会议召开、信息上报、资源协调、信息公开、后勤及财力保障工作。

（4）应急处置。

明确事故现场的警戒疏散、人员搜救、医疗救治、现场监测、技术支持、工程抢险及环境保护方面的应急处置措施，并明确人员防护的要求。

（5）应急支援。

明确在事态无法控制的情况下，向外部救援力量请求支援的程序及要求、联动程序及要求，以及外部救援力量到达后的指挥关系。

（6）响应终止。

明确响应终止的基本条件、要求和责任人。

4）后期处置

后期处置主要明确污染物处理、生产秩序恢复、人员安置方面的内容。

5）应急保障

应急保障是开展应急救援的基础，综合预案中应明确应急保障措施。

（1）通信与信息保障。

明确应急保障的相关单位及人员通信联系方式和方法，以及备用方案和保障责任人。

（2）应急队伍保障。

明确相关的应急人力资源，包括专家、专兼职应急救援队伍及协议应急救援队伍。

（3）物资装备保障。

明确本单位的应急物资和装备的类型、数量、性能、存放位置、运输及使用条件、更新及补充时限、管理责任人及其联系方式，并建立台账。

（4）其他保障。

根据应急工作需求而确定的其他相关保障措施，如能源保障、经费保障、交通运输保障、治安保障、技术保障、医疗保障及后勤保障。

2. 专项预案

专项预案主要针对某种特有和具体的事故灾难风险（灾害种类），如重大火灾事故，采取综合性与专业性的减灾、防灾、救灾和灾后恢复行动。

专项应急预案的内容如下：

1）适用范围

说明专项应急预案适用的范围，以及与综合应急预案的关系。

2）应急组织机构及职责

明确应急组织形式（可用图示）及构成单位（部门）的应急处置职责。应急组织机构以及各成员单位或人员的具体职责。应急组织机构可以设置相应的应急工作小组，各小组具体构成、职责分工及行动任务建议以工作方案的形式加以明确。

3）响应启动

明确响应启动后的程序性工作，包括应急会议召开、信息上报、资源协调、信息公开、后勤及财力保障工作。

4）处置措施

针对可能发生的事故风险、危害程度和影响范围，明确应急处置指导原则，制定相应的应急处置措施。

5）应急保障

根据应急工作需求明确保障的内容。

3. 现场处置方案

现场预案的内容要以实用、简洁为标准，过于庞大的现场预案不便于应急情况下的使用。现场处置方案的主要内容：

1）事故风险描述

简述事故风险评估的结果（可用列表的形式在附件中呈现）。

2）应急工作职责

明确应急组织分工和职责。

3）应急处置

应急处置主要包括以下内容：

（1）应急处置程序。根据可能发生的事故及现场情况，明确事故报警、各项应急措施启动、应急救护人员的引导、事故扩大及同生产经营单位应急预案的衔接程序。

（2）现场应急处置措施。针对可能发生的事故，从人员救护、工艺操作、事故控制、消防、现场恢复等方面制定明确的应急处置措施。

（3）明确报警负责人以及报警电话及上级管理部门、相关应急救援单位联络方式和联系人员，事故报告基本要求和内容。

4）注意事项

现场处置预案包括人员防护和自救互救、装备使用、现场安全方面的内容。

现场处置预案的另一特殊形式为单项预案，主要是针对临时活动中可能出现的紧急情况，预先对相关应急机构的职责、任务和预防性措施做出安排。

单项预案可以是针对一大型公众聚集活动（如经济、文化、体育、民俗、娱乐、集会等活动）或高风险的建设施工或维修活动（如人口高密度区建筑物定向爆破、生命线施工维护等活动）而制定的临时性应急行动方案。随着这些活动的结束，预案的有效性也随之终结。

4. 预案附件

1）生产经营单位概况

简要描述本单位地址、从业人数、隶属关系、主要原材料、主要产品、产量，以及重点岗位、重点区域、周边重大危险源、重要设施、目标、场所和周边布局情况。

2）风险评估的结果

简述本单位风险评估的结果。

3）预案体系与衔接

简述本单位应急预案体系构成和分级情况，明确与地方政府及其有关部门、其他相关单位应急预案的衔接关系（可用图示）。

4）应急物资装备的名录或清单

列出应急预案涉及的主要物资和装备名称、型号、性能、数量、存放地点、运输和使用条件、管理责任人和联系电话等。

5）有关应急部门、机构或人员的联系方式

列出应急工作中需要联系的部门、机构或人员及其多种联系方式。

6）格式化文本

列出信息接报、预案启动、信息发布等格式化文本。

7）关键的路线、标识和图纸

包括但不限于：① 警报系统分布及覆盖范围；② 重要防护目标、风险清单及分布图；③ 应急指挥部（现场指挥部）位置及救援队伍行动路线；④ 疏散路线、集结点、警戒范围、重要地点的标识；⑤ 相关平面布置、应急资源分布的图纸；⑥ 生产经营单位的地理位置图、周边关系图、附近交通图；⑦ 事故风险可能导致的影响范围图；⑧ 附近医院地理位置图及路线图。

8）有关协议或者备忘录

列出与相关应急救援部门签订的应急救援协议或备忘录。

二、生产安全事故应急救援预案的编制

（一）应急预案编制基本要求

应急预案的编制应当遵循以人为本、依法依规、符合实际、注重实效的原则，以应急处置为核心，明确应急职责、规范应急程序、细化保障措施。

编制应急预案应当成立编制工作小组，由本单位有关负责人任组长，吸收与应急预案有关的职能部门和单位的人员，以及有现场处置经验的人员参加。

应急预案的编制应当符合下列基本要求：

（1）有关法律、法规、规章和标准的规定。

（2）本地区、本部门、本单位的安全生产实际情况。

（3）本地区、本部门、本单位的危险性分析情况。

（4）应急组织和人员的职责分工明确，并有具体的落实措施。

（5）有明确、具体的应急程序和处置措施，并与其应急能力相适应。

（6）有明确的应急保障措施，满足本地区、本部门、本单位的应急工作需要。

（7）应急预案基本要素齐全、完整，应急预案附件提供的信息准确。

（8）应急预案内容与相关应急预案相互衔接。

编制应急预案前，编制单位应当进行事故风险辨识、评估和应急资源调查。

事故风险辨识、评估，是指针对不同事故种类及其特点，识别存在的危险危害因素，分析事故可能产生的直接后果以及次生、衍生后果，评估各种后果的危害程度和影响范围，提出防范和控制事故风险措施的过程。

应急资源调查，是指全面调查本地区、本单位第一时间可以调用的应急资源状况和合作区域内可以请求援助的应急资源状况，并结合事故风险辨识评估结论制定应急措施的过程。

应急预案是一种实用公文，语言应该简明扼要。应急预案的编制目的应该含义确切，文句严谨周密，符合本单位的实际；语言平直自然，明白流畅，通俗易懂，不夸张掩饰，不追求词句的华丽。

（二）应急预案编制程序

生产经营单位应急预案编制程序包括成立应急预案编制工作组、资料收集、风险评估、应急资源调查、应急预案编制、桌面推演、应急预案评审和批准实施8个步骤。

1. 成立应急预案编制工作组

结合本单位部门职能和分工，成立以单位有关负责人为组长，单位相关部门人员（如生产、技术、设备、安全、行政、人事、财务人员）参加的应急预案编制工作组，明确工作职责和任务分工，制定工作计划，组织开展应急预案编制工作，预案编制工作组中应邀请相关救援队伍以及周边相关企业、单位或社区代表参加。

在成立预案编制小组时，还需要注意明确谁总体负责预案的编制工作，谁是编制小组的成员，他们在预案编制过程中的主要职责是什么，谁拥有预案的最终同意权或最终认可权，应急预案计划什么时候完成，以上内容都可以表格形式列出。

政府及其部门应急预案编制过程中应当广泛听取有关部门、单位和专家的意见，与相关的预案做好衔接；涉及其他单位职责的，应当书面征求相关单位意见；必要时，向社会公开征求意见。

单位和基层组织应急预案编制过程中，应根据法律、行政法规要求或实际需要，征求相关公民、法人或其他组织的意见。

2. 资料收集

应急预案编制工作组应收集下列相关资料：

（1）适用的法律法规、部门规章、地方性法规和政府规章、技术标准及规范性文件。

（2）企业周边地质、地形、环境情况及气象、水文、交通资料。

（3）企业现场功能区划分、建（构）筑物平面布置及安全距离资料。

（4）企业工艺流程、工艺参数、作业条件、设备装置及风险评估资料。

（5）本企业历史事故与隐患、国内外同行业事故资料。

（6）属地政府及周边企业、单位应急预案。

3. 风险评估

开展生产安全事故风险评估，撰写评估报告，其内容包括但不限于：

（1）辨识生产经营单位存在的危险有害因素，确定可能发生的生产安全事故类别。

（2）分析各种事故类别发生的可能性、危害后果和影响范围。

（3）评估确定相应事故类别的风险等级。

在危险和有害因素辨识、评价及事故隐患排查、治理的基础上，确定本单位可能发生事故的危险源、事故类型、影响范围和后果等，并指出事故可能发生的次生、衍生事故，形成分析报告，作为应急预案编制的依据。

编制应急预案应当在开展风险评估和应急资源调查的基础上进行。针对突发事件特点，识别事件的危害因素，分析事件可能产生的直接后果以及次生、衍生后果，评估各种后果的危害程度，提出控制风险、治理隐患的措施。应急预案编制本质上是一种管理风险的过程。

4．应急资源调查

全面调查和客观分析本单位以及周边单位和政府部门可请求援助的应急资源状况，撰写应急资源调查报告，其内容包括但不限于本单位可调用的应急队伍、装备、物资、场所；针对生产过程及存在的风险可采取的监测、监控、报警手段；上级单位、当地政府及周边企业可提供的应急资源；可协调使用的医疗、消防、专业抢险救援机构及其他社会化应急救援力量。

1）单位内部应急资源

按照应急资源的分类，分别描述相关应急资源的基本现状、功能完善程度、受可能发生的事故的影响程度（可用列表形式表述）。

2）单位外部应急资源

描述本单位能够调查或掌握可用于参与事故处置的外部应急资源情况（可用列表形式表述）。

3）应急资源差距分析

依据风险评估结果得出本单位的应急资源需求，与本单位现有内外部应急资源对比，提出本单位内外部应急资源补充建议。

4）应急资源调查表内容

（1）总则。

法律依据——风险辨识和评估依据《生产安全事故应急预案管理办法》（应急管理部2号令）、《生产经营单位生产安全事故应急预案编制导则》（GB/T 29639—2020）。

（2）调查原则。

应体现科学性、规范性、客观性和真实性的原则。

应贯彻执行我国安全相关的法律法规、标准、政策，分析单位自身风险状况，明确风险防控所需的应急资源。

（3）事故风险。

通过事故风险评估可知，单位的事故风险主要存在哪些方面及事故类型。

（4）企业基本信息。

企业概述、周边环境、工艺设施、装置设备、消防设施应急资源等。

（5）应急资源调查。

应急组织设置及人员组成；指挥机构及职责；应急工作组及职责；单位应急物资——应急物资、消防物资、监控设施、监控仪表等；外部可依靠的应急力量。

（6）应急资源调查结论。

对应急资源采取了相应的保障措施；外部毗邻单位应急互相保障；应急资源调查结论。

5．应急预案编制

应急预案编制应当遵循以人为本、依法依规、符合实际、注重实效的原则，以应急处置为核心，体现自救互救和先期处置的特点，做到职责明确、程序规范、措施科学，尽可能简明化、图表化、流程化。

1）应急预案编制格式和要求

封面：应急预案封面主要包括应急预案编号、应急预案版本号、生产经营单位名称、应急预案名称及颁布日期。

批准页：应急预案应经生产经营单位主要负责人批准方可发布。

目次：应急预案应设置目次，目次中所列的内容及次序如下：

（1）批准页。

（2）应急预案执行部门签署页。

（3）章的编号、标题。

（4）带有标题的条的编号、标题（需要时列出）。

（5）附件，用序号表明其顺序。

2）应急预案编制工作

应急预案编制工作主要包括依据事故风险评估及应急资源调查结果，结合本单位组织管理体系、生产规模及处置特点，合理确立本单位应急预案体系；结合组织管理体系及部门业务职能划分，科学设定本单位应急组织机构及职责分工；依据事故可能的危害程度和区域范围，结合应急处置权限及能力，清晰界定本单位的响应分级标准，制定相应层级的应急处置措施；按照有关规定和要求，确定事故信息报告、响应分级与启动、指挥权移交、警戒疏散方面的内容，落实与相关部门和单位应急预案的衔接。

6. 桌面推演

按照应急预案明确的职责分工和应急响应程序，结合有关经验教训，相关部门及其人员可采取桌面演练的形式，模拟生产安全事故应对过程，逐步分析讨论并形成记录，检验应急预案的可行性，并进一步完善应急预案。桌面演练的相关要求参见 AQ/T 9007。

7. 应急预案评审

应急预案编制完成后，生产经营单位应按法律法规有关规定组织评审或论证。参加应急预案评审的人员可包括安全生产及应急管理方面的、有现场处置经验的专家。应急预案论证可通过推演的方式开展。

应急预案评审分为内部评审和外部评审。内部评审主要是本单位主要负责人组织，有关部门和人员参加，外部评审主要是应急管理局组织审查。

1）评审形式

应急预案编制完成后，生产经营单位应按法律法规有关规定组织评审或论证。参加应急预案评审的人员可包括安全生产及应急管理方面的、有现场处置经验的专家。应急预案论证可通过推演的方式开展。

2）评审内容

应急预案评审内容主要包括：风险评估和应急资源调查的全面性、应急预案体系设计的针对性、应急组织体系的合理性、应急响应程序和措施的科学性、应急保障措施的可行性、应急预案的衔接性。

3）评审程序

应急预案评审程序包括以下步骤：

（1）评审准备。成立应急预案评审工作组，落实参加评审的专家，将应急预案、编制说明、风险评估、应急资源调查报告及其他有关资料在评审前送达参加评审的单位或人员。

（2）组织评审。评审采取会议审查形式，企业主要负责人参加会议，会议由参加评审的专家共同推选出的组长主持，按照议程组织评审；表决时，应有不少于出席会议专家人数的 2/3 同意方为通过；评审会议应形成评审意见（经评审组组长签字），附参加评审会议的专家签字表。表决的投票情况应当以书面形式记录在案，并作为评审意见的附件。

（3）修改完善。生产经营单位应认真分析研究，按照评审意见对应急预案进行修订和完善。评审表决不通过的，生产经营单位应修改完善后按评审程序重新组织专家评审，生产经营单位应写出根据专家评审意见的修改情况说明，并经专家组组长签字确认。

8．批准实施

通过评审的应急预案，由生产经营单位主要负责人签发实施。

生产经营单位应急预案分为综合应急预案、专项应急预案和现场处置方案。生产经营单位应当根据有关法律、法规和相关标准，结合本单位组织管理体系、生产规模和可能发生的事故特点，科学合理确立本单位的应急预案体系，并注意与其他类别应急预案相衔接。

生产经营单位生产安全事故应急预案编制导则（GB/T 29639—2020）

（三）综合预案的编制

1．综合预案编制依据和适用范围

1）编制综合应急预案的依据

编制综合应急预案所依据的法律、法规、标准，就是应急预案的编制依据，其他相关应急预案和安全评价报告也是当前预案的编制依据。预案的编制依据，有些是属于普适的法律、法规、标准，有些是属于本行业的法律、法规、标准，有些是属于地方政府制定的法规、标准，应该分类列出，让读者一目了然。

2）编制综合预案的适用范围、体系说明

（1）编制应急预案的适用范围。

依据《生产经营单位生产安全事故应急预案编制导则》（GB/T 29639—2020），生产安全事故应急预案适用范围是指企业应急预案适用的工作范围和事故类型、级别。应急预案适用的工作范围是指事故能够产生危害的范围，有的事故影响范围可能涉及企业外部。适用范围还包括本应急预案适用的事故类型，有的事故如关乎社会稳定的事件、环境污染等，如果另有预案，就不属于本预案的事故类型。事故级别是指事故的危害严重性级别，可以按照事故后果的严重程度或处理应对的难易程度分级。

适用范围的描述应该含义确切，语言准确、严谨和周密，符合事故情况。

（2）编制应急预案的体系说明。

针对可能发生的各类事故和所存在的危险源预先制定的综合应急预案、专项应急预案和现场处置方案，构成一个完整的体系，就是应急预案体系。生产经营单位应根据本单位的组织管理体系、生产规模、危险源性质以及可能发生的事故类型确定应急预案体系，并可根据本单位的实际情况确定是否编制专项应急预案。风险因素单一的小微型生产经营单位可只编写现场处置方案。生产经营单位应急预案体系的构成情况说明，除了综合应急预案，还应包括专项应急预案和现场处置方案，也可用框图形式表述。

3）事故风险描述

企业的事故风险与产品、原材料、中间产品、设施设备、工艺过程和工艺条件以及环境要素如气温、降水、地质结构及其他情况密切相关。为了使相关读者更加深入地了解企业的安全状况，需要对企业的概况进行描述。因此，很多化工、煤矿企业，在描述事故风险时，不仅描述事故的风险种类、发生的可能性以及严重程度、影响范围，还对企业概况进行描述。企业概况主要描述的内容有地理位置，水文、地质、气象条件，周边情况，经济性质，从业人数，隶属关系，生产规模，主要产品、副产品，产量情况，主要设施、装置、设备以及重要目标场所的布局情况，交通情况等。主要工艺过程、工艺条件中应不涉及商业机密。

一般来说，首先描述企业概况，接着描述本企业或其他类似企业曾经发生过的事故案例，然后描述企业事故风险。描述事故风险，可以从车间（分厂）单元布局、重要装置、辅助装置、环境、管理、自然灾害等按一定的顺序描述每个单元装置的所有风险，也可以按照事故风险的类别依次描述，如火灾爆炸、有毒物质泄漏扩散、锅炉爆炸、工艺反应失控爆炸、瓦斯爆炸、起重设备事故等风险，按照一定顺序描述哪些场所装置存在这些风险。

4）确定应急组织机构及职责

《生产经营单位生产安全事故应急预案编制导则》对应急组织机构及职责编制的要求是，明确生产经营单位的应急组织形式及组成单位或人员，可用结构图的形式表示，明确构成部门的职责。应急组织机构根据事故类型和应急工作需要，可设置相应的应急工作小组，并明确各小组的工作任务及职责。

（1）设立应急组织。

组织是指人们为实现一定的目标而建立的集体或团体，集体中的成员需要互相协作，共同完成目标。应急组织是为了应对突发事故建立的专门机构，企业的具体情况不同，不同的企业设立的应急组织的形式也不相同。

企业的应急组织机构由企业根据自身的生产情况、规模大小、风险情况具体设定。很多企业设立应急救援指挥部，指挥部下面设立各种应急小组。指挥部的指挥长、副指挥长和联络员的名单和通信电话应该确定。指挥长一般由企业主要负责人担任，副指挥长由企业的其他负责人担任。每个小组的人员是明确的，小组每个人员的通信电话应该写明。如果应急小组人员工作调动，应该同时更换小组的人员名单和通信电话。为了应急工作方便，企业在应急指挥部下设立办公室。根据企业具体情况，应急办公室可以设在企业的厂（公司）办公室，也可以设在安全处（部、科）的办公室。有的企业规模小、人员少，如加油站，可以只设立应急小组，小组长一般由企业主要负责人担任。对大型复杂的事故灾难，可以设立专家技术组，对应急救援的现场指挥提供技术支持。

（2）确定应急组织的职责。

① 日常安全生产工作职责。

应急指挥部：

a. 批准应急预案的启动与终止，组织和协助进行事故调查，总结应急救援工作经验教训。

b. 负责本单位预案的制定、演练、修订工作。

c. 检查督促事故的预防措施、隐患排查和应急救援准备工作进行的情况。

应急办公室：

a. 贯彻落实国务院、上级单位主管部门和企业应急指挥部应急管理决定的有关事项。

b. 对口联系市安全生产应急救援指挥中心等上级主管部门。

c. 承担企业应急管理的日常工作。

d. 根据有关规定和程序，对突发事件进行指挥和协调。

应急小组成员：

a. 做好安全生产的本职工作，预防事故的发生。

b. 参加应急预案演练。

c. 完成应急抢险救援等工作。

d. 做好应急指挥部安排的其他工作。

② 应急救援职责。

设立应急组织的目的就是履行应急救援的职责。无论应急组织的规模大小和结构如何，都要履行指挥救援、事故抢险、通信联络消防、警戒、医疗救护、后勤保障、后续处理等基本职责。

a. 总指挥（指挥长）在应急工作中的职责：负责应急救援指挥工作，发布抢险救援命令，对特殊情况进行紧急决断，向上级领导汇报事故及处理情况，应急结束时，宣布解除应急状态。

b. 副总指挥（副指挥长）在应急工作中的职责：协助总指挥做好现场抢险救灾工作，向总指挥汇报情况，落实总指挥发布的抢险命令。总指挥不在时行使总指挥职责。

c. 联络员在应急工作中的职责是：按照指挥长、副指挥长的指令，做好上下级的联系和各应急队伍间的联系，做好抢险工作记录；向指挥长报告情况。

d. 事故抢险小组在应急工作中的职责：按照应急预案的要求，科学有效地控制事故，防止事故扩大蔓延，控制易燃、易爆、有毒物质的泄漏，对泄漏物采取处置措施，排除爆炸隐患等。

e. 消防小组在应急工作中的职责：负责实施现场灭火工作，并配合抢险小组进行有关容器的冷却和喷水稀释等工作。

f. 安全警戒小组在应急工作中的职责：负责事故现场警戒，组织疏散人员，阻止非抢险人员进入事故现场，负责现场交通疏导指挥。

g. 医疗救护小组在应急工作中的职责：负责急救和处理现场受伤人员，联系接收医院，引导有关人员把受伤人员送往医院。

h. 后勤保障小组在应急工作中的职责：负责调集抢险器材、设备，负责解决全体抢险救援人员的食宿问题。

i. 通信联络小组在应急工作中的职责：负责保证事故抢救现场与指挥部的联络畅通，保证与外部增援组织或机构联络正常。

j. 事故处理小组在应急工作中的职责：负责安抚遇难家属，协调落实遇难家属抚恤金和受伤人员住院费用，应急救援结束后进行或协助进行事故分析和上报工作。

5）编制预警及信息报告内容

《生产经营单位生产安全事故应急预案编制导则》对预警部分编制的要求：根据生产经营单位监测监控系统数据变化状况、事故险情紧急程度和发展态势或有关部门提供的预警信息进行预警，明确预警的条件、方式、方法和信息发布的程序。

导则对信息报告部分编制的要求：按照有关规定，明确事故及事故险情信息报告程序。其内容主要包括：信息接收与通报，明确 24 小时应急值守电话、事故信息接收、通报程序和责任人；信息上报，明确事故发生后向上级主管部门或单位报告事故信息的流程、内容、时限和责任人；信息传递，明确事故发生后向本单位以外的有关部门或单位通报事故信息的方法、程序和责任人。

（1）确定预警的内容。

可以按照确定危险源的监测监控措施，对危险源的事故预防措施，设定预警条件，确定预警方式、方法和确定信息发布程序的顺序编制预警内容。

① 确定危险源的监测监控措施。

危险源的监测方式有 24 小时在线监测、巡检监测和日常定期监测。危险源的监控方式有自动化控制、安全仪器仪表装置的监控和连锁报警人工控制。有关仪器仪表安全装置应按规定检测校验，保障监控的有效性。

② 对危险源的事故预防措施。

对危险源的事故预防，应该同时采用技术手段和管理手段。例如，化工技术手段包括控制温度、压力、浓度、纯度、流量、液位、容量，采用惰性气体保护，设置防爆水帘，通风，流体管道屏蔽防静电、防雷电、防潮等，定期校验仪器仪表装置保障其有效使用，采用防爆设施、设备等。煤矿瓦斯危险源预防手段包括优化通风系统加强局部通风管理、采用双风系统、采用双电源、及时封堵盲巷、封闭采空区、瓦斯超限自动报警等，防止瓦斯积聚；井口附近 20 m 内禁止烟火，井下严禁烟火，不使用变质炸药，严格执行爆破操作规程，保证电气设备的防爆效果，禁止井下拆卸矿灯等。管理措施包括落实安全责任制，执行巡查检测制度，严格执行安全操作规程，教育培养职工的安全责任意识等。

③ 设定预警条件。

a. 确定预警条件。预警条件应该设定为这样的状态，就是如果不采取有效措施会引发严重的事故后果。根据行业的不同，企业工艺性质的不同，以及事故险情紧急程度和发展势态，具体设定相应的预警条件。例如，煤矿可以设立顶板事故预警条件、矿井水害事故预警条件、井下火灾事故预警条件、瓦斯爆炸事故预警条件、煤尘爆炸事故预警条件、矿井停电事故预警条件、提升运输事故预警条件等。化工厂可以设立超压事故报警条件，超温事故报警条件，易燃、易爆物质泄漏事故报警条件，有毒物质泄漏报警条件等。锅炉可设立超压报警条件、低水位报警条件、超温报警条件等。

b. 确定预警发布程序。根据企业的具体情况，可以按照事故可能发生的危害程度、发展趋势等，设定重大（Ⅰ级）、较大（Ⅱ级）和一般（Ⅲ级）预警级别。Ⅲ级预警由车间主任发布；Ⅰ级、Ⅱ级预警由事故应急指挥部指挥长发布。Ⅰ级预警向所在区政府申请支援。

（2）确定预警方式、方法。

预警方式、方法也需要根据企业的性质、企业的预警硬件条件具体确定。比如，口头呼喊传递信息，通过对讲机或电话报告，报警信号预警，调度指挥中心通过电话、广播系统等通知危险区域人员等。

（3）确定信息发布程序。

当危险源达到预警条件时，由预警现场班组长或其他操作人员在保障自身安全的前提下立即采取必要的处置措施，并向调度员和应急值班员报告（值班调度员也可能通过在线系统直接获取预警信息），由调度员或应急值班员通知危险区域人员安全撤离和向有关领导报告。紧急事件要用电话报告，接报人要记录报告内容。

（4）确定信息报告的内容。

① 信息接收与通报。

企业组织体系不同，信息接收与通报的责任人和程序不同。企业发生事故，应立即报告值班调度室和应急指挥部门办公室。值班调度室和应急指挥部门办公室应该设立 24 小时值守电话，调度员和值班员负责接收事故信息，并向应急指挥部门负责人报告。应急指挥部门负责人评估事故后果，宣布启动应急预案，指示应急通信组人员通知应急救援人员立即赶往指定地点，并向有关人员通报信息，告知他们应该采取的行动。事故如果影响厂外人员，需要向周边人员通报信息。

② 信息上报。

根据《生产安全事故报告和调查处理条例》，事故发生后，现场人员应当立即向本单位负责人报告；单位负责人接到报告后，于 1 小时内向当地县级以上政府安全生产监督管理部门和主管部门报告。如果发生火灾爆炸事故，应立即拨打 119 报警。如果发生伤亡事故，应立即拨打 120 请求急救。情况紧急时，现场人员可以直接向政府安全生产监督管理部门和主管部门报告。报告的内容：事故发生单位概况，事故发生的时间、地点以及事故现场情况，事故的简要经过，事故已经造成或者可能造成的伤亡人数（包括下落不明的人数）和初步估计的直接经济损失，已经采取的措施；其他应当报告的情况。事故上报的责任人为企业负责人（厂长、经理）。

③ 信息传递。

a. 事故发生后，企业负责人于 1 小时内向安全生产监督管理部门和主管部门报告，根据需要安排人员向主管部门和安全生产监督管理部门提供与事故应急救援有关的资料。事故上报的责任人为企业负责人。

b. 该事故会影响企业周边地区时，应急小组承担相应职责的人员，应通过电话、广播或人工告知等手段，迅速向周边单位和居民通报事故情况。向周边通报的负责人为承担应急救援相应职责的人员，包括应急小组组长。

6）应急响应、信息公开与后期处置内容的编制

对应急响应，《生产经营单位生产安全事故应急救援预案编制导则》要求涵盖 4 个方面的内容：响应分级、响应程序、处置措施、应急结束。对响应分级，要求针对事故危害程度、影响范围和生产经营单位控制事态的能力，对事故应急响应进行分级，明确分级响应的基本原则。对响应程序，要求根据事故级别和发展态势，描述应急指挥机构启动、应急资源调配、应急救援、扩大应急等响应程序。对处置措施，要求针对可能发生的事故风险、事故危害程度和影响范围，制定相应的应急处置措施，明确处置原则和具体要求。对应急结束，要求明确现场应急响应结束的基本条件和要求。导则对后期处置的要求是，主要明确污染物处理、生产秩序恢复、医疗救治、人员安置、善后赔偿、应急救援评估等内容。

（1）确定应急响应的内容。

① 响应分级。

这部分内容要明确企业应急响应实行分级响应。每个企业的事故多种多样，不同事故的危害程度不同，影响范围有大有小。有的事故依靠车间内部的资源可以处置，有的事故

需要全厂的力量处置，更严重的事故需要企业外部支援才能应对。因此，需要根据事故的危害程度、影响范围、企业的人财物和技术水平的实际情况，把事故分为不同的级别，一般分为Ⅰ、Ⅱ、Ⅲ三级或Ⅰ、Ⅱ、Ⅲ、Ⅳ四级，小规模的、危险性相对较小的企业可以分为Ⅰ、Ⅱ两级。对应事故级别，预案的应急响应也分为同样的级别，Ⅰ级事故启动Ⅰ级响应，Ⅱ级事故启动Ⅱ级响应，以此类推。分级响应的原则是发现事故征兆，立即采取科学规范的方法处置，把事故消灭在萌芽状态，发生事故后，立即启动最低一级（车间级）预案，如果事故扩大，车间无法控制，则启动更高一级（企业级）预案，以此类推。

　　② 响应程序。

　　响应程序的内容，就是规定应急指挥部接到事故报告后，实施启动应急、调配资源、实施应急救援、提高响应级别的步骤。首先，指挥部的人员应该立即赶往应急办评估事态情况，宣布启动应急响应的级别。接着，调集救援队伍、应急装备物资，实施应急救援行动。如果事故扩大，本企业应急资源不够，需要提高应急响应的级别寻求外部增援。应急救援小组在指挥部的指挥下，按照分工要求，各司其职，相互支援配合。这里可再次写明各应急小组的具体负责内容。

　　③ 处置措施。

　　不同行业、企业事故风险不同，同一企业发生的不同事故，其危害程度和影响范围也不一样，要针对可能发生的具体事故，制定明确而具体的应急处置措施。尽管事故多种多样，但事故处置要坚持共同的原则，比如，坚持安全第一、以人为本、优先救人的原则；抓住时机，尽量把事故消灭在萌芽状态，防止事故扩大；在实施救援时必须做好个人防护，保障救援人员的人身安全与健康等。

　　例如，矿井下发生瓦斯爆炸事故，可以确定以下处置措施：

　　a. 抢险救援指挥部宣布启动应急预案。

　　b. 切断井下电源，但尽量维持主要通风机和空气压缩机运转。

　　c. 通知井下所有人员撤离。

　　d. 立即通知矿山救护队到场。

　　e. 向上级主管部门汇报情况。

　　f. 清点井下人员，控制入井人员。

　　g. 准备救援物资，维护好事故现场秩序，做好抢救伤员准备工作。

　　h. 命令救护队抢救遇险人员，扑灭火灾，恢复通风系统，防止再次爆炸。

　　④ 应急结束。

　　当事故得到控制，不再产生危害，引起事故的危险源得到消除，可能导致次生、衍生事故的隐患已消除，现场和周边空气经过监测恢复正常标准，应急指挥机构就可以宣布应急响应结束，并告知周边区域相关人员。

　　（2）信息公开。

　　发生严重事故，必然引起单位职工、周边人员和社会公众的关注和关心，新闻媒体也会关注。信息公开的内容，要写明由谁发布信息，发布哪些信息。通常应该由应急指挥部或其授权人发布可以公开的信息。信息发布要遵守国家法律、法规，实事求是，客观公正。信息发布形式主要包括接受记者采访、向媒体提供新闻稿件等。一般来讲，已经确定的事实、事故原因和经济损失可以发布，没有调查清楚的事项、数据不应该发布。

（3）确定后期处置的内容。

① 污染物处理。

事故发生后，现场会留下各种污染物和毒物，必须经过专业清洗和消毒处理，才能恢复生产。洗消所产生的污染物，必须经过环保措施处理，达到排放标准，才可以排放。

例如，某公司的应急预案"污染物处理"规定：公司设事故水池一座，事故现场设置洗消区，对进入污染区域的人员、器材装备及时进行洗消，洗消残液进入事故水池，用专用设备回收后送专业部门进行处理，救援组人员组成洗消队伍，穿戴好防护用品进行洗消处理。

② 生产秩序恢复。

经过洗消后，通过环境监测，环境恢复到事故前的正常状态，维修或更换必要的设施、设备后，就可以逐渐恢复生产。

如某公司的生产秩序恢复内容为公司委托具备资质的环保和职业卫生监测机构对事故现场环境和有毒有害因素进行监测、评估，发现异常，及时报告应急指挥部处理，直到恢复正常；对于被事故损坏的建筑物和设施、装备，委托专业部门进行检测评估，满足安全生产条件后，由公司提出方案并实施恢复；一切正常后申请恢复生产。

③ 医疗救治。

对事故受伤人员和应急救援过程中受伤的人员，送往具备相应条件的医院进行救治，并享受工伤待遇。

④ 人员安置。

对因事故受伤害的职工、应急救援人员和周边人员，给予安慰和治疗。

⑤ 善后赔偿。

对于事故和救援遇难人员的家属，按国家政策给予补偿，对其赡养的未成年人和老年人按规定给予补偿和安置；对征用的私人财物，应给予补偿；对事故中损毁的外单位和居民的财物，应给予赔偿；对外单位增援的财物损失，按照协议给予补偿。补偿和赔偿金额应该遵循国家法律、法规和标准的规定。

⑥ 应急救援评估。

人的知识、能力和技术水平有限，编制的应急处置措施和救援措施一般都存在或多或少的问题。而事故现场的具体情况千差万别，用编制好的预案去实施应急救援就会遇到不完全适用的情况，这就是可操作性的问题。因此，对应急救援预案的启动指挥和后勤保障等全过程进行分析、评估，并重新评估应急救援能力，总结应急救援的经验教训，以便提出对应急预案的改进意见和建议。

7）保障措施内容的编制

（1）通信与信息保障。

这部分内容明确本企业应急救援人员的通信方式，包括本企业应急救援指挥部人员、应急小组领导人和其他应急救援人员的通信方式，签订应急救援互助协议单位的领导和应急救援相关人员的通信方式，政府主管部门和安全生产监督管理部门相关人员的通信方式。另外，还应该列出火警119、公安110、医疗急救120等电话。通信方式有采用对讲机、固定电话、传真、移动电话、QQ、微信等即时通信工具。应急组织体系人员电话应24小时开机；如果当事人联系不上，应发手机短信，并联系其领导、下属或家人等，直到联系上本人为止；如果人员变动或通信方式变化，必须立即更新。

井下通信线、地面有线通信线、内部电话线的架设要符合规范，应该维护和保护，确保应急通信畅通。

（2）应急队伍保障。

明确企业应急响应的可用人力资源，包括应急专家、专业应急队伍、兼职应急队伍等，最好列出具体名单。

（3）物资装备保障。

物资装备保障应明确生产经营单位现有的应急物资和装备的种类、型号、数量性能、存放位置、运输及使用条件、管理责任人及其联系方式等内容；可以列成表格以便使用时一目了然；如果发现某些应急物资、装备不足，应在第一时间购买配足。

（4）其他保障。

其他相关保障措施主要有经费保障、交通运输保障、治安保障、技术保障、医疗保障、后勤保障等，须列出人力、物资和设备的数量。

某企业生产安全事故
综合应急预案

（四）专项应急预案的编制

1．进行事故风险分析

1）辨识危险

要分析事故，首先要辨识出企业存在的危险和有害因素，还要辨识有没有重大危险源。重大危险源需要参照有关法律、法规、标准进行辨识。辨识危险源应该系统化地进行，避免遗漏。过程工业（也称流程工业）危险源辨识一般包括总图布置及建筑物危险和有害因素识别（厂址、总平面布置、道路及运输、建构筑物），生产工艺过程的危险和有害因素识别（物料输送、熔融、干燥、蒸发、蒸馏、冷却、冷凝冷冻、筛分、过滤、粉碎、混合），设备装置的危险和有害因素识别（工艺设备、装置、专业设备），作业环境的危险和有害因素识别（危险物品、工业噪声与振动、温度与湿度、辐射），储运过程的危险和有害因素识别（爆炸品储运、易燃液体储运、易燃固体储运、毒害品储运），建筑和拆除过程的危险和有害因素识别。

2）分析可能发生的事故

辨识出本企业的危险和有害因素后，结合具体物料性质、工艺条件、设备布置、环境条件、管理水平等情况，分析可能发生的事故类型。比如，火灾爆炸、瓦斯爆炸、泄漏、中毒、坍塌和压力容器爆炸等。根据事故发生的必然性原理，只要有危险和有害因素的存在，都有发生事故或职业危害的可能性。可能发生的事故，发生概率应该大于不容易发生的概率。难以发生的事故，可不认为是可能发生的事故。国外、国内已经发生了的同类事故，应是本企业可能发生的事故类型。以下是事故发生的可能性的分析方法：

（1）案例分析。统计分析国外、国内的同类事故案例的发生概率，可以作为本企业可能发生事故的概率。

（2）查阅事故资料。查阅某次事故的发生概率资料，可以得到其在本企业的发生概率。

（3）系统分析。用系统可靠度分析方法，通过查阅设备安全装置的故障率，计算出可靠度，再计算不可靠度，得到事故发生的概率。还可以通过事故树、事件树分析事故概率。

（4）定性描述。可以根据经验和知识，定性描述事故发生的可能性，如易发生××事故、可能发生××事故。

3）分析事故发生的区域、地点或装置的名称

事故总是要在一定的区域、地点或装置发生，这可以根据现场的物料、设备的生产工艺运行参数分析判断。

4）分析事故可能发生的时间

严格来讲，事故发生的准确时间不可以预测，但根据经验或事故案例，我们知道在开停车、生产运行或检修期间，都可能发生相应的事故。开车时预备程序的失误（如杂质吹扫不符合要求）造成事故，停车操作不当引发事故，运行期间各种故障和误操作造成事故，检修期间违规用火、违规进入受限空间、登高检修作业等导致事故，这些事故的案例有很多。

5）分析事故发生的征兆

风险分析也需要分析事故发生前可能出现的征兆。事故发生前一般都有一定的征兆，如温度上升速度太快、压力上升速度太快、现场空气中危险成分的浓度高等。这些征兆可以通过经验和科学知识加以分析。

风险分析也需要分析事故可能引发的次生、衍生事故。大多数的事故都可能引发次生、衍生事故，如中毒、环境污染、火灾等。次生、衍生事故，完全可以通过经验和科学知识分析出来。

6）分析事故的严重程度

事故的严重程度主要指可能的伤亡情况、设备设施损失、原材料和产品的损失等，可以用以下几种方法分析得出结论。

（1）经验判断。一些技术人员工作了几十年，见识广，可以凭经验，结合物料数量、工艺条件、设备状况，预测出事故的严重程度。比如，建筑过程中模板坍塌可能造成多人死亡和重伤。

（2）安全系统工程分析。通过事件树分析、故障类型与影响分析、原因-后果分析等安全系统工程分析方法，分析事故后果。

（3）道化学指数法、ICI 蒙德指数法定量分析。道化学指数法、ICI 蒙德指数法两种方法都可以定量分析化工行业工艺和储存场所的火灾爆炸危险性。其他涉及燃烧爆炸的行业也可以创新使用。

（4）事故后果模型分析。主要运用数学模型分析计算挥发性液体和气体的泄漏速度，以及泄漏扩散引起火灾、爆炸和中毒事故的后果，包括扩散范围浓度，火灾辐射强度，火球半径，火灾辐射伤亡率，爆炸中心的距离与超压关系，蒸气云爆炸的冲击波伤害、破坏半径，中毒浓度与扩散半径等。

7）分析事故的影响范围

事故的严重程度及其影响范围，可以用物料介质的量或设备规模及运行参数等，通过定量计算或经验估计得出结果。比如，建筑工程模板坍塌事故，影响范围限于建筑物及附近区域。通过道化学指数法、ICI 蒙德指数法、事故后果模型分析等定量分析法，可以得出事故的影响范围。

2．确定应急指挥机构及职责

1）确定应急指挥机构

专项应急预案可能有多个，由于每个专项应急预案针对的事故性质不同，因此专项应急预案的应急机构可能比综合应急预案的应急机构少，也可以完全一样。为了有效应对专项事故，专项应急预案的某专业应急小组的人员可以比综合应急预案相应的小组人员多，其他专业应急小组的人员可以比综合预案相应的小组人员少，应急机构和专业应急小组人员的多少应满足实际情况的需要。

一般来讲，专项应急预案的指挥机构与综合应急预案的指挥机构相同。必须明确应急指挥部和应急指挥办公室的人员姓名和通信方式，必须明确各应急专业小组的负责人及成员的姓名和通信方式。专业应急小组应包括指挥救援、事故抢险、通信联络、消防、警戒、医疗救护、后勤保障、后续处理等。

2）规定应急机构及人员的职责

专项应急机构及人员的职责更加具体。明确总指挥、副总指挥的职责，各专业应急小组负责人的职责，各成员的职责。特别是事故抢险小组的成员承担具体事故的应急处置，他们的职责更加具体，可操作性更强。

3．确定处置程序

1）事故及险情报告责任人、报告程序、报告内容和报告方式

（1）报告责任人。

发现事故或险情的任何人，都有义务向车间或应急指挥部报告事故或事故险情。事故所在岗位的操作人员，发现事故或险情后，在采取力所能及的应急措施后，应通过现场呼喊或电话方式立即报告班组长，由班组长向车间报告，情况特别紧急时可以直接报告应急指挥部。因此，事故现场报告的责任人，是现场负责人即班组长，班组长不在场，责任人是副班长；没有副班长，责任人是班长指定的岗位人员。岗位现场应当设置有线电话，并备有电话簿，包括本车间各班组的电话、车间办公电话、车间领导的移动电话、其他车间办公电话、应急指挥部电话、各应急小组组长电话、生产调度室电话、火警电话、急救电话以及治安报警电话等号码。

生产经营单位发生生产安全事故或者较大涉险事故，负责人接到事故信息报告后应当于1小时内报告事故发生地县级安全生产监督管理部门、煤矿安全监察分局。发生较大以上生产安全事故时，事故发生单位还应当在1小时内报告省级安全生产监督管理部门、省级煤矿安全监察机构。向政府部门报告事故的责任人，是生产经营单位的负责人。

（2）报告程序。

事故或险情报告，一般采用逐级上报的程序。

事故所在岗位的操作人员，发现事故或险情后，在保障自身安全的前提下，应立即采取力所能及的应急措施，如关闭阀门，停止设备运行。不论处置成败，都应通过现场呼喊的方式或电话方式立即报告班组长，由班组长向车间报告，车间领导向应急指挥部报告。情况特别紧急时，班组长可以直接报告应急指挥部。

（3）报告内容。

事故现场报告人应当报告的内容包括：报告人的工段、岗位、姓名、工种，发生事故

的工段、岗位、装置设备、物料，事故发生的时间、地点和简要经过，遇险、脱险人数和直接经济损失的初步估计，事故原因、性质的初步判断，已经或正在采取的措施，需要有关部门协助事故抢险和处理的有关事宜。

企业负责人报告事故的内容应包括：事故发生单位的名称、地址、性质、产能等基本情况，事故发生的时间、地点以及事故现场情况，事故的简要经过（包括应急救援情况），事故已经造成或者可能造成的伤亡人数（包括下落不明、涉险的人数）和初步估计的直接经济损失，已经采取的措施，其他应当报告的情况。使用现场快报，应当包括下列内容：事故发生单位的名称、地址、性质，事故发生的时间、地点，事故已经造成或者可能造成的伤亡人数（包括下落不明、涉险的人数）。

（4）报告方式。

岗位现场操作人员向班组长报告，可以采用呼喊或电话报告的方式。岗位人员或非本岗位人员向车间或应急指挥部报告事故，应采用对讲机或电话的方式，以便快速和抢抓应急救援的时机。单位负责人向政府部门报告事故，可以采用传真、邮件、电话、对讲机、QQ、微信等通信方式，或按照政府部门要求的方式报告事故。无论采用什么方式报告信息都应当同时采取电话方式，以提醒对方接收信息。

2）应急响应程序

（1）描述事故接警报告和记录。

应急指挥部应当设立日常办公室，一般由企业办公室或安全部门办公室兼作应急指挥部的日常办公室。应急办公室应24小时有人值班。应急指挥部接到的事故报告，可以是电话报告，也可以是在线监控警报。对讲机或电话报告，需要记录下来，以便核实和保存。发现在线监控警报，立即记录警报的时间和警报指示的岗位装置，以便核实和保存。

（2）应急指挥机构启动程序。

应急指挥部接到事故报告或在线事故警报后，核实相关情况，报告总指挥，并通知所有成员立即赶到应急指挥部办公室或预案确定的应急指挥临时地点。总指挥在有关专业人员的协助下，研究评估事态的严重程度和影响范围，宣布启动应急响应的级别。

（3）应急指挥、资源调配。

指挥长宣布启动某个级别的应急响应后，指挥部立即通知有关应急小组准备应急救援器材和物资，通知相应的应急救援小组的人员到达指定地点，领取相应的应急物资装备，随时待命。指挥部继续了解现场事故情况，命令各应急小组按照应急预案确定的处置程序，开展应急救援工作。如果应急预案没有明确具体的处置程序，应急指挥部和专家组应立即研究现场处置方案。

（4）应急救援。

各应急小组在指挥部的指挥下，立即开展应急救援行动，听从现场指挥长的统一调度指挥，相互协调配合。现场各应急救援小组，按照既定分工，各尽其职，尽职尽责地做好各项应急救援工作。指挥部应及时向主管部门报告事故趋势和应急救援行动进展情况，必要时向周边单位及政府主管部门请求支援。

事故如果影响到周边环境，相应的应急小组应在指挥部的指挥下，对周边环境进行监测监控，确定重点保护区和安全撤离路线。

（5）扩大应急。

如果事故不能有效控制，影响范围扩大，超越了原来的响应级别，应该提高响应级别。事故后果如果超越了本企业应急能力所能应对的局面，要及时向政府部门和周边单位请求支援。

4. 确定处置措施

1）明确处置原则

专项应急预案中的事故处置措施，应该有相应的处置原则。比如，锅炉缺水报警立即停炉，可以避免锅炉报废和物理爆炸；化工反应器发生超温超压报警，立即采取冷冻降温措施，或者按照处置措施释放部分压力，可以避免爆炸；意外的燃烧发生初期容易灭火，应首先灭火，同时拨打119火警电话，如果无法灭火才选择逃生。这些措施都是为了把事故消灭在萌芽状态。不同的事故或险情的处置原则可能有所不同。处置的原则一般包括：按照应急预案确定的处置程序采取紧急措施，把事故消灭在萌芽状态；以人为本，在保障安全的前提下实施必要的应急措施；安全第一，设法自救；服从命令，统一行动；各司其职，协调配合；搞好个人防护，积极救援。

2）确定处置措施

专项应急预案是生产经营单位为应对某一类型或某几种类型事故，或者针对重要生产设施、重大危险源、重大活动等而制定的应急预案。生产企业规模较大，可能有多种事故。不同种事故的处置措施一般不同，对每一种事故都应该制定详细有效的处置措施。处置措施必须经过多方面的专家、技术人员和岗位操作人员反复研究，充分采纳操作工人的意见，满足操作工人的合理要求，贯彻安全第一的原则，充分保障操作工人的生命安全。生产现场带班人员、班组长和调度人员在遇到险情时有第一时间下达停产撤人命令的直接决策权和指挥权。处置措施应该尽量把事故消灭在萌芽状态，不能把事故消灭在萌芽状态，则必须有效科学地处置险情和控制事故后果，减少事故损失。

（五）现场处置方案的编制

1. 事故风险分析

1）现场处置方案编制要求

现场处置方案是生产经营单位根据不同事故类别，针对具体的场所、装置或设施所制定的应急处置措施，主要包括事故风险分析、应急工作职责、应急处置和注意事项等内容。生产经营单位应根据风险评估、岗位操作规程以及危险性控制措施，组织本单位现场作业人员及相关专业人员共同编制现场处置方案。编制综合应急预案时应当对企业进行系统而全面的风险分析，找出可能发生的事故类型，分析每种事故后果的严重程度，以及各种事故发生的区域、地点和装置。编制现场处置方案，首先要对工艺危险性大，事故后果严重的场所、装置或设施进行更详细的风险分析，分析发生的原因，分析发生前的征兆，分析次生和衍生事故；然后，要对岗位操作规程进行研究，比对事故与操作规程的关系，分析操作失败或失误与事故的关系。在此基础上制定出现场处置方案，通过实施现场处置方案，把事故消灭在萌芽状态，或者减轻事故的危害后果。

2）确定事故类型

对企业生产进行系统的危险辨识，就可以凭经验和事故案例统计资料，运用安全系统工程的方法，确定本企业风险大的事故类型。对工艺危险性大、事故后果严重的场所、装置或设施进行详细的风险分析，确定其事故类型，如中毒、燃烧爆炸、物理爆炸、粉尘爆炸、坍塌等。需要启动应急预案的事故，是伤亡事故或经济损失大、设备设施损害严重、影响安全生产正常进行的事故或者其前兆事故。

3）确定事故发生的区域、地点或装置的名称

因为不同区域和地点的装置、工艺方法和工艺条件不同，原辅材料和产品也不同，所以可能发生的事故不同。因此，每种事故必然对应一定的区域，一定的工艺流程、工艺条件和原辅料的性质，以此可以确定事故发生的具体区域、地点或装置。

4）预测事故发生的可能时间、危害严重程度及其影响范围

事故的发生具有偶然性，事故发生的准确时间是不可预测的，只能预测可能发生的时间，如发生在开车期间、生产运行期间、停车操作期间或检修期间等。根据工艺类型和条件、设备的安全状况和物料的多少，可以定性、定量预测事故发生后的严重程度；通过事故后果模型分析计算，可以预测事故发生后的影响范围；通过经验判断和案例类比，可以预测如煤矿瓦斯爆炸、煤尘爆炸的危害后果和影响范围。

5）分析事故前可能出现的征兆

所有事故的发生都是有直接原因和间接原因的，所有事故发生前都有一定的征兆。因此，及早发现征兆，对于把事故消灭在萌芽状态，减轻事故危害的严重程度具有决定性的意义。比如，煤矿瓦斯爆炸事故，爆炸之前瓦斯浓度接近或达到爆炸极限范围，瓦斯浓度检测仪会报警，这时必须停止作业，避免出现明火或撞击火花等，并采取抽排瓦斯的措施。又如，锅炉爆炸事故发生前也有征兆，如超温超压、严重缺水、出现细微裂缝等。化学反应失控也有征兆，如测温仪显示温升速度过快，压力表显示压力上升速度过快等。总之，对某个地点、某个装置发生的具体的事故，可以分析事故发生前的征兆，并采取相应的措施。

6）分析事故可能引发的次生、衍生事故

很多事故可以引发一定的次生、衍生事故。比如，化工企业所涉及的多数物质易燃、易爆且具有毒性，若发生泄漏事故，可以引起中毒窒息事故，遇到火源、静电火花等还会发生燃烧、爆炸等衍生事故，燃烧、爆炸的冲击波还可以引起邻近装置的爆炸。对某个地点、某个工艺装置发生的具体事故，通过分析工场所原材料的危险性、工艺流程、附近装置设备的布局等，可以分析出可能发生的次生与衍生事故。

2. 应急工作职责

1）分析现场工作岗位、组织形式及人员构成

现场工作岗位人员，是落实事故预防措施的执行者。事故预警情况出现后，现场工作岗位人员是最初的应急行动人员，其处置行为的成败直接关系到事故能否被消灭在萌芽状态。制定现场处置方案，必须分析现场工作岗位情况，如有哪些岗位、岗位人员的排班形式、岗位人员的组织形式等。岗位人员的组织形式一般采用班组工段形式。一般每个岗位每班至少1名操作人员，有的岗位每班可能是多名人员，包括岗位操作人员、班组长和技

术人员。有的企业，几个岗位配备一名技术人员，几个岗位构成一个班组。这些情况应该分析清楚，以便确定每个人的分工和应急职责。

2）明确各岗位人员的应急工作分工和职责

岗位人员是应急行动的先行者，在岗位事故应急中起着关键作用。制定现场处置方案，必须明确各岗位人员的应急工作分工和职责，使每个岗位人员在事故发生或即将发生时，知道自己该干什么，该承担什么责任。一般每个岗位所属人员负责本岗位的应急处置，有的岗位设施设备较多，阀门开关多，短时间可能应对不了，需要邻近岗位人员的协助配合。因此，岗位人员的职责包括本岗位的应急处置和协助配合邻近岗位的应急处置。现场处置方案应明确，生产现场带班人员、班组长和调度人员在遇到险情时有第一时间下达停产撤人命令的直接决策权和指挥权。

由于岗位人员人手的限制，或者岗位人员根本不能处置，现场处置方案需要综合应急预案或专项应急预案的各应急小组队伍参与。因此，有的企业现场处置方案的应急工作职责，就与综合应急预案或者专项应急预案的内容重复。

3）明确应急救援人员的职责

现场处置方案中应急救援人员的职责可以比综合应急预案的更具体。应根据企业装置规模和事故严重程度，确定参与应急救援的队伍和职责。

3. 应急处置

1）制定事故应急处置程序

通过风险分析，已经掌握了事故类型、事故发生的地点和装置的情况。为了有效地控制事故，尽量把事故消灭在萌芽状态，应急处置方案应明确事故报警方式、报警程序、报警后采取什么措施、怎样向车间和应急指挥部报告等。救护人员可能对现场不熟悉，处置方案应明确现场人员引导救护人员进入现场的方法。现场岗位人员及附近岗位支援人员在处置的同时，要随时向车间和应急指挥部报告。应急指挥部根据事故的严重性，命令启动相应的应急预案，应急处置方案就能与企业的应急预案有效衔接。

2）明确报警负责人以及报警电话

现场发生事故或事故前兆警报，岗位人员在采取措施的同时，应当报告班组长和岗位其他人员，班组长负责向车间或应急指挥部报告。因此，现场处置方案必须明确车间、应急指挥部办公室、应急车间领导和应急指挥部领导的姓名和电话，还须写明119火灾报警电话。有的大型设备装置发生事故的后果特别严重，需要外部支援，必须写明邻近单位救援联系人姓名和电话，以及政府主管部门救援联系人姓名和电话。在报告事故时，要讲明事故发生的地点、装置、物料、大概原因以及已经采取的措施。如果岗位人员只有1名，应该先报告，然后立即采取措施，避免错过增援机会而造成事故扩大。

3）制定现场应急处置措施

不同行业的企业可能发生严重后果的事故不一样。危险化学品生产经营单位主要是火灾、爆炸、危险化学品泄漏和中毒事故；煤矿企业发生的严重事故主要是煤尘瓦斯火灾爆炸、水患、冒顶等；建筑企业可能发生的严重事故主要是坍塌、高处坠落等。现场应急处置措施应该从人员救护、工艺操作、事故控制、消防、现场恢复等方面制定明确的应急处置措施。

4. 编制注意事项

1）佩戴个人防护器具方面的注意事项

佩戴使用每种个人防护器具都有相应的注意事项。

2）使用抢险救援器材方面的注意事项

事故抢险救援器材很多，不同行业不同种类的事故，使用的抢险救援器材也不同。专业的、特殊的、新式的抢险救援器材，对使用有特别的技术要求，应特别说明使用的注意事项。

3）采取救援对策或措施方面的注意事项

不同事故或险情应采取不同的应急措施。根据事故和现场情况，提出必须重视的注意事项，如果忽视了关键注意事项，紧急处置可能失败，甚至发生危险。例如，某企业现场处置方案的注意事项如下：

（1）现场人员应根据事故或险情的严重程度和现场具体情况，在保证自身安全的前提下，果断采取合理可行的措施控制事故，防止事故扩大。

（2）如果现场随时可能发生爆炸，现场人员应该撤离，等待灭火防爆等抢险力量的到来，听从指挥，统一采取应急行动。

4）现场自救和互救注意事项

不同种类的事故，如触电事故、有毒气体泄漏中毒事故、燃烧爆炸事故、煤矿井下瓦斯爆炸事故等，自救和互救的注意事项不一样，需要在现场处置方案中写明。例如：

（1）在自救或互救时，必须统一行动，不可冒险，不可单独行动。

（2）有时需要采取措施，才能更好地自救和互救。比如，从上风向关闭泄漏点前端。

（3）在自救互救的过程中，要小心谨慎，不要引发新的危险。易燃、易爆场所采用防爆阀门，防止产生火花。

5）现场应急处置能力确认和人员安全防护等事项

现场处置方案应根据事故的严重程度，确定应急救援需要哪些技术人员和应急救援设备，明确应急人员需要哪些个人防护装备，明确保障现场人员安全的措施。例如，为了保护易燃、易爆现场应急人员的安全，可以采取停止设备运行，切断电源，用消防水喷雾降温和稀释气体粉尘浓度等措施。

6）应急救援结束后的注意事项

（1）保护现场。由总指挥宣布应急救援工作结束后，撤出并清点人员。应急指挥部指定专人巡视和保护事故现场，配合事故调查。

（2）分析事故发生的原因，制定落实整改措施。

（3）总结应急救援过程。

（4）记录过程。对现场救援的过程进行记录，上交调度室。

7）其他需要特别警示的事项

如果还有需要特别警示的事项，应一并写明。比如，有些电气线路设施可能失去绝缘，挂上禁止触摸的警示牌，要求关闭现场电源等。

任务二　生产安全事故应急救援预案管理与演练

一、事故应急救援预案的评审、发布、备案、实施

现实中，部分企业在应急预案管理层面存在部分问题，如未按照要求进行评审备案，导致编制的应急预案针对性差、可操作性不强。在应急预案培训与演练环节同样存在一些问题：一是个别企业把应急预案当摆设，预案"编"而不"用"、束之高阁，基层员工对应急预案不甚了解，造成实战演练效果差；二是部分企业的演练方式和内容过于简单化，演练类型单一，无法真正检验预案的可操作性。

因此，应急预案编制完成后，还需进行评审、批准实施、备案、培训演练、修订等环节。特别是开展应急预案培训与演练是检验预案、发现应急工作中的薄弱环节并合理完善的重要手段，也是检验应急预案有效性、科学性，锻炼应急队伍，提高各级组织应对突发事件能力的有效手段。

（一）应急救援预案的评审

应急预案评审是对新编制或修订的应急预案内容的适用性所开展的分析评估及审定的过程。

应急预案评审是应急预案管理工作中非常重要的一个环节，通过评审来发现应急预案存在的不足及不当之处并及时纠正，提高预案可操作性，满足应急预案发布和实施的要求。重大应急预案编制完成后，应当组织有关人员对应急预案进行系统评审，通过评审来发现应急预案存在的缺陷和不足并进行及时纠正，充分满足应急预案发布和实施的要求。因此，应急预案评审是应急预案编制或修订完成后，决定预案能否发布和实施的关键步骤。规范和指导重大事故应急预案评审工作有着非常重要的理论和现实意义。

应急预案评审采取形式评审和要素评审两种方法：形式评审主要用于应急预案备案时的评审，要素评审用于生产经营单位组织的应急预案的评审。应急预案评审采用符合、基本符合、不符合三种意见进行判定。对于基本符合和不符合的预案，应给出具体修改意见或建议。应急预案经评审合格后，由生产经营单位主要负责人（或分管负责人）签发实施，并向规定部门进行备案管理。

1. 评审的法律要求

《生产安全事故应急预案管理办法》中提出了应急预案评审的具体要求，主要内容如下：

（1）地方各级人民政府应急管理部门应当组织有关专家对本部门编制的部门应急预案进行审定；必要时，可以召开听证会，听取社会有关方面的意见。

（2）矿山、金属冶炼企业，易燃易爆物品、危险化学品的生产、经营（带储存设施的，下同）、储存、运输企业，使用危险化学品达到国家规定数量的化工企业，烟花爆竹生产、批发经营企业和中型规模以上的其他生产经营单位，应当对本单位编制的应急预案进行评审，并形成书面评审纪要。

前款规定以外的其他生产经营单位可以根据自身需要，对本单位编制的应急预案进行论证。

（3）参加应急预案评审的人员应当包括安全生产及应急管理方面的专家。评审人员与所评审应急预案的生产经营单位有利害关系的，应当回避。

（4）应急预案的评审或者论证应当注重基本要素的完整性、组织体系的合理性、应急处置程序和措施的针对性、应急保障措施的可行性、应急预案的衔接性等内容。

2. 评审目的

（1）发现应急预案存在的问题，完善应急预案体系。

（2）提高应急预案的针对性、实用性和可操作性。

（3）实现生产经营单位应急预案与相关单位应急预案衔接。

（4）增强生产经营单位事故防范和应急处置能力。

3. 评审依据

（1）国家及地方有关法律、法规、规章和标准，相关方针、政策和文件，如《生产安全事故应急预案管理办法》《生产经营单位生产安全事故应急预案编制导则》等。

（2）地方政府、上级主管部门以及本行业有关应急预案及应急措施要求。

（3）生产经营单位可能面临的事故风险和生产安全事故应急处置能力。

4. 评审时间

《生产安全事故应急预案管理办法》第三十五条规定，应急预案编制单位应当建立应急预案定期评估制度，对预案内容的针对性和实用性进行分析，并对应急预案是否需要修订作出结论。

矿山、金属冶炼、建筑施工企业，易燃易爆物品、危险化学品等危险物品的生产、经营、储存企业，使用危险化学品达到国家规定数量的化工企业，烟花爆竹生产、批发经营企业和中型规模以上的其他生产经营单位，应当每三年进行一次应急预案评估。

应急预案评估可以邀请相关专业机构或者有关专家、有实际应急救援工作经验的人员参加，必要时可以委托生产安全技术服务机构实施。因此，应急预案的评审、修订时间选择可以遵循如下原则：

（1）定期评审、修订。

（2）结合培训和演习中发现的问题，对应急预案进行及时评审、修订。

（3）评估同行业重大事故的应急过程，吸取经验和教训，及时修订应急预案。

（4）国家有关应急和安全方面的方针、政策、法律、法规、规章和标准发生变化时，及时评审、修订应急预案。

（5）面临的危险源有较大变化时，及时评审、修订应急预案。

（6）根据应急预案的规定或其他现实因素，及时评审、修订应急预案。

5. 评审方法

应急预案评审采取形式评审和要素评审两种方法。形式评审主要用于应急预案备案时的评审，要素评审用于生产经营单位组织的应急预案评审。应急预案的评审方法和类型以及它们之间的相互联系见表 2-1 和图 2-3。

表 2-1　应急预案的评审方法和类型

评审类型		组织者	评审人员	评审目标
内部评审		编制单位	编制单位的编制组成员或有关人员	预案语句通畅、内容完整
外部评审	同行评审	同行业有关单位	同行业具有相应资格的专业人员	听取同行对预案的客观意见
	上级评审	上级主管单位	对预案有监督职责的上级组织或人员	对预案中要求的资源予以授权和做出相应的承诺
	社区评审	编制单位所在的社区组织	社区公众、媒体	对预案完整性：促进公众对预案的理解和为各社区接受
	政府评审	编制单位所在的地方政府	政府部门的有关专家	确认预案符合法律法规、标准和上级政府规定要求；确认预案与其他预案协调一致；对预案进行认可，予以备案
形式评审		有关政府部门	同"政府评审"	同"政府评审"
要素评审		编制单位	同"内部评审"	同"内部评审"
		同行业有关单位	同"同行评审"	同"同行评审"
		上级主管单位	同"上级评审"	同"上级评审"

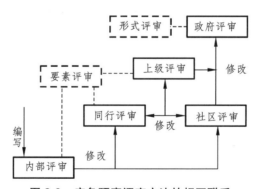

图 2-3　应急预案评审方法的相互联系

　　应急预案评审采用符合、基本符合、不符合三种意见进行判定。对于基本符合和不符合的预案，应给出具体修改意见或建议。

　　（1）形式评审。依据《导则》和有关行业规范，对应急预案的层次结构、内容格式、语言文字、附件项目以及编制程序等内容进行审查，重点审查应急预案的规范性和编制程序，见表 2-2。

表 2-2 应急预案形式评审表

评审项目	评审内容及要求	评审意见
封面	应急预案版本号、应急预案名称、生产经营单位名称、发布日期等内容	
批准页	1. 对应急预案实施提出具体要求 2. 发布单位主要负责人签字或单位盖章	
目录	1. 页码标注准确（预案简单时目录可省略） 2. 层次清晰，编号和标题编排合理	
正文	1. 文字通顺、语言精练、通俗易懂 2. 结构层次清晰，内容格式规范 3. 图表、文字清楚，编排合理（名称、顺序、大小等） 4. 无错别字，同类文字的字体、字号统一	
附件	1. 附件项目齐全，编排有序合理 2. 多个附件时，应标明附件的对应序号 3. 需要时，附件可以独立装订	
编制过程	1. 成立应急预案编制工作组 2. 全面分析本单位危险有害因素，确定可能发生的事故类型及危害程度 3. 针对危险源和事故危害程度，制定相应的防范措施 4. 客观评价本单位应急能力，掌握可利用的社会应急资源情况 5. 制定相关专项预案和现场处置方案，建立应急预案体系 6. 充分征求相关部门和单位意见，并对意见及采纳情况进行记录 7. 必要时与相关专业应急救援单位签订应急救援协议 8. 应急预案经过评审或论证 9. 重新修订后评审的，一并注明	

（2）要素评审。依据国家有关法律法规、《导则》和有关行业规范，从合法性、完整性、针对性、实用性、科学性、操作性和衔接性等方面对应急预案进行评审。应急预案要素分为关键要素和一般要素。

关键要素是指应急预案构成要素中必须规范的部分。这些要素涉及生产经营单位日常应急管理及应急救援的关键环节，具体包括危险源辨识与风险分析、组织机构及职责、信息报告与处置、应急响应程序与处置技术等。一般要素是指应急预案构成要素中可简写或省略的部分，这些要素不涉及生产经营单位日常应急管理及应急救援的关键环节，具体包括应急预案中的编制目的、编制依据、适用范围、工作原则、单位概况等。

（二）应急救援预案的发布

生产经营单位的应急预案经评审或者论证后，由本单位主要负责人签署，向本单位从业人员公布，并及时发放到本单位有关部门、岗位和相关应急救援队伍（见表 2-3）。

事故风险可能影响周边其他单位、人员的，生产经营单位应当将有关事故风险的性质、影响范围和应急防范措施告知周边的其他单位和人员。

表 2-3　预案发放登记表

序号	发放日期	份数	编号	接收部门	接收日期	签收人	备注

应急预案的签署发布一般可按下列方式操作：

（1）综合预案必须由本单位主要负责人签署批准发布。

（2）专项预案可由本单位主要负责人授权本单位分管领导签署批准发布。

（3）现场处置方案可由责任部门、分厂或车间的主管领导签署批准发布，但必须向本单位应急管理部门备案。

（4）一个单位如有多个管理层级，各个层级所制定的预案由本层级的主要负责人签署批准发布，但必须向上级单位应急管理部门备案。

（三）应急救援预案的备案

（1）地方各级人民政府应急管理部门的应急预案，应当报同级人民政府备案，同时抄送上一级人民政府应急管理部门，并依法向社会公布。

地方各级人民政府其他负有安全生产监督管理职责的部门的应急预案，应当抄送同级人民政府应急管理部门。

（2）易燃易爆物品、危险化学品等危险物品的生产、经营、储存、运输单位，矿山、金属冶炼、城市轨道交通运营、建筑施工单位，以及宾馆、商场、娱乐场所、旅游景区等人员密集场所经营单位，应当在应急预案公布之日起20个工作日内，按照分级属地原则，向县级以上人民政府应急管理部门和其他负有安全生产监督管理职责的部门进行备案，并依法向社会公布。

上述所列单位属于中央企业的，其总部（上市公司）的应急预案，报国务院主管的负有安全生产监督管理职责的部门备案，并抄送应急管理部；其所属单位的应急预案报所在地的省、自治区、直辖市或者设区的市级人民政府主管的负有安全生产监督管理职责的部门备案，并抄送同级人民政府应急管理部门。

上述所列单位不属于中央企业的，其中非矿山、金属冶炼企业，危险化学品生产、经营、储存、运输企业，使用危险化学品达到国家规定数量的化工企业，烟花爆竹生产、批发经营企业的应急预案，按照隶属关系报所在地县级以上地方人民政府应急管理部门备案；前述单位以外的其他生产经营单位应急预案的备案，由省、自治区、直辖市人民政府负有安全生产监督管理职责的部门确定。

油气输送管道运营单位的应急预案，除按照规定备案外，还应当抄送所经行政区域的县级人民政府应急管理部门。

海洋石油开采企业的应急预案，除按照规定备案外，还应当抄送所经行政区域的县级人民政府应急管理部门和海洋石油安全监管机构。

煤矿企业的应急预案除按照规定备案外，还应当抄送所在地的煤矿安全监察机构。

（3）生产经营单位申报应急预案备案，应当提交下列材料：

① 应急预案备案申报表。

② 应急预案评审或者论证意见。

③ 应急预案电子文档。

④ 风险评估结果和应急资源调查清单。

受理备案登记的负有安全生产监督管理职责的部门应当在 5 个工作日内对应急预案材料进行核对，材料齐全的，应当予以备案并出具应急预案备案登记表；材料不齐全的，不予备案并一次性告知需要补齐的材料。逾期不予备案又不说明理由的，视为已经备案。

对于实行安全生产许可的生产经营单位，已经进行应急预案备案的，在申请安全生产许可证时，可以不提供相应的应急预案，仅提供应急预案备案登记表。

各级人民政府负有安全生产监督管理职责的部门应当建立应急预案备案登记建档制度，指导、督促生产经营单位做好应急预案的备案登记工作。

（四）应急救援预案的实施

对生产经营单位应急预案的实施要求如下：

（1）各级人民政府应急管理部门、各类生产经营单位应当采取多种形式开展应急预案的宣传教育，普及生产安全事故避险、自救和互救知识，提高从业人员和社会公众的安全意识与应急处置技能。

（2）各级人民政府应急管理部门应当将本部门应急预案的培训纳入安全生产培训工作计划，并组织实施本行政区域内重点生产经营单位的应急预案培训工作。

生产经营单位应当组织开展本单位的应急预案、应急知识、自救互救和避险逃生技能的培训活动，使有关人员了解应急预案内容，熟悉应急职责、应急处置程序和措施。

应急培训的时间、地点、内容、师资、参加人员和考核结果等情况应当如实记入本单位的安全生产教育和培训档案。

（3）预案实施之前，各级人民政府应急管理部门应当组织应急预案演练，提高本部门、本地区生产安全事故应急处置能力。

生产经营单位应当制定本单位的应急预案演练计划，根据本单位的事故风险特点，每年至少组织一次综合应急预案演练或者专项应急预案演练，每半年至少组织一次现场处置方案演练。

易燃易爆物品、危险化学品等危险物品的生产、经营、储存、运输单位，矿山、金属冶炼、城市轨道交通运营、建筑施工单位，以及宾馆、商场、娱乐场所、旅游景区等人员密集场所经营单位，应当至少每半年组织一次生产安全事故应急预案演练，并将演练情况报送所在地县级以上地方人民政府负有安全生产监督管理职责的部门。

县级以上地方人民政府负有安全生产监督管理职责的部门应当对本行政区域内前款规定的重点生产经营单位的生产安全事故应急救援预案演练进行抽查；发现演练不符合要求的，应当责令限期改正。

（4）应急预案演练结束后，应急预案演练组织单位应当对应急预案演练效果进行评估，撰写应急预案演练评估报告，分析存在的问题，并对应急预案提出修订意见。

应急预案编制单位应当建立应急预案定期评估制度，对预案内容的针对性和实用性进行分析，并对应急预案是否需要修订作出结论。

　　矿山、金属冶炼、建筑施工企业，易燃易爆物品、危险化学品等危险物品的生产、经营、储存、运输企业，使用危险化学品达到国家规定数量的化工企业，烟花爆竹生产、批发经营企业和中型规模以上的其他生产经营单位，应当每三年进行一次应急预案评估。

　　应急预案评估可以邀请相关专业机构或者有关专家、有实际应急救援工作经验的人员参加，必要时可以委托安全生产技术服务机构实施。

　　生产安全事故应急处置和应急救援结束后，事故发生单位应当对应急预案实施情况进行总结评估。

二、事故应急救援预案的培训与演练

　　开展应急预案培训是增强企业危机意识和责任意识，提高事故防范能力的重要途径，是提高应急救援人员和职工应急能力的重要措施，是保证应急预案贯彻实施的重要手段。

　　开展应急演练是企业应急管理工作中一项必不可少的内容，是企业增强风险防范意识和提高应急处置能力的重要途径，同时也是应急预案培训与完善的重要抓手，是检验、评价和保持应急能力的一个有效途径，对于提高企业应急准备能力和应急救援能力十分必要。通过演练，员工对企业应急预案规定的应急程序、自救逃生、应急处置等内容有了一定经验，一旦发生事故，能够科学应对，最大限度降低损失。因此，做好应急预案培训与演练是提高应急队伍素质，确保应急行动高效完成的重要保障。

（一）事故应急救援预案培训

1. 培训的意义

　　开展应急预案培训，能够确保企业员工熟悉应急预案内容，有利于促进企业专业应急救援人员掌握事故应急处置技能，熟悉突发事件防范措施和应急程序，提高应急处置和协调能力。同时，对公众开展相关应急预案培训，也有利于促进社会公众熟悉基本的事故预防、避险、避灾、自救、互救等应急知识，提高公众安全意识和应急能力。

2. 工作原则

1）统筹规划、统筹安排

　　要将应急预案培训纳入企业应急管理工作总体规划，结合应急管理工作实际和应急预案实施重点，合理安排，重点突出，目标明确。

2）联系实际，明确需求

　　将应急预案培训内容与企业应急管理工作实际结合起来，针对培训对象的应急工作特点和需求进行培训内容的制定，明确培训目标。选择相应专业领域的培训师资，保证培训效果。

3）创新方式，确保质量

　　创新应急预案培训方式，设置新颖的培训课程，预案内容与具体实践相结合，提高学员的参与兴趣，增强培训效果。实施过程考核，严格培训考核与评估制度，提高教学质量，建立应急预案培训档案，形成规范的培训工作秩序。

3. 组织实施

应急预案培训是项常规和系统性工作，开展应急预案培训需要整体统筹。为增强培训效果，应结合公司实际，做好培训宣传工作，组建培训工作小组，负责培训活动的组织协调。针对不同时期及人员的培训要有统一的规划。培训组织过程主要包括需求分析、培训计划制定、培训实施、培训考核与评估、培训档案归档等。

1）需求分析

拟订应急预案培训方案之前，首先要对公司应急管理系统各层次和岗位人员进行工作任务分析，梳理重要工作岗位及其职能，确定应急培训的目标、内容及方式。常用的培训需求调研方法有观察法、面谈法、问卷调查法、工作表现评估法、会议研究法等。实施时可结合企业实际，合理选择需求分析方法，确定培训内容和培训方式。

2）培训计划制定

结合公司总体应急培训计划和需求分析结果，对培训时间、地点、内容、方式、培训师资、教学设施设备、培训对象、培训费用、后勤保障等做出预先安排，确保培训活动的顺利实施。应急预案培训的内容主要包括公司各级应急预案；应急相关法律、法规、条例和标准等；岗位应急职责、应急响应程序及处置措施；个人防护、应急救护技能，应急救援装备（设施）使用；风险辨识与控制、隐患排查治理；行业基础安全知识、事故案例分析等。培训内容的选择应服务培训目标，针对不同培训对象，合理筛选内容，培训内容需有所侧重。

应急预案培训的方式相对灵活，如举办培训班和讲座、发放培训材料自学、工作研讨、实战演练等。此外，还可以采用多媒体、模拟训练系统、虚拟仿真技术等方式进行体验式应急培训。要结合培训内容和公司应急资源，合理选择培训方式，为保证受训人员的参与度，尽量采用交互式的培训方式。

培训师资要根据培训内容、方式、培训时间安排等来确定，选择适合的培训师资。一般从行业专家、应急管理专家等专业人士中选择，并提前协调培训的具体工作安排，包括培训时间、地点、内容和需要准备的培训设施设备等。

3）培训实施

培训准备工作完成后，按照培训计划要求，提前向受训人员发布培训通知及注意事项，认真组织，精心安排，做好培训过程管理（签到、纪律维持、过程记录、资料管理等）及后勤保障工作。

4）培训考核与评估

应急培训结束后，需要及时评价培训效果。企业可采用实操测验法、笔试测验法、观察法、提问法（面试法）、案例测验法等方式进行评价，了解培训目标的实现程度，为后期培训计划、培训课程的制定与实施提供帮助。对于考核未通过的人员，应当要求其进行再培训，直至考核合格；对于考核结果优秀的学员，可适当给予激励，提高受训人员的重视度和责任感。

5）培训档案归档

应急培训活动结束后，要及时形成培训档案并进行规范归档。培训档案主要包括培训计划、培训课件（讲义）、人员签到表、人员考核结果、现场照片（视频）、培训评估总结等材料。

4. 培训方式

生产经营单位通过编发培训材料、举办培训班、开展工作研讨等方式，开展应急预案综合培训至少每年一次，使本企业人员了解相关应急预案内容，熟悉应急职责、应急程序、现场处置方案、自救互救和避险逃生技能等。

应急培训的时间、地点、内容、师资、参加人员和考核结果等情况应当如实记入本企业的安全生产教育和培训档案。

如果应急预案涉及周边社区和居民，可以利用互联网、广播、电视、报刊、标语等广泛宣传应急疏散、逃生和急救事项，或制作通俗易懂的应急救援宣传材料，向公众免费发放。

（二）事故应急救援预案演练

事故应急救援预案演练指针对可能发生的事故情景，依据应急预案而模拟开展的应急活动，依据应急预案而模拟开展。通过实施应急演练，可以达到检验预案、完善准备、磨合机制、宣传教育、锻炼队伍的目的。

1. 演练的意义和目的

事故应急救援预案演练可以提高应对突发事件风险意识，检验应急预案效果的可操作性。通过应急演练，可以发现应急预案中存在的问题，在突发事件发生前暴露预案的缺点，验证预案在应对可能出现各种意外情况方面所具备的适应性，找出预案需要进一步完善修订的地方。除此之外，还能增强突发事件应急反应能力，应急演练是检验、提高和评价应急能力的一个重要手段，通过接近真实的亲身体验的应急演练，可以提高各级领导者应对突发事件的分析研判、决策指挥和组织协调能力。

开展应急演练的目的，主要有五个方面：

① 检验预案，发现应急预案中存在的问题，为修订预案提供现实资料，尤其是通过演练以后的讲评、总结，可以暴露预案中未曾考虑到的问题和找出改正的建议，提高应急预案的针对性、实用性和可操作性。

② 完善准备，完善应急管理标准制度，改进应急处置技术，补充应急装备和物资，提高应急能力。

③ 磨合机制，完善应急管理部门、相关单位和人员的工作职责，提高协调配合能力。

④ 宣传教育，普及应急管理知识，提高参演和观摩人员风险防范意识和自救互救能力。

⑤ 锻炼队伍，熟悉应急预案，提高应急人员在紧急情况下妥善处置事故的能力。

2. 应急演练的类型

2020 年 2 月 1 日正式实施的行业标准《生产安全事故应急演练基本规范》（AQ/T 9007—2019）对演练的分类形式、演练基本流程和要求做了具体解释。按照演练内容不同，应急演练可分为单项演练和综合演练；按照演练形式不同，应急演练可分为桌面演练和实战演练；按演练目的与作用不同，应急演练分为检验性演练、示范性演练和研究性演练。实际演练时，可根据需要将不同类型的演练相互组合，达到演练目的。

综合演练是针对应急预案中的多项或全部应急响应功能而开展的演练活动，演练过程一般会涉及整个应急救援系统的各个响应要素，能够客观地检验区域应急救援系统的应急处置能力。综合演练一般持续时间较长，采取交互式方式进行，演练过程要求尽量真实，调用更多的应急响应人员和资源，并开展人员、设备及其他资源的实战性演练，以展示相互协调的应急响应能力。

桌面演练是指针对事故情景，利用图纸、沙盘、流程图、计算机、视频等辅助手段，依据应急预案而进行的交互式讨论或模拟应急状态下应急行动的演练活动（见图2-4）。应急演练常作为实战演练的一种"预演"，其优点是无须在真实环境中构建事故情景，也不用准备真实的应急资源，演练成本较低。举行桌面演练的目的是在友好、较小压力以及较低成本的情况下，提高应急救援体系中指挥人员的应急决策和相互配合协调的能力。桌面演练的主要特点是对演练情景进行口头演练，一般是在会议室内举行非正式的活动，主要作用是在没有时间压力的情况下，演练人员检查和解决应急预案中问题的同时，获得一些建设性的讨论结果。

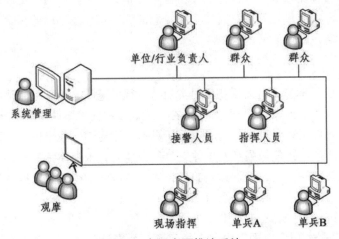

图 2-4　虚拟桌面推演系统

实战演练是指针对事故情景，选择（或模拟）生产经营活动中的设备、设施、装置或场所，利用各类应急器材、装备、物资，通过决策行动、实际操作，完成真实应急响应的过程。实战演练可以检验应急预案与实际情况的符合度，对修订应急预案起到指导作用。

检验性演练是指为检验应急预案的可行性、应急准备的充分性、应急机制的协调性及相关人员的应急处置能力而组织的演练。

示范性演练是指为检验和展示综合应急救援能力，按照应急预案开展的具有较强指导宣教意义的规范性演练。

研究性演练是指为探讨和解决事故应急处置的重点、难点问题，试验新方案、新技术、新装备而组织的演练。

3. 应急演练准备

一般开展大型事故应急演练前应建立演练组织机构，即成立应急演练工作组。在演练前完成相关准备工作，包括演练目标和范围的确定、演练方案等演练文件的编制、演练现场规则确定、演练资源的准备、相关人员业务培训等。

1）成立演练工作组

综合演练通常应成立演练领导小组，负责演练活动筹备和实施过程中的组织领导工作，审定演练工作方案、演练工作经费、演练评估总结以及其他需要决定的重要事项。演练领导小组下设策划与导演组、宣传组、保障组、评估组。可结合演练规模需要，灵活调整小组和人员组成。

（1）策划与导演组。负责编制演练工作方案、演练脚本、演练安全保障方案；负责演练活动筹备、事故场景布置、演练进程控制、参演人员调度以及与相关单位、工作组的联络和协调。

（2）宣传组。负责编制演练宣传方案，整理演练信息，组织新闻媒体和开展新闻发布。

（3）保障组。负责演练中的物资装备、场地、经费、安全保卫及后勤保障，包括购置模型、落实演练场地并维持现场秩序、保障人员安全等。其成员一般由单位的后勤、财务、办公等部门人员组成。

（4）评估组。主要负责设计演练评估方案，编写演练评估报告，对演练准备、组织实施及其安全保障等进行全方位评估，及时向演练领导小组、策划组和保障组提出意见和建议。其成员一般由应急管理专家、具有一定演练评估经验和突发事件应急处置经验的专业人员组成。

2）制定应急演练计划

（1）确定演练目标。全面分析和评估应急预案、应急职责、应急处置工作流程和指挥调度程序、应急技能和应急装备、物资的实际情况，提出需通过应急演练解决的问题，有针对性地确定应急演练目标，提出应急演练的初步内容和主要科目。

（2）明确演练任务。在对事先构建的事故情景及应急预案认真分析的基础上，明确应急演练各阶段主要任务，明确参加演练的人员、需强化和锻炼的技能、需检验的设备、需完善的应急响应流程等。

（3）确定演练范围。综合考虑演练目的、需求、资源、时间等条件，确定演练的类型、响应等级、地域、参演单位及人数等。

（5）安排演练准备与实施的具体日程计划。包括各种演练文件编写与审定的期限、演练物资装备准备的时限、演练实施的具体日期等。

（6）编制演练经费预算，明确演练经费保障。

3）编制应急演练工作方案

演练工作方案是一套保证演练顺利实施的详细的工作文件。演练方案的设计要明确、具体，一般应对演练目标、演练类型与时间、演练内容、演练单位和人员任务及职责、演练情景构建、演练实施程序、演练保障、安全注意事项、演练评估与总结要求等进行详细的说明。编写演练方案应以演练情景构建为基础。根据演练类型和规模的不同，演练方案可以是单个文件，也可以是多个文件。以演练规模较大的实战演练为例，其演练方案一般包含多个文件，如演练情景说明书、演练脚本、演练情景事件清单、演练控制指南、演练评估指南、演练人员手册和通讯录等。

演练工作方案内容一般包括以下几个方面：

（1）目的及要求。

（2）事故情景。

（3）参与人员及范围。

（4）时间与地点。

（5）主要任务及职责。

（6）筹备工作内容。

（7）主要工作步骤。

（8）技术支撑及保障条件。

（9）评估与总结。

4）演练动员与培训

进行演练动员和培训的目的在于确保所有演练参与人员在正式演练前已经掌握了演练规则、演练情景和自己承担的演练任务。

通过培训，将演练基本概念、应急基本知识、演练现场规则等内容告知给所有演练参与人员。对演练控制人员要进行岗位职责、演练过程控制要求和方法等方面的培训；对演练评估人员要进行岗位职责、评估方法、工具使用等方面的培训；对参演人员要进行应急预案内容、应急技能及个体防护装备使用等方面的培训。

5）演练人员及物资准备

（1）演练人员准备。演练组织单位和参与单位应合理安排工作，保证相关人员在演练计划时间能够准时参与演练；通过组织观摩学习和培训，提高演练人员素质和技能。

（2）演练物资和场地准备。落实演练经费和场地，备好演练器材等。对于物资与装备，要考虑备用的问题，因此要保证数量充足，同时要保证快速、及时供应到位。此外，诸如演练现场平面布置图、材料储存区/工艺区布置图等不属于设备的文件资料，也应根据演练需要做好相关保障工作。

对于演练场地的准备，要结合演练方式和内容，经现场勘察后选择恰当的演练场地。桌面演练可选择会议室或应急指挥中心；实战演练应选择与实际情况和事故情景相符的地点，并根据需要设置现场指挥部、救护站、紧急集合点、停车场等。演练场地要能保证良好的交通、医疗卫生和安全条件，尽量避免对公众正常生产、生活带来干扰。

（3）安全准备。对于一些实战演练，在演练实施环节可能引入新的危险，所以在演练过程中要做好人员的安全保障工作，为参演人员提供适当的安全防护装备，同时可结合风险大小，考虑给参演人员购买相关商业保险。对可能影响公众生活、易引起公众误解和恐慌的应急演练，须采取多种渠道提前向社会发布演练公告，通知演练的时间、地点、演练内容、演练可能的负面影响和注意事项等，避免造成负面影响。

（4）演练前现场检查。演练前现场检查是演练准备工作的最后一环，一般在演练前一天进行，安排专人（演练控制和策划人员最佳）亲自到演练现场进行检查确认。检查的内容主要包括：演练装备到位及完好情况；模拟情景构建情况；通道是否畅通；各功能区区域是否清晰；演练现场封闭和管制情况等。检查工作完成后，负责人员要在演练控制指南上签字确认。

4. 应急演练实施

1）演练启动

演练正式启动前一般要举行个简短的仪式，介绍演练情况及到场人员情况等。由演练总指挥宣布演练开始，并启动演练活动。

2）演练执行

（1）演练指挥与行动。演练总指挥或者演练总策划负责演练全过程的指挥控制。按照演练方案规定，结合预先构建的事故情景，各参演队伍和人员按照应急响应程序开展处置行动，完成各项演练内容。演练控制人员应按照总策划的要求，及时准确地发布控制信息，协调、引导参演人员完成各项演练任务。参演人员根据事故情景以及控制信息和指令，按照演练方案规定的程序开展应急行动，完成规定演练活动。模拟人员按照演练方案要求，模拟未参加演练的单位或人员的行动，并进行信息反馈。

（2）演练过程控制。对于桌面演练过程控制，在讨论式桌面演练中，由总策划以口头或书面形式，引入一个或若干个问题。参演人员根据应急预案及事故情景有关规定，讨论应采取的行动，做出应急决策。在角色扮演或推演式桌面演练中，由总策划按照演练方案要求发出控制消息，参演人员接收到事件信息后，经过分析，通过角色扮演或模拟操作，完成应急处置活动。对于实战演练的过程控制，总策划一般会按照演练方案发出控制消息，控制人员及时向参演人员和模拟人员传递控制消息。参演人员和模拟人员在接收到信息后，应按照发生真实事件时的应急响应程序，采取具体的应急处置行动。控制消息可用电话、对讲机、手机、网络等方式传送，或者通过特定的标识、声音、视频等呈现。演练过程中，控制人员应随时掌握演练现场情况，并及时向总策划报告演练中出现的各种问题。

（3）演练解说。在演练实施过程中，组织单位可以安排专人对演练过程进行解说，以帮助观摩人员更好地掌握演练内容，提高演练人员的演练投入度等。解说内容一般包括演练背景描述、进程讲解、案例介绍、环境渲染等。对于有演练脚本的大型综合性示范演练，可按照脚本中的解说词进行讲解。

（4）演练记录。整个演练实施环节，需要安排专人，采用文字、照片及音像等记录演练过程。文字记录主要包括演练实际开始与结束时间、演练过程控制情况、参演人员表现、演练中出现的主要问题、演练意外情况及其处置等内容。照片和音像记录可结合事故情景安排多名专业人员和宣传人员在不同现场、不同角度进行拍摄，尽量全方位反映演练实施过程。

（5）演练宣传报道。认真做好信息采集工作。根据演练需要，及时发布演练简报或者组织媒体采用广播电视节目现场采编及播报等形式，扩大演练的宣传教育效果。对涉密的应急演练内容，要做好保密工作。

3）演练结束与终止

（1）正常终止。演练完毕，一般由总指挥宣布演练结束，所有人员停止演练活动，按预定方案集合进行现场讲评或者有序疏散。

（2）非正常终止。演练过程中若出现下列情况，经演练领导小组决定，由演练总指挥按照规定的程序和指令终止演练：出现真实突发事件，需要参演人员参与应急处置时；出现意外情况，短时间内不能妥善处理时。

4）演练评估与总结

（1）演练评估。演练评估是在全面分析演练记录及相关资料的基础上，对比参演人员表现与演练目标要求，对演练活动及其组织过程作出客观评价，并编写演练评估报告的过程。所有应急演练活动都应进行演练评估。演练评估报告的内容主要包括演练准备情况、演练执行情况、应急预案的合理性与可操作性、应急指挥与协调、参演人员的处置能力、演练所用设施装备的适用性、演练目标的完成及演练中的问题情况、对完善预案的意见建议等。

（2）演练总结。演练总结一般分为现场总结和事后总结。现场总结是演练内容结束后，由演练总指挥、总策划或专家评估组长等在演练现场进行的讲评，主要包括演练目标的完成情况、参演队伍和人员的表现、演练中暴露的突出问题、解决问题的建议等。事后总结一般是在演练结束后，根据演练记录、演练评估报告、应急预案、现场总结等材料，对演练全部过程进行系统和全面的书面总结，形成演练总结报告。演练总结报告的内容一般包括：演练基本概要；演练发现的问题，取得的经验和教训；应急管理工作建议等。

（3）演练资料归档与备案。演练活动结束后，演练组织单位应及时将演练计划、演练方案、演练评估报告、演练总结报告、演练现场照片及视频等资料归档保存。对于由上级部门布置或参与组织的演练，或者相关法律、法规、规章要求备案的演练，演练组织单位应当将上述资料按照程序和要求报有关部门备案。

5. 应急演练的频次

县级以上地方人民政府以及县级以上人民政府负有安全生产监督管理职责的部门，乡、镇人民政府以及街道办事处等地方人民政府派出机关，应当至少每两年组织一次生产安全事故应急救援预案演练。

生产经营单位应当制定本单位的应急预案演练计划，定期组织演练。易燃易爆物品、危险化学品等危险物品的生产、经营、储存、运输单位，矿山、金属冶炼、城市轨道交通运营、建筑施工单位，以及宾馆、商场、娱乐场所、旅游景区等人员密集场所经营单位，应当至少每半年组织一次生产安全事故应急救援预案演练，并将演练情况报送所在地县级以上地方人民政府负有安全生产监督管理职责的部门。

三、事故应急救援预案的修订与更新

（一）应急预案修订的必要性

国外的应急预案中均有关于应急预案修订的条款，他们均把应急预案看作是活的文件，认为机构重组、新的风险评估资料、新法的通过、演练的经验以及灾难的发生均可能导致应急预案的修订。法律一般要求应急预案的制定者定期或不定期地进行预案检查。因此，我国也应当做到应急预案修订的常态化、应急预案年度复查的正规化，以保证应急预案的连续性、有效性和时效性。

应急预案修订的改要性体现在：一是贯彻落实中央决策部署的需要。党的十八大以来，以习近平同志为核心的党中央坚持以人民为中心的发展思想，对应急管理事业改革发展做出一系列重大决策部署。需要根据中央系列重大决策部署，及时修订总体应急预案有关内容。二是适应应急管理体制改革的需要。机构改革后，各级政府组建应急管理部门，相关部门在突发事件应对工作中的职责发生较大变化。需要根据国家应急管理体制变化和相关部门职责变化及时修订总体应急预案。三是总结吸取实践经验教训的需要。疫情防控、防汛抗洪和各类安全生产事故频发等突发事件应对工作实践，积累了很多好的经验做法，也暴露了一些短板和问题。需要认真总结吸取经验教训，完善相关应急预案和应急管理体系。

（二）应急预案修订的相关规定

应急预案演练结束后，应急预案演练组织单位应当对应急预案演练效果进行评估。评估的主要内容包括演练的执行情况，预案的合理性与可操作性，指挥协调和应急联动情况，应急人员的处置情况，演练所用设备、装备的适用性，对完善预案、应急准备应急机制、应急措施等方面的意见和建议等。评估工作完成后，要撰写应急预案演练评估报告，分析存在的问题，并对应急预案提出修改意见。

应急预案编制单位应当建立应急预案定期评估制度，对预案内容的针对性和实用性进行分析，并对应急预案是否需要修订作出结论。

矿山、金属冶炼、建筑施工企业，易燃易爆物品、危险化学品等危险物品的生产、经营、储存、运输企业，使用危险化学品达到国家规定数量的化工企业，烟花爆竹生产、批发经营企业和中型规模以上的其他生产经营单位，应当每三年进行一次应急预案评估。

应急预案评估可以邀请相关专业机构或者有关专家、有实际应急救援工作经验的人员参加，必要时可以委托安全生产技术服务机构实施。

有下列情形之一的，生产安全事故应急救援预案制定单位应当及时修订相关预案：

（1）制定预案所依据的法律、法规、规章、标准发生重大变化。

（2）应急指挥机构及其职责发生调整。

（3）安全生产面临的风险发生重大变化。

（4）重要应急资源发生重大变化。

（5）在预案演练或者应急救援中发现需要修订的重大问题。

（6）其他应当修订的情形。

应急预案修订涉及组织指挥体系与职责、应急处置程序、主要处置措施、应急响应分级等内容变更的，修订工作应当参照有关规定的应急预案编制程序进行，并按照有关应急预案报备程序重新备案。

（三）修订完善预案应注意的问题

1. 修订前的准备

（1）成立预案修订小组。

（2）组织学习上级和当地政府有关预案的内容和要求。

（3）调查了解本地区、本单位重大危险源生产工艺条件、自然条件、周边环境等的变化情况。

（4）确定修订方案，并经主管部门领导审定。

（5）明确修订计划负责人、完成时间等。

2. 修订中的注意事项

（1）注意预案框架与上级预案的吻合。

（2）注意预案内容与上级预案的吻合。

（3）注意预案级别（适用范围）与上级预案的吻合。

（4）注意协调关系、协作关系、互动关系。

（5）注意指挥机构和应急力量的适应性、可靠性。

（6）注意职责分配和应急程序之间的衔接。

（7）注意应急保障条件的充分性、可靠性和有效性。

（8）注意后期处置的落实。

（9）注意培训、演习的适用性和可行性。

（10）注意预案与相关法律、法规、标准的符合性。

（11）注意预案的针对性、科学性和可操作性。

（12）注意预案的条理清晰、文字简洁明了。

3. 修订后的工作

（1）修订后的预案要组织专家审查论证，并经有关单位认可。

（2）修订后的预案要经领导审定后发布。

（3）组织相关单位和人员培训修订后的预案。

（4）根据情况组织修订后的预案演习。

（5）将修订后的预案上报有关部门和政府，并送相关单位。

（6）建立预案修订档案。

**某公司消防应急预案
演练方案**

【思考题】

1. 为什么要制定事故应急预案？

2. 应急预案如何分级和分类？

3. 应急救援预案的编制应符合哪些要求？

4. 请简述专项预案的主要内容和现场处置方案主要内容。

5. 简述应急预案编制的流程。

6. 指出应急预案编制中的不足？

7. 阐述事故应急救援响应程序。

生产安全事故应急救援常用装备和技术

"工欲善其事,必先利其器",应急救援装备,是应急救援的作战武器,要提高应急救援能力,保障应急救援工作的高效开展,迅速化解险情,控制事故,就必须为应急救援人员配备专业化的应急救援装备。而有了先进的应急装备,不能正确选择使用,充分发挥其功能,再好的应急装备也会大打折扣,降低救援效果。应急救援装备是应急救援的有力武器与根本保障。应急救援装备的配备与使用,是应急救援能力的根本基础与重要标志。

一、应急救援装备的作用

应急救援装备在应急救援工作中发挥着极为重要的作用,主要体现在以下 4 个方面:

1. 高效处置事故

在事故发生时,面对各种复杂的危险性,必须使用大量种类不一的应急救援装备。如发生火灾,要使用灭火器、消防车;发生毒气泄漏,要使用空气呼吸器、防毒面具;发生停电事故,要使用应急照明设备;管线穿孔,易燃易爆物品泄漏,必须立即使用专业器材进行堵漏,等等。如果没有专业的应急救援装备,救援将得不到保障,低下的应急救援能力将使事故不断升级恶化,造成难以估量的后果。

应急救援装备,就是应急救援人员的作战武器。要提高应急救援能力,保障应急救援工作的高效开展,迅速化解险情,控制事故,就必须为应急救援人员配备专业化的应急救援装备。

2. 保障生命安全

在事故险情突发时,如果检测装备、控制装备能够及时启动,消除险情,避免事故,就可以从根本上消除对相关人员的生命威胁,避免出现人员伤亡的情况。如油气管线泄漏,若可燃气体监测仪能及时监测报警,就可以在泄漏初期及早处置,避免火灾爆炸事故的发生。同样,事故发生之后,及时启用相应的应急救援装备,也可以有效控制事故,避免事故的恶化或扩大,从而有效避免、减轻相关人员的伤亡。如果救援装备配备不到位,功能不到位,一起小事故仍可能恶化成一场群死群伤的灾难。1994 年震惊中外的克拉玛依

"12·8"火灾事故就是一个因缺乏监测预警装备、应急救援装备而导致严重后果的典型案例。

3．减少财产损失和生态破坏

高效的应急救援装备，会将事故尽快予以控制，避免事故恶化。在避免、减少人员伤亡的同时，也会有效避免财产损失。如成功处置了易燃易爆管线、容器的泄漏，避免了火灾爆炸事故的发生，不仅能避免人员的伤亡，同样也会使设备、装备免受损害，避免造成重大的财产损失，避免企业赖以生存的物质基础受到破坏。

有些事故发生之后，会对水源、大气造成污染，如运输甲苯、苯等危险化学品的运输车辆翻进河流，发生泄漏，就会直接对水源造成污染。如果运输液氨、液氯、硫化氢等危险化学品的车辆发生泄漏，会直接对大气造成污染。如果应急救援不及时，就会造成非常严重的后果。

4．维护社会稳定

有些事故发生之后，往往会引起局部地区的社会恐慌，甚至引发社会动荡。如危险化学品运输车辆翻进河流，发生泄漏，对水源造成污染，就会使相应地区的居民产生恐慌，严重者会引发局部地区的社会动荡。如2005年11月13日，吉林石化公司双苯厂苯胺装置硝化单元发生着火爆炸事故，造成当班的6名工人中5人死亡、1人失踪，60多人不同程度受伤。这次爆炸事故，不仅造成了重大人员伤亡和经济损失，并引发松花江重大水环境污染事件，造成了不良的国际影响。如果当初能配置有先进的应急救援装备，不单一使用大量的消防水，就会避免大量污染水的外排，从而在相当程度上弱化对社会的影响。

先进的应急救援装备，能有效提高应急救援的能力，避免、减少人员的伤亡和财产损失，能有效保护环境和社会稳定，充分体现了珍爱生命、科学发展的时代理念。

二、应急救援装备分类

应急救援装备种类繁多，功能不一，适用性差异大，可按其适用性、具体功能、使用状态进行分类。

1．按照适用性分类

应急装备有的适用性很广，有的则具有很强的专业性。根据应急装备的适用性，可分为一般通用性应急装备和特殊专业性应急装备。

（1）一般通用性应急装备，主要包括个体防护装备，如呼吸器、护目镜、安全带等；消防装备，如灭火器、消防锹等；通信装备，如固定电话、移动电话、对讲机等；报警装备，如手摇式报警设备、电铃式报警装备等。

（2）特殊专业性应急装备因专业不同而各不相同，如专业消防装备、危险品泄漏控制装备、专用通信装备、医疗装备、电力抢险装备等。

2．按照具体功能分类

根据应急救援装备的具体功能，可将应急救援装备分为预测预警装备、个体防护装备、通信与信息装备、灭火抢险装备、医疗救护装备、交通运输装备、工程救援装备、应急技术装备八大类及若干小类。

（1）预测预警装备：具体可分为监测装备、报警装备、联动控制装备、安全标志等。

（2）个体防护装备：具体可分为头部防护装备、眼面部防护装备、耳部防护装备、呼吸器官防护装备、躯体防护装备、手部防护装备、脚部防护装备、坠落防护装备等。

（3）通信与信息装备：具体可分为防爆通信装备、卫星通信装备、信息传输处理装备等。

（4）灭火抢险装备：具体可分为灭火器、消防车、消防炮、消防栓、破拆工具、登高工具、消防照明、救生工具、常压带压堵漏器材等。

（5）医疗救护装备：具体可分为多功能急救箱、伤员转运装备、现场急救装备等。

（6）交通运输装备：具体可分为运输车辆、装卸设备等。

（7）工程救援装备：具体包括地下金属管线探测设备、起重设备、推土机、挖掘机、探照灯等。

（8）应急技术装备：包括 GPS（Global Positioning System，全球卫星定位系统）技术、GIS（Geographical Information System，地理信息系统）技术、无火花堵漏技术等。

3. 按照使用状态分类

根据应急救援装备的使用状态，应急救援装备可分为日常应急救援装备和战时应急救援装备两类。

（1）日常应急救援装备：指日常生产、工作、生活等状态正常情况下，仍然运行的应急通信、视频监控、气体监测等装备。日常应急救援装备，主要包括用于日常管理的装备，如随时进行监控、接受报告的应急指挥大厅里配备的专用通信设施、视频监控设施等，以及进行动态监测的仪器仪表，如固定式可燃气体监测仪、大气监测仪、水质监测仪等。

（2）战时应急救援装备：指在出现事故险情或事故发生时，投入使用的应急救援装备，如灭火器、消防车、空气呼吸器、抽水机、排烟机等。

日常应急救援装备与战时应急救援装备不能严格区分，许多应急救援装备既是日常应急救援装备，又是战时应急救援装备。例如，水质监测仪，在生产、工作、生活等状态正常情况下主要是进行日常监测预警，在事故发生时，则是进行动态监测，确定应急救援行动是否结束。

三、应急救援装备体系

应急救援对象及其发生事故情形的多样性、复杂性，决定了应急救援行动过程中要用到各种各样的装备，各种装备必须组合使用。这种应急救援装备的多样性、组合性，决定了应救援装备的系统性。每一次应急救援行动，无论大小，都须有一个应急救援装备体系做保障。根据应急救援各种装备的具体功能，应急救援装备体系如图 3-1 所示。

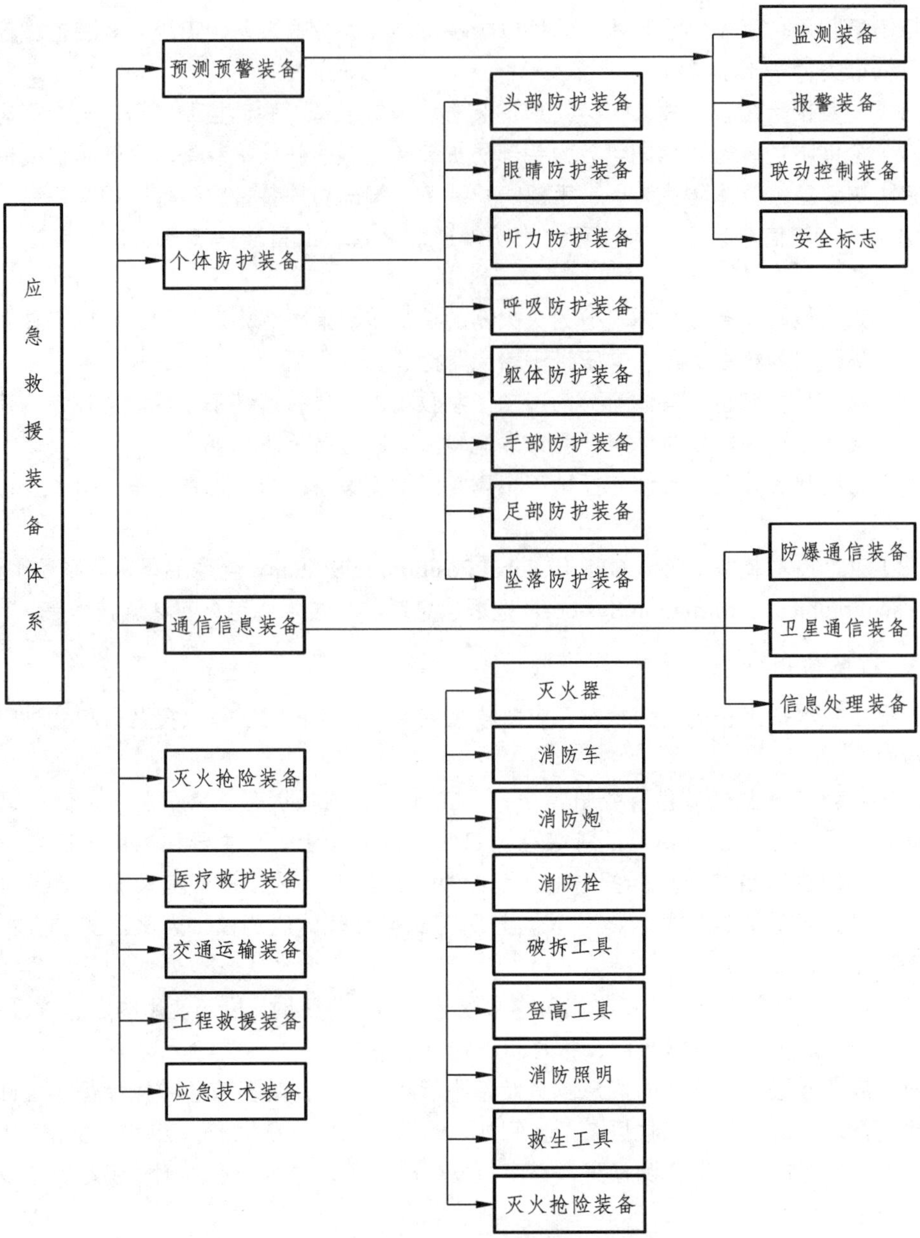

图 3-1　应急救援装备体系

四、应急救援装备保障要求

应急救援装备保障总体要求，主要包括种类选择、数量确定、功能要求、使用培训、检修维护等方面。

1. 应急救援装备种类选择

应急救援装备的种类很多，同类产品在功能、使用、质量、价格等方面也有很大差异，特别是国内外产品差距最为明显。那么如何进行类型选择呢？

1）根据法规要求进行配备

对法律法规明文要求必备的，必须配备到位。随着应急法治建设的推进，相关的专业应急救援规程、规定、标准必将出现。对于这些规程、标准、规定要求配备的装备，必须依法配备到位。

2）根据预案要求进行种类选择

应急预案是应急准备与行动的重要指南，因此，应急救援装备必须依照应急预案的要求进行选择配备。

3）应急救援装备选购

不同应急救援装备的价格差异往往很大。在选购时，首先要明确需求，从功能上正确选购；其次，要考虑到运用的方便，从实用性上进行选购；第三，要保证性能稳定，质量可靠，经济合理，从价格和维护成本上货比三家。

4）严禁采用淘汰类型的产品

在应急救援装备生产、改进、完善的过程中，可能出现因设计不合理，甚至存在严重缺陷而被淘汰的产品，必须严禁采用这些淘汰产品。

2. 应急救援装备数量要求

应急救援装备的配备数量，应坚持三个原则，确保应急救援装备配备数量到位。

1）依法配备

对法律法规明文要求必备数量的，必须依法配备到位。

2）合理配备

对法律法规没做明文要求的，按照预案要求和企业实际，合理配备。

3）备份配备

应急装备在使用过程中突然出现故障或损坏，不能正常使用，应急行动有可能被迫中断。因此，无论从理论上还是从实践考虑，应急救援装备需要事先进行双套备份配置，当设备出现故障不能正常使用时，立即启动备用设备。

3. 应急救援装备的功能要求

应急救援装备的功能要求就是必须能完成预案所确定的救援任务。必须特别注意，对于同样用途的装备，会因使用环境的差异出现不同的功能要求，这就必须根据实际需要提出相应的特殊功能要求。如在高温潮湿的南方，在寒冷低温的北方，可燃气体监测仪、水质监测仪能否正常工作。许多情况下，应急装备都有其使用温度范围、湿度范围等限制，因此，在一些条件恶劣的特殊环境下，应该特别注意应急救援装备的适用性。

4. 应急救援装备的使用要求

应急救援装备是用来保障生命财产安全的"生命装备"，必须严格管理，正确使用，仔细维护，使其时刻处于良好的备用状态。同时，有关人员必须会用，确保其功能得到最大程度的发挥。

应急救援装备的使用要求，主要包括以下几个方面：

1）专人管理，职责明确

应急救援装备，大到价值数百万的抢险救援车，小到普普通通的防毒面具，都应指定专人进行管理，明确管理要求，确保装备的完好和有效。

2）严格培训，严格考核

要严格按照说明书要求，对使用者进行认真的培训，使其能够正确熟练地使用，并把对应急救援装备的正确使用，作为对相关人员的一项严格考核。

5. 应急救援装备的维护要求

1）定期维护

根据设备说明书的要求，对有明确维护周期的，按照规定的维护周期和项目进行定期维护，如可燃气体检测仪的定期标定、泡沫灭火器的定期更换、灭火器的定期水压试验等。

2）随机维护

对于没有明确维护周期的装备，要按照产品说明书的要求，进行经常性的检查，严格按照规定管理，发现异常及时处理，随时保证装备完好可用。

任务一　预警监测装备及其使用

一、侦检及预警监控装备

（一）消防救援侦检装备

在发生化学事故的灾害现场，只有掌握灾害物质的性质和浓度，才能确定救援人员的防护水平以及需要疏散周围群众的范围。救援人员只有采用合理的侦检技术和有效的侦检仪器，才能确定化学灾害物质的性质和浓度，进而确定防护措施是否正确，评估洗消效果。

1. 可燃气体检测仪（CGIS）

可燃气体检测仪用于监测可燃气体或蒸气。消防救援队伍主要用可燃气体检测仪探测和记录灾害现场可燃气体浓度是否达到爆炸下限。大部分可燃气体检测仪都利用热线圈原理，当细丝线圈与可燃气体或蒸气接触时，线圈会被加热，这种加热方式又称为接触燃烧式。

2. 氧气检测仪器

氧气检测仪器有时与其他气体检测仪器制作为一体。检测氧气主要目的：检测火场内部（特别是封闭场所内）氧气浓度是否能够满足呼吸要求；采用封洞窒息灭火时，封闭空间内氧气浓度是否达到窒息条件；对于富氧火灾，确定氧气浓度。氧气检测仪的检测范围一般为0%~25%，氧气浓度报警点设置在19%和23%。

检测氧气的传感器按原理可以分为三类：第一类是电化学式（伽伐尼电池）；第二类是利用金属氧化物半导体的电子导电性的半导体式；第三类是极限电流式。

3. 有毒气体检测仪器

有毒气体检测仪用于检测生产场所有毒气体的浓度，其传感器按原理可分为定电位电解式、半导体式等多种形式。

4. 红外探测仪器

利用红外技术可以制作多种消防侦检仪器，如红外测温仪、火焰探测器及红外热成像仪等。所有温度超过绝对零度的物体都辐射红外能，这种能量向四面八方传播，当对准一个目标时，红外仪器的透镜就把能量积聚在红外探测器上，探测器产生一个相应的电压信号，这个信号与接收的能量成正比，也与目标温度成正比，这个信号可以转化为数字信号，也可转化为视像信号。

5. 光化电离检测仪

光化电离检测仪用于灾害现场测量有机、无机气体或蒸气浓度。其原理是灾害物质在紫外线作用下发生电离，产生的电流与电离的分子浓度成正比。由于测量机理不同，光化电离检测仪的灵敏度远远高于气体检测仪。光化电离检测仪通常能够记录百万分之一有毒化学物质的浓度，在化学灾害现场检测高毒性有机物质非常有用。

6. 红外分光光度计

红外分光光度计的工作原理是基于不同的化合物在不同的浓度条件下所放射的红外线频率和强度是一定的，通过测量仪器所吸收的红外线频率和强度，确定样品的有毒物质浓度。

7. 火焰离子检测仪

火焰离子检测仪类似于光化电离检测仪，它是利用污染物分子的火焰离子来分析物质成分的，不同的是火焰离子检测仪是用氢气火焰而不用紫外线来激发化学离子。在灾害事故中，火焰离子可以很便利地用于检测有机毒气，并且精度高。这种仪器有气体抽吸泵，通过气体抽吸泵将样品气体送入氢气燃烧室。大部分有机化合物都容易燃烧，产生携带正电荷的碳离子。在利用火焰离子检测仪检测时，这些离子被收集，产生一个与其浓度成正比的电流。

8. 气体检测管

气体检测管式侦检仪由检测管（或检气管）和采样器两部分组成，它是一种简便快速、直读式的定量检测仪。在已知有害气体或液体蒸气种类的条件下，利用该侦检仪可在 1～2 min 内，根据检测管颜色变化的长度或程度测出气体浓度。

检测管按测定对象分类可分为气体和蒸气检测管、气溶胶检测管和液体离子检测管；按测定方法分类可分为比长型检测管和比色型检测管；按测定时间分类可分为短时间检测管和长时间检测管。其中，应用最多的是测定气体或蒸气瞬间浓度的比长型检测管和比色型检测管。

9. 其他侦检仪器

1）智能水质分析仪

智能水质分析仪可用于对地表水、地下水及各种饮用水处理过的固体小颗粒的化学物质进行定性分析。

2）综合电子气象仪

综合电子气象仪可用于检测风向、温度、湿度、气压、风速等气象参数。这种仪器能自动显示在固定日期和时间内气温、气压的最高值。

3）军事毒剂侦检仪

军事毒剂侦检仪用于侦检存在于空气、地面、装备上的气态及液态的 CB、D、HD、VX 等化学试剂，可广泛用于侦检设备是否受污染，进出避难所、警戒区是否安全，污染及毒剂袭击事件，洗消作业管制等方面。

4）快速生物物质检测装置

每种试片专门检测一种生物物质，快速准确。经美国国防部评估，实地使用的"假阳性"次数为零。当前提供可检测炭疽、蓖麻毒素和肉毒毒素的 3 种试片，可以快速有效地检测出物体表面或液体中是否存在炭疽、蓖麻毒素、瘟疫病毒、土拉（伦斯）菌病等杆状炭疽孢子物质，广泛应用于卫生及公共安全等领域。

5）核放射性侦检仪

核放射性侦检仪通常由探测器、测量部件、显示部件和电源组成，用于核辐射探测，评估人体遭受的辐射损伤或潜在的急性辐射损伤，以便采取防护措施。现代装备的核放射性侦检仪有 γ 射线指示仪、γ 射线报警仪、γ 剂量率仪（照射量率仪）、β 与放射性沾染测量仪、辐射仪、剂量仪等。在实际应用时，可根据仪器的功能和需要加以选定。例如，γ 射线指示仪可用于发现放射性烟云到达或沾染边界；剂量仪可随身携带，用于测量人员所受的 γ 射线与中子射线的吸收剂量。

（二）矿山事故侦检装备

1. 生命信息探测装备

在事故救援中，专业人员分析井下灾害区域内巷道是否可能存在被困遇险人员，利用煤矿巷道图纸，结合 GPS 定位，确定若干打钻点，然后地面施工打钻，再对打透地点供氧并逐步搜寻井下被困人员。由于人为凭借经验分析巷道的方法准确性较低，且打钻地点较多，会延误最佳的救援时间，所以精确的人员定位技术是地面钻孔救援探测工作的核心。目前，主要应用的井下人员定位技术有射频识别（RFID）技术、ZigBee 技术、UWB 超宽带技术、Wi-Fi 技术、蓝牙技术等。

矿山井下人员定位技术

1）音频生命探测仪

音频生命探测仪是一种声波探测仪（见图 3-2）。它采用特殊的微电子处理器，能够识别在空气或固体中传播的微小振动，适合搜寻被困在混凝土、瓦砾或其他固体下的幸存者，能准确识别来自幸存者的声音，如呼喊、拍打、划刻或敲击等，还可以将周围的背景噪声做过滤处理。音频生命探测仪应用声波及振动波原理，采用先进的微电子处理器和声音/振动传感器，进行全方位的振动信息收集，可探测以空气为载体的各种声波和以其他媒体为载体的振动，并将非目标的噪声波和其他背景干扰过滤，进而确定被困者的位置。

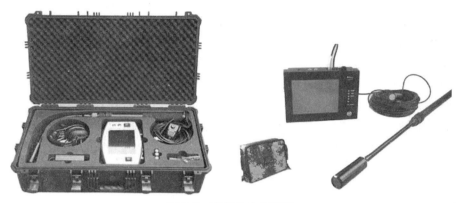

图 3-2　音频生命探测仪

一个音频生命探测仪可以连接多个音频传感器，可同时接收 2 个、4 个或 6 个传感器信息，可同时用波谱显示任意 2 个传感器信息，并配备有小型对讲机，能同幸存者对话。音频生命探测仪的主要技术性能指标如下：

（1）探测频率：50 ~ 15 000 Hz。

（2）工作时间：30 h。

（3）外接直流输入：10.8 ~ 28.8 V。

（4）储存温度：– 40 ~ 70 ℃。

（5）工作温度：– 30 ~ 60 ℃。

（6）尺寸：200 mm × 150 mm × 120 mm。

（7）质量：2 kg。

2）视频生命探测仪

视频生命探测仪主要用来查看地震、炸弹及建筑物爆炸后埋在废墟里的受困人员状况并与其通话。它可通过高清晰视频和音频信号，向搜救人员提供废墟下的受害者信息。

视频生命探测仪一般由探测镜头、探测杆、插拔式微型液晶显示器、耳机、话筒和连接电缆等组成（见图 3-3），属于光学生命探测仪。探测杆可自由伸缩，尤其适合多层废墟探测；顶部的探测镜头可通过手柄进行 180°旋转，探测镜头周围有 16 个冷光发光二极管，在全黑暗背景下，其可视距离最大可达 3 m。视频生命探测仪的原理是把物体发射或反射的光辐射转换成电信号，经信号处理，显示物体的图像，从而使救援队员确定被埋人所处的位置和被困地形，达到有效搜救的目的。

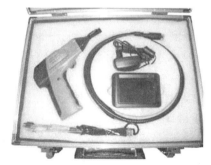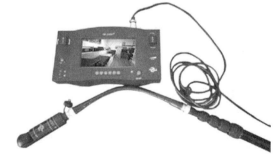

图 3-3　蛇眼视频生命探测仪

图 3-3 所示的蛇眼视频生命探测仪是一款应用灵活、小巧方便的生命探测仪器，柔软的探杆可以弯曲深入到狭小的缝隙，准确发现被困人员，其深度可达几十米，特别适用于对难以到达的地方进行快速的定性检查，广泛应用于矿山、地震、塌方救援中，也可以在水下使用，深度可达 45 m。

视频生命探测仪并不适合自然灾害后的生命搜索，在生命探测搜索中局限性很大，但对营救过程中了解遇险人员所处的建筑物废墟结构、进行科学营救具有一定的作用和意义。

（1）主要技术参数。

以我国消防队伍配备的视频生命探测仪为例，其技术性能参数如下：

① 镜头可拆卸，带有灯光控制，具备防水功能。

② 角度在水平和垂直方向均可旋转。

③ 清晰度大于 2 cm。

④ 工作时间大于 2 h。

⑤ 储存温度为 −25 ～ 60 ℃。

⑥ 工作温度为 −10 ～ 50 ℃。

⑦ 彩色操作屏能抗强光显示。

（2）使用方法。

救援人员将整套装备穿上身，头戴耳机，左手握住摇杆，右手按着控制柄，摇杆上的显示器便能清晰地显示前方图像；探测仪探头处安装的摄像头可自动旋转，一旦救援地光线暗淡，还可以打开照明灯。作为一种专业生命搜寻工具，非常适合倒塌建筑物或狭窄空间的救援搜寻作业。

（3）维护与保养。

① 探测仪不用时应将电池取出，否则探测仪将处于待机状态，影响电池的持续供电时间。

② 电池每次充电前应将电池充分放电。长期不用应定时充放电，以延长电池使用寿命。

③ 摄像头表面应用专用镜头纸或干软布进行擦拭。

④ 话筒和显示器不能在雨天使用，若需使用，要做好防潮措施。

⑤ 使用前应认真阅读使用说明书，掌握操作方法和仪器功能。

3）雷达生命探测仪

雷达生命探测仪是基于电磁波调制原理进行工作的，探测仪的发射器（TX）连续不断地朝可能埋有幸存者的方向发出射频信号，当被埋幸存者的动作得到调制后，该信号被反射回来，呼吸和心跳引起的胸腔运动已足够使设备进行探测信号的调制。经调制的信号由接收器（PX）接收后再解调，并被传输到计算机上进行进一步分析。经预处理的信号调制内容被转换成光谱，显示在计算机上。

雷达生命探测仪融合超宽频谱雷达技术、生物医学工程技术于一体，穿透能力强，能探测到被埋生命体的呼吸、体动等生命体征，并能精确测量被埋生命体的距离深度，具有较强的抗干扰能力。与光学、红外和音频探测技术相比，雷达探测不受环境温度、热物体和声音干扰的影响，具有广泛的应用前景。雷达生命探测仪应用了超宽频技术，在搜索被困于废墟中的幸存者时，可以穿透 4 ～ 6 m 的混凝土，探测到 20 m 距离、约 216 m³。具体穿透深度取决于现场表面材料，理想情况下可达 10 m 以上甚至更深，但它的探测信号不能穿透金属障碍物。雷达生命探测仪不受其他无线设备的影响，也不影响其他无线设备，它是本身通过无线传输把探测结果传至救援人员手中的控制器。雷达生命探测仪的信号功率不到手机的 1%，非常安全。在使用时不需要导线和探头，无须钻孔和防水，而且不受天气影响。雷达生命探测仪可多个系统同时使用，它是目前世界上最先进的生命探测仪（见图 3-4）。

图 3-4　雷达生命探测仪

2. 井下环境检测仪器

灾区侦测是矿山救援的首要环节，主要任务是侦测灾区情况，包括巷道损坏程度、环境温度、气体成分及浓度、抢救遇险人员、标识遇难人员，为判定事故性质、危害程度、次生事故发生可能性、制定救援方案、调集救援队伍及装备提供科学依据。

1）气体检测设备

灾区的气体检测共有 2 种形式：一种是采用便携式气体检测仪进行灾区现场检测，主要检测 CO、O_2、CH_4、CO_2、C_2H_2 等气体浓度，目的是判定灾区是否存在爆炸危险及事故类别；另一种是采集气体，利用气体分析化验车或实验室的气相色谱仪进行化验分析，主要检测 H_2S、N_xO_y、SO_2 及火灾标志性气体。便携式气体检测仪原理可分为光学式、催化燃烧式、热导式、电化学式等，见表 3-1。

表 3-1　各类便携式气体检测仪

类别	主要检测气体种类	原　理	特　点
光干涉式	甲烷、二氧化碳	光的干涉原理	测量范围大，稳定可靠，但易受其他气体、温度和气压的影响
热催化式	可燃气体	不同气体燃烧，放出不同的热量	灵敏度高、响应时间短，但测量范围小，易受其他高浓度气体影响
热导式	高浓度甲烷	热导式气敏材料对不同可燃性气体的导热系数与空气的差异	测量范围大，不易受高浓度甲烷影响，使用寿命长，但受二氧化碳、水分、温度等影响大
红外吸收式	多种气体	不同气体对红外辐射有不同的吸收光谱，特征光谱吸收强度与该气体的浓度相关	选择性好，不易受有害气体影响，响应速度快、稳定性好、寿命长、精度高、应用范围广
电化学式	一氧化碳、氧气	电化学原理	

2）红外测温仪

目前，国内外使用的红外线温度测定仪大都是运用微处理电子技术集光、机、电于一体的智能式非接触测温仪表。矿山救护队员携带其进入灾区，可迅速检测灾区的环境温度，并根据探测距离，对火源点、火势等做出正确判断。

3）超前侦测系统

超前侦测系统包括环境超前观测子系统和环境超前检测子系统。环境超前观测子系统由便携强光灯、本安夜视仪组成，对前方100 m内的微光或无光巷道进行超前观测及预判。环境超前检测子系统由充气装置、发射装置、环境检测探头、接收仪组成，对灾区前方50 m外的环境参数进行超前检测。矿山救援超前侦测系统经过模块化及便携式设计便于救援人员携带及使用，保证了该系统的实用性，提高救援效率。救援中，救援人员先使用强光灯、夜视仪对前方环境进行预判并确定未完全堵塞，适于检测探头发射，开启探头电源，将其通过发射装置推送至前方进行环境参数超前检测，打开接收仪电源，实时接收探头回传数据，作为下一步救援行动的指导依据。

3. 救灾机器人

救灾机器人是代替救援人员进入现场、避免救援人员伤亡的侦测设备。目前，国内已经研制出轮式、履带式和蛇形机器人等多种矿用救灾机器人。机器人搭载有气体、温度、风速、风压等传感器，还配置有摄像头，能将灾区的图像及各种环境参数通过救灾通信指挥系统传送到各级指挥机构。由于煤矿灾区情况复杂，对机器人的越障能力、动力保障、防爆方式等有严格的要求。

煤矿探测机器人技术实现了矿井救援工作的智能化、自主化，具有极大的发展潜力，其构架一般包括运动平台和延伸机构。运动平台是机器人的运动驱动机构；延伸机构是机器人的执行机构（机械臂等）；再配以机器人内部的多个传感器，达到机器人的运动化、智能化，可以在地面或基站的远程监控下自主地进行救援探测工作。它可以在井下采集瓦斯、温度、煤尘、塌方、水位等信息，传到地面监控点，为救援工作提供实时灾情，也可以深入人体无法进入的区域，去探测该区域是否存在有活体被困人员并将位置信息传输出去。

下面介绍两种最新研制的救援机器人。

1）蛇形搜救机器人

蛇形搜救机器人（见图 3-5）是一种即使遇到瓦砾等障碍物，也能抬头跨越的新型搜救机器人，它可通过喷射空气抬高配备摄像头的前端部分，穿越较高障碍物在废墟内部展开搜索。

传统的主动式瞄准摄像头很难跨越较高障碍物或穿过狭窄间隙，发现瓦砾下的被困人员。蛇形搜救机器人可以通过空气喷射浮起获得高视点，宽广地眺望瓦砾内部。救援人员可以通过顶部摄像头拍摄并回传的画面，快速发现被困人员并确定具体位置，展开营救。

图 3-5　蛇形搜救机器人

2）双臂大型救援机器人

双臂大型救援机器人是国家"十二五"科技支撑计划项目重点攻关、研制的系列化应急装备。该产品具有油电"双动力"交换驱动，双臂双手协调作业，分别有轮胎式、履带式和轮履复合式等形式，可根据救援现场需要，快速更换不同液压属具，具备无线遥控作业、起重、剪切、抓取和灭火等功能，如图3-6所示。

图3-6 双臂大型救援机器人

该救援机器人采用基于电液比例负载敏感后补偿技术的双泵双回路交叉功率控制系统，包括采用负载敏感阀后补偿多路阀控制多达 31 个液压执行器的模式。其中，轮履复合式行走驱动回路采用数字化控制，带高度调节与负载保持的数字式液压悬架，复杂液压管路数字化设计，双臂协调的数字化操控界面以及基于主从控制的上车回转、遥控操作方法等若干关键技术，解决了狭小空间下复杂液压系统设计，轮履复合式行走驱动以及双臂多自由度系统协调操控等核心难题，实现了整机共 26 个自由度工作机构的精细平稳操控和轮履复合式行走机构切换可靠传动。

该装备具备坍塌体破拆、分解、剥离等功能，适用于山体滑坡、泥石流等自然灾害生命体搜救，以及危险化学品事故灭火、有毒有害气体检测和易燃易爆罐体切割、搬运等，同时，还可以对大型救援装备进行吊装移动，为手持切割装置提供液压动力等。它曾在 2013 年四川雅安"4·20"地震救援和 2015 年广东深圳光明新区渣土受纳场"12·20"特别重大滑坡事故救援中发挥了重要作用。

越障高手
——蛇形搜救机器人

二、通信装备

快速、有效的通信，是事故应急救援的重要保障。许多工业生产如石油化工、矿山开采往往是在气候条件恶劣、地理条件复杂的大漠、戈壁、山区、河湖等野外场所，涉及偏远无人的公路，也涉及繁华拥挤的城市街道。无论是在城区，还是在野外，出现险情，甚或发生事故之后，及时的通信报告与救援指挥，对应急救援的及时性、准确性、高效性，都具有重要的保障作用。

当前，应急救援通信信息装备包括通信装备与信息处理装备两大类。通信装备包括有线、无线电话通信两大类。有线通信装备主要包括普通固定电话机、专用防爆电话机、有线视频对讲机、专用保密通信装备；无线通信装备主要包括普通对讲机、专用防爆对讲机、普通移动电话机、专用移动电话机、固定卫星站、移动卫星小站等。

信息处理装备是指进行信息传输与处理的装备，主要包括多路传真和数字录音系统、摄影、摄像装备，计算机、无线上网卡等。

（一）消防预警通信装备

1. Web GIS 技术

随着 Internet 的发展，基于 Web 的 GIS 技术通过有限网络带宽向多用户传送包含多媒体信息在内的地理信息，克服传统 Internet 信息服务的缺点。其内置的空间数据组织、管理、分析和显示功能，以直观、方便、互动的可视化信息查询和检索方式，向用户发布实时数据信息，如视频、音频和文本。

GIS 技术（Geographic Information Systems，地理信息系统）是多种学科交叉的产物，它以地理空间为基础，采用地理模型分析方法，实时提供多种空间和动态的地理信息，是一种为地理研究和地理决策服务的计算机技术系统。其基本功能是将表格型数据（无论来自数据库、电子表格文件或直接在程序中输入）转换为地理图形显示，然后对显示结果浏览、操作和分析。其显示范围可以从洲际地图到非常详细的街区地图，显示对象包括人口、销售情况、运输线路以及其他内容。

GIS 是一种特定的十分重要的空间信息系统。它是在计算机硬件、软件系统支持下，对整个或部分地球表层（包括大气层）空间中的有关地理分布数据进行采集、储存、管理、处理、分析、显示和描述的技术。

从国内外发展状况看，地理信息系统技术在重大自然灾害和灾情评估中有广泛的应用领域。从灾害的类型看，它既可用于火灾、洪灾、泥石流、雪灾和地震等突发性自然灾害，又可应用于干旱灾害、土地沙漠化、森林虫灾和环境危害等非突发性事故。就其作用而言，从灾害预警预报、灾害监测调查到灾情评估分析各个方面，综合起来有以下几点：

（1）进行灾情预警预报。

（2）对灾情进行动态监测。

（3）分析探讨灾情发生的成因与规律。

（4）进行灾害调查。

（5）灾害监测。

（6）灾害评估等。

2. GPS 技术

GPS（Global Positioning System，全球卫星定位系统）是一个卫星导航系统，它真正实现了全球、全天候、连续、实时、以空中卫星为基础的高精度无线电导航。GPS 具备在海、陆、空全方位实时三维导航与定位的能力。全球定位系统具有性能好、精度高、应用广的特点，是覆盖最广的导航定位系统。随着全球定位系统的不断改进，硬、软件的不断完善，应用领域正在不断地拓展，目前已遍及国民经济各个部门，并开始逐步深入人们的日常生活。

GPS 由三部分构成：空间部分（由 24 颗卫星组成，分布在 6 个轨道面上）、地面控制部分（由主控站、地面天线、监测站和通信辅助系统组成）、用户设备部分（主要由 GPS

接收机和卫星天线组成），如图 3-7 所示。

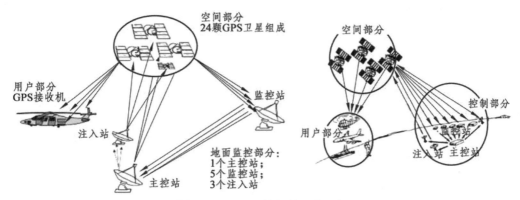

图 3-7　GPS 系统相关组成设备

3. RS 技术

RS 技术（Remote Sensing，遥感技术），是指从高空或外层空间接收来自地球表层各类地理的电磁波信息，并通过对这些信息进行扫描、摄影、传输和处理，从而对地表各类地物和现象进行远距离探测和识别的现代综合技术。遥感技术包括传感器技术，信息传输技术，信息处理、提取和应用技术，目标信息特征的分析与测量技术等。

遥感技术按遥感仪器所选用的波谱性质可分为电磁波遥感技术、声呐遥感技术和物理场（如重力和磁力场）遥感技术。电磁波遥感技术是利用各种物体、物质反射或发射出不同特性的电磁波进行遥感的，其可分为可见光、红外、微波等遥感技术。遥感技术按感测目标的能源作用可分为主动式遥感技术和被动式遥感技术；按记录信息的表现形式可分为图像方式遥感技术和非图像方式遥感技术；按遥感器使用的平台可分为航天遥感技术、航空遥感技术、地面遥感技术；按遥感的应用领域可分为地球资源遥感技术、环境遥感技术、气象遥感技术、海洋遥感技术等。

遥感技术常用的传感器有：航空摄影机（航摄仪）、全景摄影机、多光谱摄影机、多光谱扫描仪（Multi Spectral Scanner，MSS）、专题制图仪（Thematic Mapper，TM）、反束光导摄像管（Return Beam Vidicon，RBV）、高分辨率可见光（High Resolution Visible Range Instru-ments，HRV）扫描仪、合成孔径侧视雷达（Side-Looking Airborne Radar，SLAR）。

遥感技术常用的遥感数据有：美国陆地卫星（Landsat）TM 和 MsS 遥感数据，法国 SPOT 卫星遥感数据，加拿大 Radarsat 雷达遥感数据。遥感技术系统包括：空间信息采集系统（包括遥感平台和传感器）、地面接收和预处理系统（包括辐射校正和几何校正）、地面实况调查系统（如收集环境和气象数据）、信息分析应用系统。

4. GSM 无线通信技术

全球移动通信系统（Global System for Mobile Communications，GSM），是由欧洲电信标准组织（ETSI）制定的一个数字移动通信标准。

GSM 系统主要由移动台（MS）、移动网子系统（NSS）、基站子系统（BSS）和操作维护中心（OMC）四部分组成。移动台是公用 GSM 移动通信网中用户使用的设备，也是用户能够直接接触的整个 GSM 系统中的设备。

1）移动台（MS）

移动台的类型不仅包括手持台，还包括车载台和便携式台。随着 GSM 标准的数字式手持台进一步小型、轻巧和增加功能的发展趋势，手持台的用户将占整个用户的极大部分。

2）基站子系统（BSS）

基站子系统（BSS）是 GSM 系统中与无线蜂窝方面关系最直接的基本组成分。一方面它通过无线接口直接与移动台连接，负责无线发送接收和无线资源管理；另一方面，基站子系统与网络子系统（NSS）中的移动业务交换中心（MSC）相连，实现移动用户之间或移动用户与固定网络用户之间的通信连接，传送系统信号和用户信息等。当然，要对 BSS 部分进行操作维护管理，还要建立 BSS 与操作支持子系统（OsS）之间的通信连接。

3）移动网子系统（NSS）

NSS 由移动业务交换中心（MSC）、归属位置寄存器（HLR）、拜访位置寄存器（VLR）、鉴权中心（AUC）、设备识别寄存器（EIR）、操作维护中心（OMC-S）和短消息业务中心（SC）构成。MSC 是对位于它覆盖区域中的 MS 进行控制和交换话务的功能实体，也是移动通信网与其他通信网之间的接口实体。它负责整个 MSC 区内的呼叫控制、移动性管理和无线资源管理。VLR 是存储进入其覆盖区用户与呼叫处理有关信息的动态数据库。MSC 为处理位于本覆盖区中 MS 的来话和去话呼叫需要 VLR 检索信息，通常 VLR 与 MSC 合设于同一物理实体中。HLR 是用于移动用户管理的数据库，每个移动用户都应在其归属的位置寄存器注册登记。HLR 主要储存两类信息：一类是有关用户的业务信息，另一类是用户的位置信息。

4）操作维护中心（OMC）

操作维护中心（OMC）又称 OSS 或 M2000，需完成移动用户管理、移动设备管理以及网络操作和维护等任务。

（二）矿山事故救援通信装备

1. 现场指挥装备

现场指挥作为最接近事故现场的指挥机构，所做出的决策和方案可以直接影响到救援的成败，为保证地面指挥所做出决策和方案的速度与准确性，除了提高指挥人员的素质，先进的设备也是重要的一环。

1）控制中心

事故控制中心是事故现场指挥部及其工作人员的工作区域，也是应急战术策略的制定中心，通过对事故的评价、设计战术和对策、调用应急资源、确保应急对策的实施、保持与应急运作中心管理者的联系来完成对事故的现场应急行动。

事故控制中心的地位和作用是举足轻重的，它的运转有效性直接关系到整个事故现场应急救援行动的成败，因此必须重视它的建设和完善。

控制中心具有以下主要特征：可移动性强；配备有先进的通信工具、监视系统以及事故记录设备；拥有充足的动力供应；有明显的标志；装备有事故现场应急所需的参考资料；处于事故现场的缓冲区内，并保证所处位置易于发布指挥命令且不会受到事故的影响。

2）现场指挥装备

（1）ZJC3B 车载矿山救灾指挥系统。

ZJC3B 车载矿山救灾指挥系统将现有实用技术加以改进、创新、提高，它是一种集车载束管监测、工业电视监视、救灾通信及救灾装备等多项高新技术于一体的综合集成式系统。它具有"机动灵活、反应迅速"的特点，既能集成使用，又可各单元独立使用，可防止灾害发生后灾情的进一步扩大，减少灾害损失，保证救灾人员安全。该系统是在车载束管式矿井安全监测系统的基础上发展起来的，在开滦区域救护大队、平顶山区域救护大队、芙蓉区域救护大队、国家煤矿救援中心、鹤岗区域救护大队、峰峰矿务局救护大队等约一年的实战应用中，取得了良好的效果。

（2）矿山救援可视化指挥系统及装置。

矿山救援可视化指挥系统及装置是利用一对电话线进行双向对称数字信号传输，提供一种可实时监视和直接联络事故现场的先进技术手段；涉及将灾害现场视频/音频信号传送至地面指挥部和各级救援指挥中心，地面指挥部和各级救援中心根据灾区情况向救护队员发送救援指令；同时，通过互联网，业内专家可直接了解救灾现场的实际情况，参与救灾决策，实现救灾决策专家化。

该系统及装置有如下主要特点：

① 首次在煤矿井下采用"即铺即用"的 SDSL 宽带组网技术，性能稳定，简单易行，是多媒体技术的新应用。

② 大功率本质安全型锂电源研制技术。

③ 研制了一套隔爆兼本安型数字信息终端，可以提供 VCR 质量的视频、电话语音（3.4 kHz）和足够的存储空间。

该系统及装置现已经在宁煤集团有限责任公司白芨沟矿灾区使用，为白芨沟矿的抢险救援提供了先进的技术手段，大大缩短了救灾时间。该装置又先后用于大同煤矿集团有限公司、龙口煤电有限公司、中国神华能源神东分公司救护消防大队等并获得了很好的评价。

（3）煤矿应急救援指挥与管理信息系统。

煤矿应急救援指挥与管理信息系统包括 3 个子系统：调度室应急救援指挥信息系统、指挥机构应急救援子系统和相关单位应急救援子系统。它是集煤矿事故的应急响应、救灾、预案演练和应急管理于一体的智能化系统，具有事故应急救援调度指挥、预案模拟演练和应急资源查询管理的功能。它是基于煤矿事故预案、利用计算机网络技术和数据库技术开发建立的应急救援调度指挥信息系统，实现了事故响应、救灾和应急管理的自动处理功能和在事故救援过程中的信息共享，从而提高了矿井灾害事故应急处理能力，保障了应急响应及时和抢救工作迅速有效，减少和降低了事故发生时所造成的人身伤害和财产损失。

（4）PED 应急指挥系统。

PED（Personal Emergency Device）应急指挥系统，是一套可实现超低频信号穿透岩层进行传输并汉字显示的无线急救通信系统。它主要由系统主机、射机、环形天线、天线保护装置及接收机组成。在矿井发生突变或其他紧急情况时，该系统可以使井下所有人员在最短的时间内收到紧急警报，采取应急措施或迅速撤离，最大限度地减少伤亡，保障井下人员的生命安全。实践证明，该系统能够适应煤矿井下噪声、灰尘、照明、电源供应等特殊环境，可以将信息迅速地传达给井下每一个人。

（5）RIMtech 井下救援无线通信系统。

RIMtech 井下救援无线通信系统是主要应用于矿山救护通信的新型科技产品。其特点是安设布置快速，携带管理使用方便，通信清晰效果佳。该通信系统可以使救护队指战员随时用手机将侦查工作和救灾工作情况汇报到井下基地和地面指挥部，指挥部和基地随时可以向井下某地点和灾区内的救护人员下达救灾指令。该系统最常用的布置方式是用指挥台指挥，指挥台设置在井上（如指挥车或办公室内），基台设置在井口附近有信号载体的位置。基台与指挥台用双绞线相连，因此它们之间的距离基本没有限制。基台与手持机之间的无线通信满足了井下救援通信对于移动性的要求；而指挥台与基台之间无线通信又使它可以充分利用井下的线路资源，以满足长距离的要求。基台与手持机之间的通信距离为3000～4000 m，手持机之间的通信距离为 1000～2000 m。这种无线加有线的 3 单元结构十分有利于灵活、快速地布置通信系统，可适应几种不同的井下救援环境。

（6）RB2000 井下无线通信系统。

RB2000 井下无线通信系统是一套工作于中频频段、单工制式的矿井救灾通信设备。它借助井下现有电缆、管道等金属导体来传导电磁波，需要和正压呼吸器配套使用。

该系统由基地台和移动台组成，基地台设置于基地指挥部，装备 8 m 环形天线，救护队员使用移动台，中频感应操作配置自动调谐器，可在井下恶劣环境中锁定最佳的通信波段，输出高强度信号，确保达到理想的通信效果。系统还包含一个救援指示器，其是一个可视频音频系统，帮助井下人员在危急情况下从工作面快速撤离到最近的救援舱。当井下发生危急情况时，指挥基地发出救援指示信息，蜂鸣器发出报警信号，伴随响亮的蜂鸣声，指示器巨大的发光二极管显示出双色号码：绿色指示通向安全舱的通道，红色指示出存在危险的通道。该警报器装有备用电池，确保在供电电缆断裂或能量耗尽的情况下指示器能够持续运转 24 h，视听警报器用 3 条硬橡胶绝缘的电缆芯线相互连接并自动同步。

（7）矿山应急救援一体化指挥系统。

矿山应急救援一体化指挥决策信息系统结构包括事故救援现场子系统、井下指挥基地子系统、地面指挥基地子系统、远程指挥中心子系统、移动指挥中心子系统和地面公网/专网 6 个部分。

2. 主要信息处理装备

1）基于 GIS 的煤矿事故应急救援系统

通过对救援系统的研究分析得出影响因数，从而根据煤矿灾害应急救援系统需求和开发目标进行分析，此系统包括 6 大功能模块。系统采用客户服务器结构，GIS 应用程序在客户机上运行，把数据存放在服务器上，客户机与服务器通过网络以 TCP/IP 协议连接通信。采用模块化设计，以简单、易用、实用、可靠和方便的原则，采用在技术上比较成熟的 C/S 结构，有利于以后系统改造和升级。组件式地理信息系统（GIS）在可视化开发环境（如 VB），将 GIS 控件嵌入用户应用程序中，实现一般 GIS 功能，在同一环境下利用开发语言实现专业应用功能。该模式可缩短程序开发周期，程序易于移植、便于维护，是目前 GIS 开发的主流。组件式 GIS 是把 GIS 的各大功能模块划分为几个控件，每个控件完成不同的功能。各个 GIS 控件之间，以 GIS 控件与其他非 GIS 控件之间，都可以很方便地通过可视化的软件开发工具集成起。SuperMap 全组件式 CIS 软件具有以上功能和优点。

利用 GIS 的图形信息处理能力，实现了煤矿矿井电子地图的可视化和远程救助功能，并将图中地物的空间数据和属性数据进行有效的结合；通过对瓦斯（煤尘）、水灾、火灾和顶板事故等矿井灾害的发生规律和应急救援技术的研究，建立了顶板事故信息数据库、矿井水灾信息数据库、火灾信息数据库、瓦斯信息数据库以及救灾和人员逃生数据库等；实现了井下重大危险源分布在地图上的显示功能，并能动态模拟各区域相应灾害的避灾路线、影响范围及灾害处理措施，引导人员及时逃生，同时指导救援人员及时展开救援工作；具有动态管理与显示功能，显示效果比较明显，并且显示出比较全面的相关信息，为制定相关的灾害预防和控制措施提供科学的决策依据。

2）基于计算机网络技术和数据库技术的数据处理系统

系统平台基于 Browser/Server（B/S）3 层体系结构，即客户层、中间层和数据源层。后台数据库采用 MS SQL Server 进行组织管理；前台开发语言使用 VBScript、JAVAS-cript 和 HTML；服务器端使用 InterDev 来开发 ASP 应用程序；使用 VC++开发 GIS 服务器组件授予的密码结束事故救援，系统自动恢复到"生产一切正常"的状态。根据预案中应急救援机构的不同职能，系统包括 3 个子系统，分别为调度室应急救援指挥信息系统、指挥机构应急救援子系统和相关单位应急救援子系统。调度室应急救援指挥信息系统负责整个系统的事故上报、预案启动，以及在实施应急救援的过程中查看各个应急救援机构执行救援预案的反馈信息，同时还负责监控各个应急救援机构的应急救援责任人是否在岗，以及救援物资和救护装备的库存和有效期情况；指挥机构应急救援子系统负责授权启动预案，确定事故的现场总指挥；相关单位（机电科、通风段、救护队等）的应急救援子系统执行系统所提供的救援措施，并自动把执行救援措施的信息反馈到调度室应急救援指挥信息系统，同时进行责任人的登记，提取消防材料和救护装备。

基于技术和功能将整个系统划分成数据存储层、业务逻辑层、展现层、集成 Web 服务层和集成通信接口层 5 个层次。

3）矿山救援一体化信息处理软件

一体化信息服务器软件模块用于维护系统网络，将各子系统平台统一管理，与终端应用设备进行直接数据交流，实现指挥信息的传递与存储管理，包括一个系统配置信息库和一个指挥信息数据库。系统配置信息库存储各子系统的设备配置信息，服务器启动后读出相关数据，创建服务器数据采集任务，进行设备状态检测、手机注册拨号及通话管理，获取视频数据，生成一系列指挥信息，存储于指挥信息数据库中。服务器设计有一个通信接口，该接口实现与系统网络各类设备的通信，客户端通过该接口从指挥信息数据库中获取各类数据。

4）煤矿应急管理集成信息系统

煤矿应急管理集成信息系统应急预警包含两部分：实时数据的应急预警和历史数据联合分析预警。实时数据应急预警可依据数据服务提供的数据，进行分析判断，如果达到了敏感范围，立即进行预警提醒。比如，当矿井中可燃混合气体主要成分（瓦斯、氢气、一氧化碳、乙烯、乙炔等）、助燃气（氧气）等通过环境参数监测获得实时数据，通过动态爆炸三角形等算法进行实时的动态变化趋势加以分析，其比例已达到危险范围，应急预警模块及时地进行预警提醒，并通过多种方式（如远程控电、手机短信、E-mail 等方式）通知相关人员，进行预防措施，有效避免突发事件的发生。基于历史数据分析的预警，除了对实时数据的敏感数据的分析、预警之外，应用数据挖掘技术，对历史数据进行分析。数据挖掘是指从数据库的大量数据中揭示出隐含的、先前未知的并有潜在价值的信息的非平凡过程。通过数据挖掘技术的关联分析，将历史数据中 2 个或多个采集获得的历史数据进行关联挖掘，分析环境变化趋势，预测预警可能出现的突发事件，方便相关人员及时采取措施加以预防，排除事故隐患。发起预警流程，并进行跟踪流程，支持预警流程处理各个环节的数字签名，多种方式的数据输出。

5）应急救援信息处理系统

应急救援信息处理系统主要包括应急决策、应急指挥调度及应急执行 3 个功能。

应急决策主要对突发事件进行分析，基于案例推理 CBR、规则推理 RBR 等技术，在应急预案管理中寻找与当前突发事件类似的案例应急预案，加以分析和改正，借助专家干预，生成基于当前突发事件的应急计划，提供应急组织机构、成员，以便及时通知相关人员加入应急组织。

应急指挥调度是通过信息技术，自动生成可供参考的突发事件应急救援路线和紧急避险路线；支持可视化指挥调度，辅助应急指挥调度，了解井下实际情况，分配应急任务，调配应急物资，结合语音指挥调度功能发布应急救援路线，方便应急救援人员及时到达事件发生区域排除隐患，帮助受困人员及时远离危险区域，降低可能发生的事故的损失程度，并支持双向信息通信功能，方便井下人员与指挥调度人员随时随地沟通，有效地解决了传统的井下固定电话必须到达特定地点后才能进行联系的缺点。

应急执行用来执行应急决策生成的应急计划。在本系统中应急执行动态监控应急过程、应急计划执行状况，发现应急计划执行不力，及时调整，并将应急执行的结果进行反馈。

6）基于多 Agent 的应急救援决策支持系统平台

矿山应急救援方案决策支持系统是一个复杂的群体决策系统，随着数据的变化、积累以及决策环境的变化，系统决策的相应部件在逐步增加，同时导致系统的协调控制性也变得复杂。为更好、更准确地实现矿井应急救援隐患识别、决策与分析，构建基于多 Agent 构件的矿山应急救援指挥管理平台十分必要，它为应用过程中不断集成新方法、新工具或调整思路提供了基本框架。

7）煤矿综合信息智能分析系统

煤矿综合信息智能分析系统包括井上系统和井下系统 2 个部分。其中，井上系统包括信息服务器、交换机、井上无线 AP、井上手持 PDA、监控室计算机、各科室计算机；井下系统包括井下环网、井下无线 AP、井下无线 PDA。煤矿综合信息智能分析系统采用 B/S 模式，其中综合信息智能分析系统的主程序安装在信息服务器中，承担数据信息的智能处理和数据存储任务，监控室或者其他矿领导及科室计算机中无须安装客户端程序，通过调取信息服务器数据及 ASP 网页编程实现井下数据信息的显示，这样节省了客户端维护成本。通过主程序把应急信息和智能分析得出的决策发给有关领导或负责人，同时也可以通过计算机或 PDA 向井下发布决策。系统具体工作流程如图 3-8 所示。

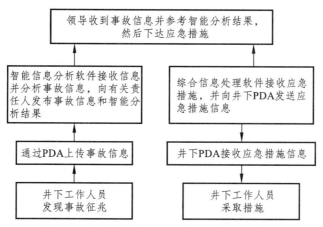

图 3-8　煤矿综合信息智能分析系统工作流程

3. 移动通信装备

1）有线通信装备

有线应急救援通信设备是在信号的传输过程中依靠线路进行传输。传输线有双绞电话线、同轴线缆、网线、光纤等。按在其上传输的数据又可分为单纯音频传输和多媒体信息康同时采集传输装置。

（1）音频通信系统：目前使用的有 PXS 型声能电话机和 KJT-75 型救灾通信设备。PXS-1型声能电话机为矿用防爆型设备，有效通话距离 2～4 km，该机由发话器、受话器、声频发电机、扩大器等组成。在抢险救灾时，进入灾区的人员可选用发话器、受话器全装在面罩中，扩大器固定在腰间的安装方式。KJT-75 型救灾通信设备有主机、副机和袖珍发射机供进入灾区的救护队员使用。救护队员通过副机扬声器收听主机传来的话音，使用袖珍发射机向主机发话。救护队员随身携带缠制好的放线包，救灾作业时边放线边随时和基地的主机保持井下联系（主、副机间的通信距离为 2 km）。通信导线兼作救护队员的探险绳，基地通信主机可同时对三路救灾队员实现救灾指挥。

（2）多媒体通信系统：目前，使用较为广泛的有 KTE5 型矿山救援可视化指挥装置。该装置具有传输语音和视频的便携式本安型矿井应急救援通信装置，其主要采用计算机通信网络技术和对称数字用户线（Symmetrical Digital Subscriber Line，SDSL）宽带接入技术，用一对矿用双绞电话线为传输介质，利用局域网传送音频和视频，进行实时的信息交互实现"即铺即用"的应急多媒体通信服务。

2）无线通信装置

目前使用的有 SC2000 灾区电话和 KTW2 型矿用救灾无线电通信装置。SC2000 灾区电话工作于损耗较小的低频（100 kHz～100 MHz，救灾通信系统的工作频率为 340 kHz）。这些频率信号能被简单、低成本的长线天线系统传输，甚至还可以在大多数矿井巷道中所存在的管道和电缆中传输。无线感应信号通过便携手机上的环形天线（称为子弹带天线）、基站侧的环形天线和生命线与管道、电缆之间的耦合而建立。如果巷道内无管道和电缆存在，则手机彼此之间的通信距离仅为 50 m。在一个断面较小的巷道中，通信距离为 500～800 m。KTW2 型矿用救灾无线电通信装置为第三代矿用专用救护无线电通信设备，主要用于矿山救护队，也可以用于井口运输、机巷检修设备调试时联络使用。装置由 KTW2.1 型便携机、KTW2.2 型井下基地站、KTW2.3 型井下指挥机、KTW2.4 型井上指挥机等组成。井上下指挥机、井下基地站、便携机组成一个有线/无线通信系统，井上指挥机、井下基地站之间采用两芯电缆连接，井下基地站、便携机之间为无线通信方式。井上、井下指挥机话音信号通过井下基地站发射，便携机接收；便携机发射通过井下基地站接收，向井下、井上指挥机传送话音信号。

任务二　消防救援装备及其使用

一、灭火器材与消火栓装备

（一）灭火剂及灭火器材

1．水及清水灭火器

水是应用最广泛的天然灭火剂，无色、无味，具有不燃、热容量大等特点。水在自然界有固、液、气三种状态，其中液态形式的水在消防中应用最为广泛。

1）水灭火机理

水的灭火机理主要体现在以下几个方面：

（1）冷却作用。由于水具有较高的比热容和气化潜热，当水与炽热的燃烧物接触时，在被加热和气化的过程中，会大量吸收燃烧物的热量，迫使燃烧物的温度降低而最终停止燃烧，因此水在灭火中的冷却作用十分明显。

（2）窒息作用。水遇到炽热的燃烧物汽化产生大量的水蒸气，水蒸气能够稀释周围大气的氧含量，阻碍新鲜空气进入燃烧区，因而水有良好的窒息灭火作用。

（3）稀释作用。当水溶性可燃液体发生火灾时，可用水予以稀释，以降低它的浓度和燃烧区可燃蒸气的浓度，直到可燃蒸气的浓度不足以支持燃烧，燃烧即告终止。水的稀释作用仅适用于容器中可燃液体的量较少，或浅层水溶性可燃液体的溢流火灾。

（4）冲击作用。直流水枪喷射出的密集水流具有较大的冲击力，可以冲散燃烧物，改变燃烧物持续燃烧所需的状态，能显著减弱燃烧强度，也可以冲断火焰，使之熄灭。

水灭火剂主要有直流水、开花水、雾状水和水蒸气等水流形态。

2）水的灭火局限性

水灭火剂的主要缺点是产生水渍损失和污染，同时不能用于以下火灾的扑救：

（1）带电火灾的扑救。

（2）遇水反应物质的火灾。

（3）直流水不能扑救可燃固体粉尘火灾，大量浓硫酸、浓硝酸场所的火灾。

（4）容易发生沸溢、喷溅的重质油品火灾。

3）清水灭火器

清水灭火器为了提高灭火性能，在充装的清水中加入适量添加剂，如抗冻剂、润湿剂、增黏剂等。清水灭火器采用贮气瓶加压方式，加压气体为液体二氧化碳。清水灭火器只有手提式，没有推车式。

清水灭火器由保险帽、提圈、筒体、二氧化碳气体贮气瓶和喷嘴等部件组成。

清水灭火器适用于扑救固体火灾，即 A 类火灾，如木材、纸张、棉麻、织物等的初期火灾。

2. 泡沫灭火剂及泡沫灭火器

1）泡沫灭火剂分类

泡沫灭火剂是通过与水混合，采用机械方法或化学反应产生泡沫的灭火剂。一般由化学物质、水解蛋白或表面活性剂及其他添加剂的水溶液组成。

按产生方法，泡沫灭火剂有两大类型，即化学泡沫灭火剂和空气泡沫灭火剂。

按基质不同，泡沫灭火剂可分为蛋白型和合成型两大类。

按发泡倍数，泡沫灭火剂可分为低倍数泡沫灭火剂、中倍数泡沫灭火剂和高倍数泡沫灭火剂。低倍数灭火剂按灭火用途可分为普通泡沫灭火剂和 A 类泡沫灭火剂。

目前，灭火救援中常用的泡沫灭火剂类型主要有普通蛋白泡沫灭火剂、氟蛋白泡沫灭火剂、水成膜泡沫灭火剂、抗溶性泡沫灭火剂、A 类泡沫灭火剂和高倍数泡沫灭火剂。

2）泡沫灭火剂适用范围

（1）普通蛋白泡沫灭火剂主要用于扑救 B 类火灾中的非水溶性可燃、易燃液体火灾，也适用于扑救木材、纸、棉、麻、合成纤维等一般固体可燃物火灾。

（2）氟蛋白泡沫灭火剂和水成膜泡沫灭火剂除了包括普通蛋白泡沫灭火剂适用范围外，还可用于液下喷射，可与干粉灭火剂联用。

（3）抗溶性泡沫灭火剂主要用于扑救极性可燃液体火灾，也可用来扑救非极性烃类、油品火灾。此外，它还可通过喷射雾状泡沫射流来扑救 A 类火灾。可以与干粉灭火剂联用，也可通过液下喷射的方式扑救非极性液体燃料贮罐火灾。

（4）A 类泡沫灭火剂主要适用于扑救固体物质初起火灾，如建筑物、灌木丛和草场、垃圾填埋场、轮胎、谷仓、地铁、隧道等场所的火灾。

（5）高倍数泡沫灭火剂主要适用于扑救 A 类火灾和 B 类火灾中的烃类液体火灾，特别适用于扑救有限空间内的火灾，如地下室、矿井坑道及地下洞库等有限空间里的 A 类火灾。

总之，泡沫灭火剂适用于扑救一般 B 类火灾，如油制品、油脂等火灾，也可适用于 A 类火灾，但不能用于扑救 C 类火灾、D 类火灾、遇水反应物质的火灾以及带电设备的火灾。

3）泡沫灭火剂灭火机理

泡沫灭火剂的灭火机理可以归纳为以下几方面：

（1）隔离作用。由于泡沫中充填大量气体，相对水的密度较小，可漂浮于液体的表面，或附着于一般可燃固体表面，形成一个泡沫覆盖层，使燃烧物表面与空气隔绝。

（2）封闭作用。泡沫覆盖在燃料表面，既可阻止燃烧物的蒸发或热解挥发，又可遮断火焰对燃料物的热辐射，使可燃气体难以进入燃烧区。

（3）冷却作用。泡沫析出的水和其他液体对燃烧表面有冷却作用。

（4）稀释作用。泡沫受热蒸发产生的水蒸气有稀释燃烧区氧气浓度的作用。

4）泡沫灭火器及其使用方法

泡沫灭火器可分为手提式泡沫灭火器、推车式泡沫灭火器。

（1）手提式泡沫灭火器使用方法。

手提式泡沫灭火器可手提筒体上部的提环，迅速奔赴火场。这时应注意不得使灭火器过分倾斜，更不可横拿或颠倒，以免两种药剂混合而提前喷出。当距离着火点 10 m 左右，即可将筒体颠倒，一只手紧握提环，另一只手扶住筒体的底圈，将射流对准燃烧物。在扑救可燃液体火灾时，如已呈流淌状燃烧，则将泡沫由远而近喷射，使泡沫完全覆盖在燃烧液面上；如在容器内燃烧，应将泡沫射向容器的内壁，使泡沫沿着内壁流淌，逐步覆盖着火液面。切忌直接对准液面喷射，以免由于射流的冲击，反而将燃烧的液体冲散或冲出容器，扩大燃烧范围。在扑救固体物质火灾时，应将射流对准燃烧最猛烈处。灭火时随着有效喷射距离的缩短，使用者应逐渐向燃烧区靠近，并始终将泡沫喷在燃烧物上，直到扑灭。使用时，灭火器应始终保持倒置状态，否则会中断喷射。

（2）推车式泡沫灭火器使用方法。

推车式泡沫灭火器使用时，一般由两人操作，先将灭火器迅速推拉到火场，在距离着火点 10 m 左右停下。由一人施放喷射软管后，双手紧握喷枪并对准燃烧处；另一人则先逆时针方向转动手轮，将螺杆升到最高位置，使瓶盖开足，然后将筒体向后倾倒，使拉杆触地，并将阀门手柄旋转 90°，即可喷射泡沫进行灭火。如阀门装在喷枪处，则由负责操作喷枪者打开阀门。

3．干粉灭火剂及干粉灭火器

1）干粉灭火剂分类

干粉灭火剂是由一种或多种具有灭火能力的无机固体粉末组成，颗粒直径小于 0.25 mm，主要包括活性灭火组分、疏水组分、惰性填料。

干粉灭火剂按灭火性能不同可分为碳酸氢钠干粉灭火剂（BC 干粉灭火剂，又称普通干粉灭火剂）和磷酸铵盐干粉灭火剂（ABC 干粉灭火剂，又称通用干粉灭火剂），其中颗粒直径小于 20 μm 时称为超细干粉灭火剂。

干粉灭火剂具有灭火效率高、灭火速度快、电绝缘性能优良、耐低温性好、抗复燃能力差、易吸湿结块、残存干粉难以清理等特点。

2）干粉灭火剂灭火机理

（1）抑制作用。当把 BC 干粉射向燃烧物时，干粉中的无机盐挥发性分解物与燃烧过程中燃料所产生的自由基或活性基团发生化学抑制作用，使燃烧的链反应中断而灭火。

（2）冷却、稀释作用。BC 干粉粉末受高温作用将会放出结晶水或发生分解，这样不仅可吸收部分热量，而且分解生成的不活泼气体又可稀释燃烧区内氧的浓度。干粉进入火焰区后，浓烟般的粉雾将火焰包围，可以减少火焰对燃料的热辐射。

（3）窒息作用。ABC 干粉粉粒喷射到灼热的燃烧物表面时，发生一系列的化学反应，并在高温作用下形成一层玻璃状覆盖层，从而隔绝氧气，窒息灭火。

3）干粉灭火剂适用范围

碳酸氢钠干粉灭火器(BC)适用于 B 类、C 类火灾及 E 类带电设备火灾；磷酸铵盐（ABC）干粉灭火器除可用于上述几类火灾外，还可扑救 A 类（一般固体类物质）的初起火灾。

干粉灭火剂不能用于扑救钠、钾、镁、钛、锌等金属火灾，自身能够释放氧或提供氧源的化合物的火灾，也不适宜扑救精密仪器设备火灾。

4）干粉灭火器及其使用方法

干粉灭火器是利用二氧化碳气体或氮气作动力喷射干粉灭火剂的灭火装置。

灭火时，可手提或肩扛灭火器快速奔赴火场，在距燃烧处 5 m 左右，放下灭火器。如在室外，应选择在上风方向喷射。使用的干粉灭火器若是外挂储压式，操作者应一手紧握喷枪，另一手提起储气瓶上的开启提环。如果储气瓶的开启是手轮式的，则向逆时针方向旋开，并旋到最高位置，随即提起灭火器。当干粉喷出后，迅速对准火焰的根部扫射。使用的干粉灭火器若是内置式储气瓶或储压式，操作者应先将开启把上的保险销拔下，然后握住喷射软管前端喷嘴部，另一只手将开启压把压下，打开灭火器进行灭火。有喷射软管的灭火器或储压式灭火器在使用时，一手应始终压下压把，不能放开，否则会中断喷射。

使用磷酸铵盐干粉灭火器扑救固体可燃物火灾时，应对准燃烧最猛烈处喷射，并上下、左右扫射。如条件许可，使用者可提着灭火器沿着燃烧物的四周边走边喷，使干粉灭火剂均匀地喷在燃烧物的表面，直至将火焰全部扑灭。

推车式干粉灭火器的使用方法与手提式干粉灭火器的使用方法相同。

4. 气体灭火剂

1）气体灭火剂分类

气体灭火剂是以气体状态进行灭火的灭火剂。气体灭火剂按其储存形式可以分为压缩气体和液化气体两类。液化气体灭火剂包括哈龙灭火剂及其替代物（卤代烃类灭火剂）和二氧化碳灭火剂。压缩气体灭火剂有 IG01（氩气）、IG100（氮气）、IG55（氩 50%、氮 50%）和 IG541（氮 50%、氩 42%、二氧化碳 8%）。

二氧化碳灭火剂是一种具有一百多年历史的灭火剂，由于二氧化碳不含水、不导电、无腐蚀性，对绝大部分物质无破坏作用，所以可以用来扑救精密仪器和一般电气火灾。它还适于扑救可燃液体和固体火灾，特别是那些不能用水灭火及受到水、泡沫、干粉等灭火剂的玷污容易损坏的固体物质火灾。二氧化碳取自工业副产物，对于无人场所，是非常优秀的灭火剂。

二氧化碳具有较高的密度，约为空气的 1.5 倍。在常压下，液态的二氧化碳会立即汽化。灭火时，二氧化碳气体降低可燃物周围或防护空间内的氧浓度，产生窒息作用而灭火。另外，二氧化碳喷放时由液体迅速汽化成气体，吸收大量热量，起到冷却的作用。

在研究二氧化碳灭火系统的同时，一些发达国家不断地开发新型气体灭火剂，卤代烷1211、1301 灭火剂具有优良的灭火性能，因此在一段时间内卤代烷灭火剂基本统治了整个气体灭火领域。后来，人们逐渐发现释放后的卤代烷灭火剂与大气层的臭氧发生反应，致使臭氧层出现空洞，使生存环境恶化。因此，国家环保局于 1994 年专门发出《关于非必要场所停止再配置哈龙灭火器的通知》。

淘汰卤代烷灭火剂，促使人们寻求新的环保气体替代。被列为国际标准草案 ISO 14520的替代物有 14 种。综合各种替代物的环保性能及经济分析，七氟丙烷灭火剂最具推广价值。该灭火剂属于含氢氟烃类灭火剂，国外称为 FM-200，具有灭火浓度低、灭火效率高、对大气无污染的优点。另外，混合气体 IG-541 灭火剂同样具有对大气层无污染的特点，现已逐步开始使用。由于其是由氮气、氩气、二氧化碳自然组合的一种混合物，平时以气态形式储存，所以喷放时，不会形成浓雾或造成视野不清，使人员在火灾时能清楚地分辨逃生方向，且它对人体基本无害。

2）气体灭火剂灭火机理

（1）化学抑制作用。化学抑制作用主要表现为终止链反应。

（2）窒息作用。气体灭火剂在燃烧物周围形成一定的灭火介质浓度，使燃烧因缺氧窒息而灭火。

（3）惰化作用。当空气中氧含量低于某一值时，燃烧将不能维持。此时的氧含量称为维持燃烧的极限氧含量，这种通过降低氧浓度的灭火作用称为惰化作用。氮气灭火剂、155和G541等惰性气体灭火剂的灭火机理主要是惰化灭火作用。

（4）冷却作用。气体灭火剂在与高温火焰接触过程中，会发生分解反应或相态变化，喷射出的液态和固态二氧化碳在汽化过程中要吸热，具有一定的冷却作用。

3）气体灭火剂适用范围

气体灭火系统适用于扑救下列火灾：

（1）电气火灾。

（2）固体表面火灾。

（3）液体火灾。

（4）灭火前能切断气源的气体火灾。

气体灭火系统不适用于扑救下列火灾：

（1）硝化纤维、硝酸钠等氧化剂或含氧化剂的化学制品火灾。

（2）钾、镁、钠、钛、锆、铀等活泼金属火灾。

（3）氢化钾、氢化钠等金属氢化物火灾。

（4）过氧化氢、联胺等能自行分解的化学物质火灾。

（5）可燃固体物质的深位火灾。

二氧化碳灭火器主要用于扑救贵重设备、档案资料、仪器仪表、600 V 以下电气设备及油类的初起火灾。

4）二氧化碳灭火器的使用及其注意事项

灭火时，要将灭火器提到或扛到火场，在距燃烧物 5 m 左右，拔出灭火器保险销，一手握住喇叭筒根部的手柄，另一只手紧握启闭阀的压把。对没有喷射软管的二氧化碳灭火器，应把喇叭筒往上板 70°～90°。使用时，不能直接用手抓住喇叭筒外壁或金属连线管，防止手被冻伤。灭火时，当可燃液体呈流淌状燃烧时，使用者将二氧化碳灭火剂的喷流由近而远向火焰喷射。如果可燃液体在容器内燃烧时，使用者应将喇叭筒提起，从容器的一侧上部向燃烧的容器中喷射，但不能将二氧化碳射流直接冲击可燃液面，以防止将可燃液体冲出容器而扩大火势，造成灭火困难。

使用二氧化碳灭火器时，在室外使用，应选择在上风方向喷射；在室内窄小空间使用，灭火后操作者应迅速离开，以防窒息。

推车式二氧化碳灭火器一般由两人操作，使用时两人一起将灭火器推或拉到燃烧处，在离燃烧物 10 m 左右停下，一人快速取下喇叭筒并展开喷射软管后，握住喇叭筒根部的手柄，另一人快速按逆时针方向旋动手轮，并开到最大位置。灭火方法与手提式的灭火方法一样。

（二）消火栓系统装备

建筑消火栓给水系统是指为建筑消防服务的以消火栓为给水点、以水为主要灭火剂的消防给水系统。它由消火栓、给水管道、供水设施等组成。按设置区域消火栓系统分为城市消火栓给水系统和建筑物消火栓给水系统；按设置位置消火栓系统分为室外消火栓给水系统和室内消火栓给水系统。

室外消火栓给水系统和
室内消火栓给水系统

1. 消火栓

消火栓是用来连接消防水网与消防水龙带的固定供水接口。在消火栓上可直接连接消防水带通过消防水枪灭火，也可通过连接消防水带为消防车补给消防水，这是消火栓的两个功能。

传统的消火栓，就是地下一端与消防管网连接，另一端装设规格不一的活接口，并加盖端盖护好接口，一般不防撞，不带压检、维修。

消火栓分为室内消火栓和室外消火栓，室外消火栓又分为地上消火栓和地下消火栓。

1）室外消火栓

室外消火栓是设置在建筑物外面消防给水管网上的供水设施，主要供消防车从市政给水管网或室外消防给水管网取水实施灭火，也可以直接连接水带、水枪出水灭火。所以，室外消火栓系统也是扑救火灾的重要消防设施之一。

室外消火栓分为地下消火栓和地上消火栓两种。

地下消防栓安装于地下，不影响市容、交通，由阀体、弯管、阀座、阀瓣、排水阀、阀杆和接口等零部件组成，如图3-9（a）所示。地下消火栓是城市、厂矿、电站、仓库、码头、住宅及公共场所必不可少的灭火供水装置。当设置地下消火栓时，应有明显标志。寒冷地区多见地下消火栓。

地上消火栓是一种室外地上消防供水设施，由阀体、弯管、阀座、阀瓣、排水阀、阀杆和接口等零部件组成，如图3-9（b）所示。由于上部露出地面，标志明显，使用方便。地上消火栓是一种城市必备的消防器材，尤其是市区及河道较少的地区更需装设，以确保消防供水需要，各厂矿、仓库、码头、货场、高楼大厦、公共场所等人口稠密的地区有条件都应该安装。

（a）地下消火栓

（b）地上消火栓

图3-9　室外消火栓

2）室内消火栓

室内消火栓是用于室内管网向火场供水带有阀门的接口。它是工厂、仓库、高层建筑、公共建筑及船舶等的室内固定消防设施，通常安装在消火栓箱内，与消防水带和水枪等器材配套使用。减压稳压型消火栓为其中一种。

室内消火栓应该设置于走廊或厅堂等公共空间的墙体内，不管对其做何种装饰，均要求有醒目的标注（写明"消火栓"），并不得在其前方设置障碍物，以免影响消火栓门的开启，如图3-10所示。

图3-10　室内消火栓

3）消火栓的使用

（1）室内消火栓的使用。

① 打开消火栓门，按下内部启泵报警按钮（按钮用于启动消防泵和报警）。

② 一人接好枪头和水带奔向起火点。

③ 另一人将水带的另一端接在栓头铝口上。

④ 逆时针打开阀门，水喷出即可。注：电起火要确定切断电源。

（2）室外消火栓的使用。

① 用扳手打开地下消火栓的水袋口连接开关。

② 将消防水带进行连接。

③ 用扳手打开地下消火栓的出水阀门开关。

④ 接连水带口及出水枪头。

⑤ 两人以上手拿喷水枪头，向火源喷水，直到火灭熄为止。

2. 消防水带

消防水带是指两端带有接口，用于输送水或其他液态灭火药剂的软管。

消防水带按衬里材料可分为橡胶衬里、乳胶衬里、聚氨酯衬里消防水带，消防救援队伍使用的主要为聚氨酯衬里水带；按耐压等级可分为13型、16型、20型、25型、40型等消防水带；按口径可分为40 mm、50 mm、65 mm、80 mm、100 mm、125 mm、150 mm、200 mm、250 mm 和 300 mm 消防水带；按编织层编织方式分为平纹消防水带和斜纹消防水带。

有衬里消防水带由编织层和衬里组成。编织层大多以高强度涤纶长丝和（或）涤纶纱编织而成，衬里有橡胶（合成橡胶）、乳胶、聚氨酯等材料。

3. 消防软管卷盘

消防软管卷盘是由阀门、输入管路、卷盘、支承架、摇臂、软管和喷枪等组成，并能在迅速展开软管的过程中喷射灭火剂的灭火器具。

消防软管卷盘按所使用灭火剂不同，可分为水软管卷盘、泡沫软管卷盘和干粉软管卷盘等；按压力不同可分为低压、中压和高压软管卷盘；按使用场合不同可分为车用软管卷盘和非车用软管卷盘。

低压软管卷盘是室内固定式用水消防设备；中高压水软管卷盘主要与消防车配套使用，具有耐压高、出水快、使用方便的特点。

（三）消防枪炮

1. 消防水枪

消防水枪是由单人或多人携带和操作的以水作为灭火剂的喷射管枪，简称水枪。

消防水枪按射流形式不同可分为直流水枪、喷雾水枪、直流喷雾水枪和多用水枪，消防救援队伍最常用的是直流水枪和直流喷雾水枪；按工作压力范围不同可分为低压水枪（0.2~1.6 MPa）、中压水枪（1.6~2.5 MPa）、高压水枪（2.5~4.0 MPa）和超高压水枪（大于 4.0 MPa）。

1）直流水枪

直流水枪是用以喷射密集射流的消防水枪，主要包括无开关直流水枪、直流开关水枪和直流开花水枪等。直流水枪主要由枪体、喷嘴和接口组成。枪体一般用锥形管制作，作用是整流和增速。喷嘴一般采用具有向出口断面方向收敛的圆锥形喷嘴，可增加水流的出口速度以形成动能较大的射流，并使射流不分散。直流水枪具有喷射冲击力大、有效射程远的特点。

2）直流喷雾水枪

直流喷雾水枪指既能喷射充实水流，又能喷射雾状水流，并具有开启、关闭功能的水枪，又称两用水枪，如图 3-11 所示。

图 3-11　直流喷雾水枪

直流喷雾水枪可以实现从直流到喷雾的切换，形成不同喷雾角的雾状射流，且在额定流量调定后，当喷雾角改变时喷射流量保持不变。水枪具有功能多、使用灵活方便、适应性强、射程远、喷雾效果好和喷射反作用力小等特点。

2. 泡沫枪

泡沫枪是一种由单人或多人携带和操作，产生和喷射泡沫的喷射管枪，如图 3-12 所示。

泡沫枪按发泡倍数和结构形式不同可分为低倍数泡沫枪、中倍数泡沫枪和低倍数-中倍数联用泡沫枪，消防救援队伍常用的是低倍数泡沫枪；按其是否自带吸液功能，分为自吸式泡沫枪和非自吸式泡沫枪。

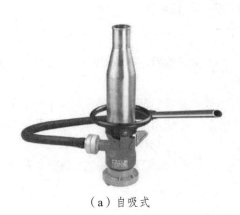

（a）自吸式　　　　　　　　　　　　　（b）非自吸式

图 3-12　泡沫枪

自吸式泡沫枪可以供给泡沫液，也可以供给泡沫混合液。非自吸式泡沫枪的结构与自吸式泡沫枪大致相似，不同之处在于非自吸式泡沫枪的枪筒内只有一个喷嘴，且没有自吸管，需要供给泡沫混合液。低倍数泡沫枪喷射的泡沫发泡倍数一般小于 10，具有较远的射程。

3. 干粉枪

干粉枪是指一种由单人或多人携带和操作的以干粉作灭火剂的喷射管枪，按操作结构不同可分为杆式手柄开关干粉枪、弓形手柄开关干粉枪和扳机式开关干粉枪。

干粉枪不仅能连续喷射，还可以点射。它一般与干粉消防车、推车式干粉灭火器或半固定式干粉灭火装置配套使用。

4. 消防水炮

消防水炮是以水为主要喷射介质的消防炮。消防水炮按安装方式可分为固定式和移动式两类，其中移动式水炮按移动方式可分为便携移动式水炮（见图 3-13）、手抬移动式水炮（见图 3-14）和拖车移动式水炮（见图 3-15）；按控制方式不同可分为远控式移动水炮（见图 3-16）和非远控式水炮；按水的射流形式分为直流水炮和直流喷雾水炮。移动式水炮在扑救大型油罐、大空间大跨度建筑等类型火灾时应用广泛。

图 3-13　便携移动式水炮　　　　　　　图 3-14　手抬移动式水炮

图 3-15　拖车移动式水炮

图 3-16　远控式移动水炮

5. 消防泡沫炮

消防泡沫炮是指产生和喷射泡沫的消防炮。消防泡沫炮按移动安装形式，可分为固定式和移动式；按喷射介质可分为普通泡沫炮、泡沫-水两用炮、泡沫-水组合炮、泡沫干粉组合炮。

泡沫-水组合炮（见图 3-17）与泡沫-水两用炮（见图 3-18），组合炮有独立的水炮和泡沫炮，可以同时喷射水和泡沫；两用炮则由于共用一个炮体，只能喷射水或泡沫，不能同时喷 2 种灭火剂。泡沫-干粉组合炮是在普通泡沫炮的基础上，在泡沫炮管内同轴设置干粉炮管，可以同时喷射泡沫和干粉。

图 3-17　泡沫-水组合炮

图 3-18　泡沫-水两用炮

6. 消防干粉炮

消防干粉炮是指以压缩氮气为驱动气体喷射干粉灭火剂的消防炮。消防干粉炮按控制形式不同，可分为手动消防干粉炮、电控消防干粉炮和液控消防干粉炮；按喷射介质可分为水-干粉组合炮、泡沫-干粉组合炮。

二、抢险救援装备

（一）照明器材

照明器材用于在夜晚、室内、井下等黑暗场所灭火抢险使用。照明器材包括普通照明器材和防爆照明器材两大类。其中，防爆照明器材因不同的使用场所有很多的特殊要求。石油化工、煤炭等生产场所，从生产原料、中间产品到成品以及作业环境，一般都有易燃易爆物。这一特性决定了在石油化工、煤炭等生产事故应急救援工作中，必须使用防爆照明器材。

（二）堵漏器材

消防抢险救援过程中，面对一些危险物质泄漏的情形都要用到紧急堵漏器材。这些堵漏器材有些是通用型，如捆绑带、磁压铁、密封枪等，有些是专用型，如针对某个阀门、某条管线所做的密封模具。一般而言，消防队伍只能配备一些通用型的堵漏器材，一些特殊性消防器材只能在相应的车间、分厂、工段等基层生产单位作为工程抢险装备备用。

堵漏设备种类繁多，型式不一，从原理上，主要包括堵漏注剂、黏胶、木楔、胶塞、捆绑带、专用卡子、强力磁铁等；从实用上，主要包括粘贴式、磁压式、注入式堵漏工具。

粘贴式组合堵漏工具，由快速堵漏胶和组合工具组成。组合工具由多种根据实际制作的不同器械构成。

对于尺寸很大的罐体、管线和平面状的容器发生泄漏，堵漏工具不易固定，难以加压堵漏，采用强力磁力加压器，就可很好地解决这一问题。

注入式堵漏，就是在泄漏部位用注胶夹具制作一个包含泄漏口的空腔，然后用专用的注胶枪将密封剂注入空腔并充满它，从而完成堵漏。

1）简易堵漏器材

简易堵漏器材有木质或橡胶质的堵漏楔（锥形、楔形），用于罐壁孔洞、裂缝堵漏，如图 3-19（a）所示；下水道口堵漏袋，用于下水管道断裂堵漏，如图 3-19（b）所示；管道密封套，用于系列金属管道裂缝堵漏，如图 3-19（c）所示。

管道密封套用金属制成，内衬耐热、耐酸碱的丁腈橡胶，耐热 80℃，耐压 1.6 MPa，一般适用管道直径为 21.3 ~ 114.3 mm。

2）内封式堵漏袋

堵漏机理是将堵漏袋置于管道内，进行充气，利用圆柱形气袋充气后的膨胀力与管道之间形成的密封比压，堵住泄漏。气袋膨胀后的直径可达到原直径的 2 倍，一般适用于 5 ~ 1400 mm 内径的管道，短期耐热 90 ℃，长期耐热 85 ℃，配带有快速接头的输气管。

堵漏工具组成有堵漏气袋（圆锥形或圆柱形橡胶袋）、压缩空气瓶（气瓶压力为 20 ~ 30 MPa）、连接器（连接气瓶和气袋，带减压阀、安全阀），如图 3-19（d）所示。

3）外封式堵漏垫

外封式堵漏垫的堵漏机理为将堵漏垫外覆于泄漏部位，并通过绳索拉紧，利用压紧在泄漏部位外部的气垫内部的压力对气垫下的密封垫产生密封比压，在泄漏部位重建密封。这种堵漏方式用于密封管道、容器、油罐车或油槽车、油桶、储罐等的泄漏，且管道、容器的直径应在 480 mm 以上。

堵漏工具主要由气垫、固定带、密封垫、耐酸保护袋、脚踏气泵等组成，如图 3-19（e）所示。

4）注胶堵漏器具

注胶堵漏器具可广泛用于石油、化工、化肥、发电、冶金、医药、化纤、煤气、自来水、供热等各种工业流程。

系统由注胶堵漏枪、63 MPa 液压泵、高压油路、无火花钻、各种卡具及密封胶组成，可以消除管线、法兰面、阀门填料、三通、弯头、焊缝处泄漏，适用温度 – 200～900 ℃，压力从真空到 32 MPa 以上。

注胶堵漏原理：用机械方法将密封剂挤入夹具与泄漏部位形成的空腔内或挤入泄漏处本身的空腔内，剂料在短时间内热固或冷固成新的密封层，达到止漏的目的。

注胶工具是由注射枪、液压泵、注射阀、换向阀和夹具组成，用压力表和胶管等连接而成，如图 3-19（f）所示。液压泵一般采用手抬泵，由液压泵出来的液压油进入注射枪的油缸，推动柱塞，把注射筒中的密封剂压出来。注射阀和换向阀是连接注射枪和夹具的工具。夹具是注胶堵漏器具重要的组成部分，它与泄漏部位的外表面构成封闭的空腔，包容注入的密封剂，承受泄漏介质的压力和注射压力，并由注射压力产生足够的密封比压消除泄漏。

注胶堵漏的密封剂有多种，常用的剂料有热固型和非热固型两大类，它们是用合成橡胶作基体，与填充剂、催化剂、固化剂等配制而成。

5）磁压堵漏器

磁压堵漏器，包括外壳和装在外壳内的磁铁，其特征在于在外壳内有上磁铁和下磁铁形成的磁铁组，如图 3-19（g）所示。上磁铁和下磁铁在外壳内至少有一个可以转动，通过改变磁铁 N 极和 S 极的位置形成工作磁场。上磁铁与下磁铁之间有隔磁板，在堵漏器的下面为可更换的铁靴，铁靴对应的下磁铁的部位为隔磁板，铁靴的其他部位为导磁板。

磁压堵漏器使用简单、可靠，没有其他的附属设备，是中低压设备理想的堵漏工具，可用于大直径储罐和管线的堵漏作业。

系统由磁压堵漏器、不同尺寸的铁靴及堵漏胶组成，适用温度小于 80 ℃，压力从真空到 1.8 MPa 以上；适用于水、油、气、酸、碱、盐等介质；适用于低碳钢、中碳钢、高碳钢、低合金钢及铸铁等顺磁性材料等的堵漏。

6）真空堵漏系统

真空吸附式堵漏器，可用于大直径储罐和管线的堵漏。真空吸附式堵漏器系统通常由真空泵、吸附器、吸盘和控制系统等组成。利用真空泵将管道内部的气体抽空，使得管道内部产生负压，然后通过真空吸附器将堵漏器的吸盘贴附在管道漏点上，使得漏点处的气体从管道漏点处流入吸附器内部，从而实现对管道的堵漏。在使用时，首先需要将真空泵接通，将管道内的气体抽空，形成负压环境。然后将吸附器的吸盘贴附在管道漏点附近，利用吸盘的密封性能将漏点处的气体吸入吸附器内部，从而实现对管道的堵漏。在堵漏过程中，控制系统可以实时监测管道内部的压力变化，以及堵漏器的工作状态，从而保证堵漏效果和操作的安全性。

7）捆绑式堵漏带

捆绑式堵漏带由高强度橡胶和增强材料复合制成，厚度 10 mm，可在狭窄空间方便使用，如图 3-19（i）所示。独特的拉紧固定装置，一次充气可 24 h 不泄漏。

（a）木制堵漏楔　　　　　（b）下水道阻流袋　　　　　（c）金属堵漏套管

（d）内封式堵漏工具　　　　（e）外封式堵漏工具　　　　（f）注入式堵漏工具

（g）磁压式堵漏工具　　　　（h）粘贴式堵漏工具　　　　（i）捆绑式堵漏工具

图 3-19　消防应急堵漏工具/化工带压堵漏工具

这种方式适用于管道堵漏，封堵管道裂缝，具有耐化学腐蚀、耐油性好、耐热性能稳定、抗老化等显著特点。

8）小孔堵漏枪

小孔堵漏枪是用于单人快速密封油罐车、储存罐、液柜车裂缝的堵漏设备。

其显著特点是，根据泄漏口的大小和形状，配备有圆锥形、楔形、过渡形四种不同规格尺寸的枪头，枪头由高强度橡胶和增强材料复合制成。各组件之间用快换接头连接，拆装方便，安全可靠。

（三）洗消器材

洗消器材主要用于化学事故的应急救援。对化学事故场进行洗消处理是降低受害人员和装备的受害程度，为救援人员提供防毒保护的重要手段，也是化学事故救援工作的重要一环。

1. 洗消基本原理

（1）水解作用：大多数毒剂皆可因水解失去毒性（路易氏剂例外），但常温下较慢，加温加碱可使水解加速。

（2）碱洗作用：碱可破坏多数毒剂，特别是 G 类神经毒和路易氏剂。故常用氨水、碳酸钠、碳酸氢钠和氢氧化钠等碱性消毒剂消除上述毒剂。

（3）氧化作用：糜烂性毒剂易被多种氧化剂氧化失去毒性。因此，可用漂白粉浆（液）、氯胺、过氧化氢、高锰酸钾等溶液消除。路易氏剂还可用碘酒消毒。因氧化剂一般均有腐蚀作用，不宜用来消毒金属医疗器械或服装等棉毛织品。

（4）氯化作用：芥子气易被氯化生成一系列无糜烂作用的多氯化合物。因此，常用漂白粉、三合（二）氯胺或二氯异三聚氰酸钠消除芥子气。

（5）溶解作用：利用不同物质相互易溶的特性进行溶解，常用的溶剂，有水、酒精、汽油、溶剂油等。

（6）吸附作用：利用一些物质的吸附特性如炭及特制吸附材料，对有毒气体、液体进行吸附。

2．常用洗消剂

常用洗消剂类型有以下4种：

（1）氧化氯化消毒剂。如次氯酸钙（也称漂白粉、氯化石灰）、次氯酸钠、三合（二）氯胺、二氯胺、二氯异三聚氰酸钠等。这类消毒剂主要通过氧化、氯化作用来达到消毒目的。

（2）碱性消毒剂。如氢氧化钠、氢氧化钙、氨水、碳酸钠、碳酸氢钠等。

（3）物理洗消剂。包括常用的溶剂，如水、酒精、汽油以及吸附剂等。

（4）简易洗消剂，如草木灰水、肥皂粉水等，因含有碱性成分，故也可用于洗消。

3．常用洗消器材

目前，消防救援队伍常用的洗消器材是用于消毒、灭菌、消除放射性沾染的各种器材，主要包括各种防化洗消车，小型洗消器，洗消、排水泵，洗消帐篷热水器，排污、烘干消毒设备，洗消剂等。

1）洗消车辆

如淋浴车、喷洒车、洗消车和消毒车等，可对人员、装备和地面进行洗消。

2）充气帐篷

一个充气帐篷包括一个运输包（内有帐篷、放在包里的撑杆）和一个附件箱（内有一个帐篷包装袋、一个拉索包、两个修理用包、一个充气支撑装置、塑料链和脚踏打气筒）。帐篷内有喷淋间、更衣间等场所。

使用时，尽量选择平整且产生磨损较小的地方搭设，避免帐篷损坏。使用后，要清洗晾干。

3）空气加热机

空气加热机主要用于对洗消帐篷内供热或送风，可采用手动或恒温器自动控制。应定期检查养护，保证动力系统正常。

4）水加热器

水加热器主要部件有燃烧器、热交换器、排气系统、电路板和恒温器，主要用于对供入洗消帐篷内的水进行加热。

5）便携式洗消器

便携式洗消器包括背囊式消毒器，坦克、车辆洗消器，以及消毒包和消毒盒等。坦克、车辆洗消器主要用于对大型武器装备进行消毒，消毒包和消毒盒供人员对皮肤、服装和轻武器进行消毒。

现代便携式洗消器一般采用压缩空气为动力，具有核生化战剂及工业有毒化学品洗消功能，体积小、质量轻。新型小包装多种洗消剂，使用简单方便，并且具有快速灌装服务模件，可以现场快速灌装、便捷使用，实现了单兵手持式使用，携带方便，尤其适合防毒面具、防护服和人员的专用洗消。

6）高压清洗机

高压清洗机由长手柄、高压泵、高压水管、喷头、开关、入水管、接头、捆绑带、携带手柄、喷枪、清洗剂输送管、高压出口等组成。启动电源，能喷射高压水流，必要时可以添加清洗剂，主要用于清洗各种机械、汽车、建筑物、工具上的有毒污渍，也可用于清洗地面和墙壁等。

（四）排烟器材

1. 水驱动排烟机

水驱动排烟机是利用高压水作动力，驱动水动机运转，带动风扇排烟，具有防爆功能，其质量轻，移动方便，每小时排烟量可达数万立方米。

水驱动排烟机适用于有进风和出风的火场建筑，利用排烟机的正压把新鲜空气通过建筑物进风口吹进建筑物内，把烟雾从建筑物内吹出，清除火场烟雾，使消防员能够进入建筑物内的火场进行灭火。根据需要可以调节风扇的出风口的角度和风扇的转速。水驱动排烟机使用后，要清除进水口及护罩上的污垢，开启轮机底部的排水阀排水，关闭控制阀。应经常检查叶片、护罩、螺栓、风扇覆环有无破裂，若有破损，及时更换。

2. 机动排烟机

机动排烟机适用于密封式建筑，如仓库、地下商场、娱乐厅、桑拿室等，或火场内部浓烟区。机动排烟机应保持机体清洁，对紧固件经常进行检查，确保安全好用。

（五）输转器材

输转装备主要有污水袋、有毒物质密封棉、吸附袋、新体吸附垫、有害液体抽吸泵、手动隔膜抽吸泵、水力驱动输转泵、多功能毒液抽吸泵、围油栏等，多用于化学事故应急救援中。

灾区有毒有害气体
智能排放装置

1. 污水袋

污水袋用于收集污水等有害液体，送入专门处理场所进行净化处理，避免造成外排污染。其适用于野外或缺乏水源的地方，是进行洗消的辅助设备，采用特殊材料制成，可折叠，轻便坚固。污水袋可清洗后再次使用。

2. 有毒物质密封桶

有毒物质密封桶主要用于收集并转运有毒物体和污染严重的土壤。密封桶由金属内桶、金属内桶盖子、聚乙烯外桶及聚乙烯外桶盖子组成，并在上端预留了观察和取样窗，便于及时对转运物体进行观察和取样。金属内桶采用不锈钢制造，底部加强；金属内桶盖子的材质与金属内桶相同，带密封胶边及夹子；聚乙烯外桶及盖子采用环保聚乙烯制造，防酸、防碱、防油，桶及盖子带螺丝式密封环。

3. 吸附袋

吸附袋包括吸附块、吸附纸、塑料收集袋等，最大吸附能力可达 75 L/套，用于小范围内吸附酸、碱和其他腐蚀性液体。

4. 液体吸附垫

液体吸附垫可快速有效地吸附酸、碱和其他腐蚀性液体。其吸附能力为自重的 25 倍，吸附后不外渗。吸附时，不要将吸附垫直接置于泄漏物表面，应将吸附垫围于泄漏物周围。使用后的吸附垫不得乱丢，要回收做技术处理。

5. 有害液体抽吸泵

有害液体抽吸泵用于迅速抽取有毒有害及黏稠液体，电动机驱动（220～380 V 电压），配有接地线，安全防爆型，能吸走地上的化学液体或污水，有效地防止污染扩散。

6. 手动隔膜抽吸泵

手动隔膜抽吸泵由泵体、传动杆、隔膜（氯丁橡胶膜或弹性塑料膜）、活门、接口等组成，具有防爆性能，用于输转有毒、有害液体。

7. 水轮驱动输转泵

水轮驱动输转泵安全防爆，其动力源为消防高压水流。高压水流注入泵体内，带动泵内水轮机工作，从而抽吸各种液体，特别是易燃爆液体，如燃油、机油、废水、泥浆、易燃化工危险液体、放射性废料等。

8. 多功能毒液抽吸泵

多功能毒液抽吸泵轻便、易于操作，可自动吸干；可输送黏性极大或极小的液体、粉状物，也可输送固体粒状物（直径可达 8 mm），有利于清洗。

（六）破拆器具

破拆器材是消防人员在灭火或救人时强行开启门窗、切割结构物或拆毁建筑物、开辟灭火救援通道、清除阴燃余火及清理火场时的常用装备。根据驱动方式的不同，现有的破拆器材可分为手动（见图 3-20）、机动、液压、气动、化学动力等不同种类，且每一种破拆器具都有其相应的适用对象和范围。

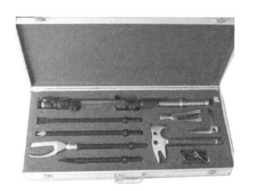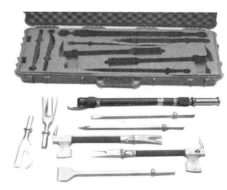

图 3-20　手动破拆工具组

1. 机动破拆器具

机动破拆器具由发动机和切割刀具组成，主要包括手提式动力锯、机动链锯、双轮异向切割锯等器具。

2. 液压破拆器具

液压破拆器具根据用途不同可分为扩张器、剪切器、顶杆、开门器等（见图 3-21），其动力源有机动泵和手动泵，附件有液压油管卷盘等。液压破拆器具是使用频率较高的破拆器具，可广泛应用于火灾及交通事故现场的营救工作。

3. 气动破拆器具

气动破拆器具目前主要有气动切割刀（空气锯，见图 3-22）、气动破门枪等。

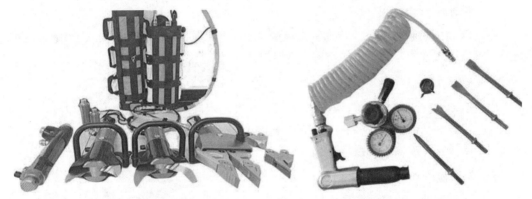

图 3-21　液压破拆工具组　　　　　图 3-22　气动切割刀

气动切割刀（空气锯）由切割刀具和供气装置构成，以压缩空气为动力，条形刀具往复运动，可用于切割金属、非金属薄壁和玻璃等，多用于交通事故救援中。割刀每次使用后要涂润滑油，刀具每使用 3 次须仔细检查，做好维护保养。

消防专用气动破门枪与无齿锯配合，破拆防盗门的速度显著提高，最快可在 90 s 内打开防盗门。同时，可用于汽车事故救援中快速切割金属薄板，并配有多种刀头，可用于拆墙、破拆水泥结构等。

4. 化学破拆器具

1）丙烷切割器

丙烷切割器主要由丙烷气瓶、氧气瓶、减压器、丙烷气管、氧气管、割锯等组成，用于切割低碳钢、低合金钢构件等。点燃丙烷对切割物预热，然后按下快风门，高压高速氧单独喷出，使金属氧化并被吹走。

2）氧气切割器

氧气切割器由氧气瓶、气压表、电池、焊条、切割枪、防护眼镜和手套等组成，具有体积小、质量轻、快捷安全和低噪声的特点。焊条在纯氧中燃烧使切割温度高达 5500 ℃。能熔化大部分物质，对生铁、不锈钢、混凝土、花岗石、铝等均有效。

3）便携式无燃气快速切割器

便携式无燃气快速切割器主要用于消防、公安、特种部队、石油和天然气输送管道等部门。便携式无燃气快速切割器，小巧轻便（总质量为 12 kg 左右），便于携带，在火灾现场、野外作业、水下切割或其他紧急而又无电源、无可燃气体（如乙炔等）的情况下，可快速切割、拆卸钢结构障碍物。

多功能高效救援帮手
——水陆两用破拆工具组

三、应急救援车辆

（一）城市救援消防车辆

1. 灭火类消防车

灭火消防车是指主要装备灭火装置，用于扑灭各类火灾的消防车。这类消防车主要包括水罐消防车、泡沫消防车、压缩空气泡沫消防车、干粉消防车、干粉泡沫联用消防车等。

1）水罐消防车

水罐消防车主要以水作为灭火剂，用来扑救一般固体物质（A 类）火灾；如与泡沫枪、泡沫炮、泡沫比例混合器、泡沫液桶等泡沫灭火设备联用，可扑灭油类火灾；当采用高压喷雾射水时，还可扑救电气设备火灾。此外，还可用于火场供水等。

水罐消防车主要由驾乘室、器材厢、水罐、水泵及其管路系统、水炮、引水装置、取力器、附加装置等组成，如图 3-23 所示。

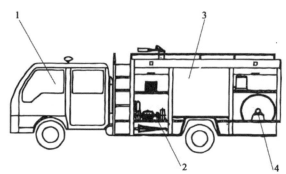

1—警灯及信号系统；2—乘员室；3—取力器；4—梯架；5—前器材厢；6—注水口；
7—水罐；8—水炮；9—离心泵及泵房；10—出水口；11—后梯；12—进水口。

图 3-23 水罐消防车

2）泡沫消防车

泡沫消防车指主要装备车用消防泵、水罐、泡液罐和水-泡沫液混合设备的消防车。泡沫消防车特别适用于扑救石油及其产品等易燃液体火灾，既可独立扑救火灾，也可向火场供水及泡沫混合液。

3）压缩空气泡沫消防车

压缩空气泡沫消防车指主要装备水罐和泡沫液罐，通过压缩空气泡沫系统喷射泡沫的消防车，适用于扑救建筑物等固体物质火灾及对火场进行隔热保护，也可扑救小型 B 类火灾。压缩空气泡沫系统主要由水泵、空气压缩机、泡沫液泵、泡沫比例混合系统、控制系统和各种附件等组成，如图3-24所示。

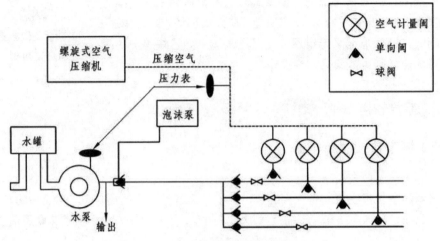

图 3-24 压缩空气泡沫系统组成原理示意

压缩空气泡沫系统是将空气压缩机提供的压缩空气、水泵提供的压力水及泡沫液泵提供的泡沫液三者在管路中进行混合，形成泡沫通过外供口向外输出。控制系统通过收集的泡沫混合液流量、泡沫液流量及空气流量等参数，根据系统设定的混合比例、泡沫干湿比例，实时调节泡沫液和水的流量，使输出的泡沫能达到预设值。

4）干粉消防车

主要装配干粉灭火剂罐和成套干粉喷射装置及吹扫装置的消防车称为干粉消防车，适用于扑救可燃及易燃液体、气体及电气设备等火灾，也可扑救一般物质火灾。

干粉消防车主要由驾乘室、器材厢、干粉氮气系统及水泵系统等组成。干粉氮气系统主要由动力氮气瓶组、干粉罐、干粉炮、干粉枪、输气系统、出粉管路、吹扫管路、放余气管路及各控制阀门和仪表等组成，如图3-25所示。

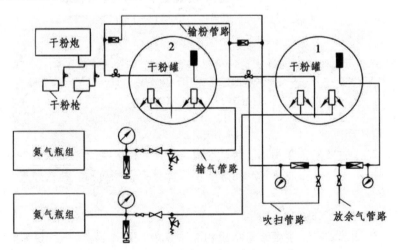

图 3-25 干粉氮气系统组成原理示意

2. 举高类消防车

举高类消防车是指主要装备臂架（梯架）、回转机构等部件，用于高空灭火救援、输送物资及消防员的消防车，主要有云梯消防车、登高平台消防车和举高喷射消防车。

1）登高平台消防车

登高平台消防车指主要装备曲臂、直曲臂和工作斗，可向高空输送消防人员、灭火物资，救援被困人员或喷射灭火剂的消防车。

登高平台消防车主要由底盘、取力装置、副车架、支腿系统、转台、臂架、工作斗、消防系统、液压系统、安全系统和应急系统等组成。

2）云梯消防车

云梯消防车指主要装备伸缩云梯，可向高空输送消防人员、灭火物资，救援被困人员或喷射灭火剂的消防车。它适用于扑救高层建筑火灾或建（构）筑物及塔架等高处的人员救助。

云梯消防车主要包括底盘、取力装置、支腿系统、转台、臂架、工作斗、滑车、消防系统、液压系统、安全系统和应急系统等，如图 3-26 所示。其结构与登高平台消防车有很多共同点。

图 3-26　云梯消防车

3）举高喷射消防车

举高喷射消防车指主要装备直臂、曲臂、直曲臂及供液管路，顶端安装消防炮或破拆装置，可高空喷射灭火剂或实施破拆的消防车。其适用于扑救石油化工、大型油罐、高架、仓库以及高层建筑等火灾。

举高喷射消防车主要由底盘、取力装置、副车架、支腿系统、臂架、转台、回转机构、消防系统、液压系统等组成，如图 3-27 所示。有的举高喷射消防车还配有水罐、泡沫液罐，结构上与登高平台消防车有很多共同点。

图 3-27　举高喷射消防车

3. 专勤类消防车

专勤类消防车指主要装备专用消防装置，用于某专项消防技术作业的消防车，包括抢险救援消防车、通信指挥消防车、排烟消防车、照明消防车、洗消消防车、侦检消防车等。

1）抢险救援消防车

抢险救援消防车指主要装备抢险救援器材、随车吊或具有起重功能的随车叉车、绞盘和照明系统，用于在灾害现场实施抢险救援的消防车。根据所配器材和设备，抢险救援消防车可在现场实施发电、照明、排烟、破拆、救生、牵引、起重等多种抢险救援作业。

抢险救援消防车一般由底盘、驾乘室、发电装置、照明系统、器材厢、随车吊（叉车）和绞盘等组成。

2）通信指挥消防车

通信指挥消防车指主要装备无线通信、发电、照明、火场录像、扩音等设备，用于灾害现场通信联络和指挥的消防车。其主要用于灾害事故现场的音频、视频和其他数字信息传输，以及信息分析、处理和指挥。

通信指挥消防车一般分为具有动中通或静中通等卫星通信功能的通信指挥消防车和普通通信指挥消防车。动中通信指挥消防车主要由卫星通信分系统、超短波通信分系统、短波电台分系统、通信组网管理分系统、计算机网络及办公分系统、视音频分系统、单兵无线图传分系统、集中控制分系统、车体改装分系统等组成，如图3-28所示。

3）排烟消防车

排烟消防车指主要装备固定排烟送风装置，用于排烟、通风的消防车，适用于地铁、地下建筑、隧道等场所的排烟作业。

排烟消防车主要由底盘、驾驶室、动力传动系统、电气系统、轴流式排烟机系统、水泵系统、液压升降回转系统和接管机构等组成，如图3-29所示。

图 3-28　通信指挥消防车

图 3-29　排烟消防车

4. 保障类消防车

保障类消防车是指装备各类保障器材设备，为执行任务的消防车辆或消防员提供保障的消防车，如供气消防车、供液消防车、饮食保障车、宿营车等。

1）供气消防车

供气消防车指装备高压空气压缩机、高压储气瓶组、防爆充气箱等装置，给空气呼吸器瓶充气或给气动工具提供气源的消防车。供气消防车主要由底盘、展翼式车厢、供气系统、发电照明系统等组成。其可以向灾害事故现场提供已充气瓶，也可为现场的气瓶应急充气，还可为现场的其他气动工具提供气源。

2）供液消防车

供液消防车指装备供液泵和液体灭剂罐，用于输送除水以外的各类液体灭火剂的消防车。供液消防车主要由底盘、泡沫液罐、泡沫液泵及管路、供液器材及附加电气等组成。

供液消防车上的泡沫液泵动力来源于底盘发动机，通过取力器驱动液压泵，从而带动泡沫液泵工作。泡沫液泵可将泡沫液桶等其他容器内的泡沫液吸入供液消防车泡沫液罐内，也可将自身罐的泡沫液输送到其他消防车的泡沫液罐内。

3）器材消防车

器材消防车是指主要装备各种消防器材并放置和固定在器材厢内，用于向灾害现场运送器材的消防车。器材消防车主要由底盘、驾乘室、器材厢、器材固定装置等组成，可为灭火救援现场提供个人防护、灭火、救生、破拆等各类器材。

按器材厢装载方式不同，器材消防车可分为固定式和自装卸式。

4）饮食保障车

饮食保障车是在灭火救援现场制作、加工饮食的战勤保障车辆。它可在行驶中及恶劣气候环境下进行炊事作业，同时满足150人以上热食、热饮供应。根据工作环境的不同，饮食保障车主要分为平原型和高原型两种，根据车辆结构可分为整车式和自装卸式。

5）宿营车

宿营车是在灭火救援现场，为消防员提供休息、宿营的战勤保障车辆。它集人员运送、休息和宿营功能为一体，额定载员应不少于15人。

（二）煤矿救援车辆

1. 煤矿应急救援车

煤矿应急救援车主要服务于钻孔型及专用管路型永久避难硐室，当井下发生事故、六大系统遭到破坏时，应急救援车可以迅速赶到事故矿井现场，及时通过对接系统及钻孔与井下避难硐室实现对接，进行直接通信、监测监控、人员定位、数据传输、向井下供给流食、供电、供风等工作，为避险人员的生存提供保障。

应急救援车由空压机组、发电机组、变压器、操作台、监控机、流食输送装置、接口箱及附属设施组成，如图3-30所示。

图3-30　煤矿应急救援车

根据井下避难硐室中的用电功率及应急车自身用电量选取发电机，变压器将发电机发出的电力转换为 AC 660 V、AC 380V、AC 220 V 和 AC 127 V，统一连接到控制台，再通过接口箱的接口与井下连接，从而满足井下各系统及地面各救援装备的用电需求。控制台上设置有观测井下各种检测参数的仪表面板及发电机控制面板，还设置有电话交换机，使得救援车上电话与井下避难硐室电话能及时接通。监控机包括监测监控分站及视频接口，监测监控数据和视频的内容在控制台上的显示器上显示。流食输送装置由水箱、真空吸水泵等组成。接口箱由 660 V 电力快速接口、信号快速接口及视频光纤快速接口组成。附属设施包括荧光声能电话、微型红外光纤摄像头及配套的韧性线缆，以及移动控制室的吊臂。在控制室安装有储物箱柜，可分别存放煤矿应急救援所需装备。

应急救援专用车集成了供电保障系统、供风系统、供水系统、监测监控通信系统等，并通过对接系统实现钻孔与井下避难硐室互接。在井下系统遭到破坏时，为避难硐室提供动力、通信、食品等。该车利用隔断将车厢分为控制室和设备工作室两部分。控制室放置操作台，用于控制车上的电器输入（出）、实现人员定位和监测监控功能。

2. 矿山救援指挥车

矿山救援指挥车的功能包括：为事故救援指挥提供快速、准确的事故现场气样和有毒有害气体成分分析；可准确判识可燃混合气体爆炸危险性；具备救灾通信、灾区动态监视图像、语音、数据传输等事故救援指挥功能；可搭载其他常备的救援指挥设备、仪器和工具；可作为临时办公和休息场所；对仪器和设备能有效地进行减振和抗振保护。

矿山救援指挥车主要由车体、气体分析系统、通信信息可视化系统、救灾专家决策系统、车载式发电机和其他救援指挥专用设备组成，如图 3-31 所示。

3. 化学事故救援车辆

1）化学事故抢险救援消防车

化学事故抢险救援消防车是处置化学灾害事故的特种消防车，具有侦检、防护、警戒、堵漏、洗消、输转、破拆、照明、发电等功能，适用于化学灾害事故现场的侦检、防护、堵漏、输转、洗消、照明、发电等抢险救援作业，如图 3-32 所示。

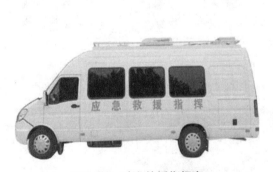

图 3-31 矿山救援指挥车   图 3-32 化学事故抢险救援消防车

化学事故抢险救援消防车一般由底盘、乘员室、随车化学救援器材箱和附加电气装置等组成。车顶两侧设置有顶箱，器材箱内配置需要的化学救援装备。附加电气装置是指除原车电气系统外增装的电器设备，包括警灯、微机警报器和各种照明灯及电气控制开关等。

以我国消防队伍配备的 JDX5140TXFHJ120 型化学事故抢险救援消防车为例，其技术性能参数见表 3-2。

表 3-2　JDX5140TXFHJ120 型化学事故抢险救援消防车技术性能参数

项　目		性能参数
整车性能	发动机功率/kW	256
	外形尺寸（长×宽×高）/（mm×mm×mm）	8630×2475×3400
	满载质量/kg	16 000
随车吊	起吊质量/kg	3200
	最大起升高度/m	7
	最大工作幅度/m	5
	回转速率/（r/min）	3
主照明灯	举升离地高度/m	7.6
	功率/W	1 500
绞盘牵引力/N		54 000
发动机功率/kW		10

2）防化洗消消防车

防化洗消消防车是装备水泵、水加热装置和冲洗、中和、消毒的药剂，对被化学品、毒剂等污染的人员、地面、建筑、设备、车辆等实施冲洗和消毒的特种消防车。

防化洗消消防车一般由底盘、乘务室、锅炉、洗消器材、洗消剂、水泵及管路系统、附加电气装置等组成。

利用防化洗消消防车上泵管路系统的吸粉吸液装置、消毒剂搅拌装置、道路喷洒洗消装置、喷刷洗消装置等，对被化学品、毒剂等污染的人员、装备、地面、建筑等实施洗消。

以我国消防队伍配备的 MG5160TXFFHX40 型防化洗消消防车为例，其基本技术性能参数见表 3-3。

表 3-3　MG5160TXFFHX40 型防化洗消消防车基本技术性能参数

项　目		性能参数
整车性能	乘员数/人	2+4
	发动机功率/kW	191
	轴距/mm	5550
	最高车速/（km/h）	110
	外形尺寸（长×宽×高）/（mm×mm×mm）	9 385×2 500×3 500
防化洗消系统	容积/L	4000
	燃烧器型号	B40
	电压/V	220

冷态切割抢险救援消防车

任务三 个体防护装备及其使用

一、头部、眼面部防护装备

（一）头部防护装备

头部防护用品是为防御头部不受外来物体打击和其他因素危害而配备的个人防护用品。头部防护用品按功能要求主要有一般防护帽、防尘帽、防水帽、防寒帽、安全帽、防静电帽、防高温帽、防电磁辐射帽、防昆虫帽等。

1. 安全帽构成

安全帽是指对人头部受坠落物及其他特定因素引起的伤害起防护作用的帽子。安全帽是由帽壳、帽衬和下颏带及附件等组成，如图3-32所示。

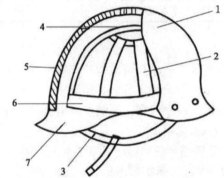

1—帽体；2—帽衬；3—系带；4—帽衬顶带；5—吸收冲击内衬；
6—帽衬环形带；7—帽檐。

图3-33 安全帽结构示意

（1）帽壳：安全帽的主要部件，一般采用椭圆形或半球形薄壳结构。这种结构，在冲击压力下会产生一定的变形，由于材料的刚性吸收和分散受力，加上表面光滑与圆形曲线易使冲击物滑走，而减少冲击的时间，可对头部形成较好的保护，还可以根据需要加强安全帽外壳的强度，也可制成光顶、顶筋、有檐和无檐等多种形式。

（2）帽衬：帽壳内直接与佩戴者头顶部接触部件的总称，其由帽箍环带、衬带、吸汗带、缓冲垫等组成。帽衬可用棉织带、合成纤维带和塑料衬带制成。帽箍为环状带，在佩戴时紧紧围绕人的头部，帽箍环形带分为固定带和可调节带两种，可调节带帽箍后有后箍，能自由调节帽箍大小。前额部分为吸汗带，里面衬有吸汗材料，具有一定的吸汗作用。衬带是与人头顶部相接触的带，与帽壳可用铆钉连接，或用衬带的插口与帽壳的插座连接，衬带有十字形、六条形。

（3）下颏带：系在下颏上的带子，起固定安全帽的作用，下颏带由系带和锁紧卡组成。没有后箍的帽衬，采用"y"字形下颏带，有后箍的允许制成单根。

2. 安全帽分类

（1）按材料可分为工程塑料、橡胶料、纸胶料、植物料安全帽。

（2）按外形分为无檐、小檐、卷边、中檐、大檐等安全帽。

（3）按作业场所分为一般作业场所（Y）、特殊作业场所（T）安全帽。

（4）按使用功能分为六类：通用型安全帽、乘车型安全帽、特殊型安全帽、军用钢盔、军用保护帽和运动员用保护帽。其中，通用型和特殊型安全帽属于劳动保护用品。

通用型安全帽有只防顶部冲击的，有既防顶部又防侧向冲击的两种。其具有耐穿刺特点，用于建筑运输等行业。有火源场所使用的通用型安全帽具有耐燃特性。

特殊型安全帽有电业用安全帽，防静电安全帽，防寒安全帽，耐高温、辐射热安全帽，抗侧压安全帽及带有附件的安全帽等。

3. 安全帽选用

（1）选择合格产品：安全帽必须按国家标准《安全帽》（GB 2811—2019）进行生产，出厂的产品应通过安监部门和质检部门检验，符合标准后发给产品合格证。在购买安全帽时，应查看是否持有生产许可证书和在有效期内。

（2）选择适宜的品种：每种安全帽都具有一定的技术性能指标和适用范围，需根据安全帽的性能选择。

（3）根据款式选择：大檐帽有防日晒和雨淋的作用，适用于露天作业。小檐帽适用于室内涵洞、井巷、森林、脚手架等活动范围小、易发生帽檐碰撞的狭窄场所。

4. 安全帽使用和保管

（1）安全帽在使用前要检查是否有国家指定的检验机构检验的合格证，是否达到报废期限，是否存在影响其性能的明显缺陷，如裂纹、碰伤痕迹、严重磨损等。

（2）不能随意拆卸或添加安全帽上的附件，以免影响其原有的性能。

（3）不能随意调节帽衬的尺寸。安全帽的内部尺寸如垂直间距、佩戴高度、水平间距是有严格规定的，它直接影响安全帽的防护性能。

（4）使用时一定要将安全帽戴正、戴牢，要系紧下颏带，调节好后箍以防安全帽脱落。

（5）不能私自在安全帽上打孔，不能随意碰撞安全帽，不能将安全帽当板凳坐，以免影响其强度。

（6）受过一次强冲击或做过试验的安全帽不能继续使用，应予以报废。

（7）不能将安全帽放在酸、碱、高温、日晒、潮湿等环境中，以防老化，更不可与硬物放在一起，以免撞击损坏。

（8）使用前必须核对使用期。超过使用期，即使外观完好，也应在检测合格后才能使用；如未检测，严禁使用。

（二）眼面部防护装备

眼面部防护用品种类很多，依照防护部位和性能，分为防护眼镜和防护面罩两种。

1. 防护眼镜

防护眼镜是一种特殊的眼镜，是在眼镜架内装有各种护目镜片，防止不同有害物质伤害眼睛的眼部防护用具，如防止放射性损伤、化学性损伤、机械性损伤和不同波长的光损伤等。防护眼镜的种类很多，不同的场合需要佩戴不同的防护眼镜，常见的有防尘眼镜、防冲击眼镜、防化学眼镜和防光辐射眼镜等。

防护眼镜按照外形结构可以分为普通型、带侧光板型、开放型和封闭型。防护眼镜的标志由防护种类、材料和其他（包括遮光号、波长、密度等）组成。

2. 防护面罩

防护面罩是一种工业上用于防护眼睛和面部免受粉尘、化学物质、热辐射、毒气、碎屑物等有害物质迎面侵害的面罩。它可与防毒口罩、防尘口罩、安全帽配合使用，达到全面防护的目的。

防护面罩包括手持式、头戴式、全面罩、半面罩等多种形式，如表 3-4 所示。

表 3-4　防护面罩形式

名称	手持式	头戴式		安全帽与面罩连接式		头盔式
代号	HM-1	HM-2		HM-3		HM-4
		HM-2-A	HM-2-B	HM-3-A	HM-3-B	
	全面罩	全面罩	半面罩	全面罩	半面罩	
样型						

二、呼吸器官防护装备

（一）呼吸器官防护器具分类

呼吸器官防护器具的分类方法很多，主要可以归纳为以下几种。

1. 按防护原理分

1）过滤式呼吸器

过滤式呼吸器是依据过滤吸收的原理，利用过滤材料去除空气中的有毒有害物质，将受污染的空气转变为清洁空气供人员呼吸的一类呼吸防护用品，如防尘口罩、防毒口罩和过滤式防毒面具。

2）隔绝式呼吸器

隔绝式呼吸器是依据隔绝的原理，使人员呼吸器官、眼睛和面部与外界受污染空气完全隔绝，依靠自身携带的气源或靠导气管引入洁净空气为气源供气，保障人员正常呼吸的防护用品，包括空气呼吸器、氧气呼吸器、长管呼吸器、隔绝式防毒面具等。

2. 按供气原理和供气方式分

1）自吸式呼吸器

自吸式呼吸器是指靠佩戴者自主呼吸克服部件阻力的呼吸防护用品，如普通的防尘口罩、防毒口罩和过滤式防毒面具。其特点是结构简单、质量轻、不需要动力消耗；缺点是由于吸气时防护用品与呼吸器官之间的空间形成负压，气密性和安全性相对较差。

2）自给式呼吸器

自给式呼吸器是指以压缩气体钢瓶为气源供气，使人的呼吸器官、眼睛和面部完全与外界污染空气隔离，依靠面具本身提供的氧气（空气）来满足人呼吸需要的一类防护面具。它主要由面罩、供气系统和背具构成。其缺点是质量较重，结构复杂，使用、维护不便，费用也较高。

3）动力送风式呼吸器

动力送风式呼吸器是指依靠动力克服部件阻力、提供气源，保障人员正常呼吸的防护用品，如军用过滤送风面具、送风式长管呼吸器等。其特点是由外界动力提供空气，人员在使用中的体力负荷小，适合系统阻力较大、作业强度较大、环境气压较低（如高原）及情况危急、人员心理紧张等环境和场合使用。

3. 按防护部位及气源与呼吸器官的连接方式分

1）口罩式呼吸防护用品

口罩式呼吸防护用品主要是指通过保护口、鼻来避免有毒、有害物质吸入对人体造成伤害的呼吸防护用品，包括平面式、半立体式和立体式多种，如普通医用口罩、防尘口罩、防毒口罩。

2）面具式呼吸防护用品

面具式呼吸防护用品在保护呼吸器官的同时，也保护眼睛和面部，如各种过滤式和隔绝式防毒面具。

3）口具式呼吸防护用品

口具式呼吸防护用品通常也称口部呼吸器，与前两者不同之处在于，佩戴这类呼吸防护用品时，鼻子要用鼻夹夹住，必须用口呼吸，外界受污染空气经过滤后直接进入口部。其特点是结构简单、体积小、质量轻、佩戴气密性好，但使用时无法发声、通话，可用于矿山自救、紧急逃生等场合。

4. 按人员吸气环境分

1）正压式呼吸器

正压式呼吸器是指呼吸循环过程中，面罩内压力均大于环境压力的呼吸防护用品。

正压式呼吸防护用品可以避免外界受污染或缺氧空气漏入，防护安全性更高，当外界环境危险程度较高时，一般应优先选用。

2）负压式呼吸器

负压式呼吸器是指呼吸循环过程中，面罩内压力均小于环境压力的呼吸防护用品。

隔绝式和动力送风式呼吸防护用品多采用钢瓶或专用供气系统，一般为正压式。过滤式呼吸防护用品多靠自主呼吸，一般为负压式。

5. 按照气源携带方式分

1）携气式呼吸器

携气式呼吸器是指使用者随身携带气源（如储气钢瓶、生氧装置），机动性较强，但身体负荷较大。

2）长管式呼吸器

长管式呼吸器以移动供气系统为气源，通过长导管输送气体供人员呼吸，不需要自身携带气源，使用中身体负荷小，但机动性受到一定限制。

6. 按照呼出的气体是否排放到外界分

1）闭路式呼吸器

闭路式呼吸器是指使用者呼出的气体不直接排放到外界，而是经过净化和补氧后供循环呼吸，安全性更高，但结构复杂。

2）开放式呼吸器

开放式呼吸器是指使用者呼出的气体直接排放到外界，结构较前者简单，但是安全性及防护时间常会受到一定影响。

7. 按照用途分

按照用途分为防尘、防毒和供气式三类。

（二）过滤式呼吸器

1. 防尘口罩

防尘口罩主要是以纱布、无纺布、超细纤维材料等为核心过滤材料的过滤式呼吸防护用品，用于滤除空气中的颗粒状有毒、有害物质，但对于有毒、有害气体和蒸气无防护作用。

其中，不含超细纤维材料的普通防尘口罩只有滤除较大颗粒灰尘的作用，一般经清洗、消毒后可重复使用。含超细纤维材料的防尘口罩除可以滤除较大颗粒灰尘外，还可以滤除粒径更细微的各种有毒、有害气溶胶，防护能力和滤除效果均优于普通防尘口罩。基于超细纤维材料本身的性质，该类口罩一般不可重复使用，多为一次性产品，或需定期更换滤棉。

防尘口罩的形式很多，包括平面式（如普通纱布口罩）、半立体式（如鸭嘴形式折叠式、埠形式折叠）、立体式（如模压式、半面罩式）。从气密效果和安全性考虑，立体式、半立体式气密效果更好，安全性更高，平面式稍次之。

2. 防毒口罩

防毒口罩是以超细纤维材料和活性纤维等吸附材料为核心过滤材料的过滤式呼吸防护用品。其中，超细纤维材料用于滤除空气中的颗粒状物质，包括有毒有害溶胶、活性炭、活性纤维等。吸附材料用于滤除有害蒸气和气体。与防尘口罩相比，防毒口罩既吸附空气中的大颗粒灰尘、气溶胶，同时对有害气体和蒸气也具有一定的过滤作用。

防毒口罩的形式主要为半面式，此外也有口罩式。

3. 过滤式防毒面具

过滤式防毒面具是以超细纤维材料和活性炭、活性炭纤维等吸附材料为核心过滤材料的过滤式呼吸防护用品，包括滤毒罐（滤毒盒）和过滤元件两部分。面具与过滤部件有的直接相连，有的通过导气管连接，分别称为直接式防毒面具和间接式防毒面具。

从防护对象考虑，过滤式防毒面具与防毒口罩具有相近的防护功能，既能滤除大颗粒灰尘、气溶胶，又能滤除有毒有害蒸气和气体。它们的差别在于过滤式防毒面具滤除有害气体、蒸汽浓度范围更宽，防护时间更长，所以更安全可靠。另外，从保护部位考虑，过滤式防毒面具除可以保护呼吸器官（口、鼻）外，同时还可以保护眼睛及面部皮肤免受有毒有害物质的直接侵害，且密合效果更好，具有更高和更全面的防护效能。

4. 过滤式自救器

过滤式自救器是利用装有化学氧化剂的滤毒装置将有毒空气氧化成无毒空气供佩戴者呼吸用的呼吸保护器。由于过滤式自救器仅能防护一氧化碳一种气体，所以其应用范围受到限制，适用于灾区内空气中氧浓度不低于18%和一氧化碳浓度不高于1.5%的情况。

（三）隔绝式呼吸器

1. 长管呼吸器

长管呼吸器即长管面具，其最突出的特点是具有较长的导气管（50~90 m），可与移动供气源、移动空气净化站等配合使用，主要采用压缩空气钢瓶作为气源，也有的采用过滤空气为气源，如图3-34所示。

（a）自吸式　　　　（b）送风式　　　　（c）恒流式　　　　（d）按需送风式

图3-34　各种类型的长管呼吸器佩戴示意

长管呼吸器特别适合在复杂的火场救援和大范围的化学、生化及工业污染环境中连续长时间作业使用。

长管呼吸器一般由面罩、固定带和供气系统组成。常见有如下几种：

（1）自吸式长管呼吸器。自吸式长管呼吸器是指要依靠自己呼吸才能得到新鲜、清洁空气，它通过借助人的肺力，吸入经送气管输入的新鲜空气。由于人的肺力有限，自吸式长管呼吸器的长管长度不应过长。

（2）电动送风长管呼吸器。电动送风式长管呼吸器与自吸式长管呼吸器的呼吸方式相反，它是通过送风机将符合大气质量标准的新鲜空气经无毒无味长管供给使用者。相比自吸式长管呼吸器，电动送风式长管呼吸器使用空间范围更广。

（3）高压送风式长管呼吸器。高压送风式长管呼吸器是指通过高压气瓶给使用者输送清洁空气的长管呼吸器，应用也比较广泛。

2. 空气呼吸器

空气呼吸器又称贮气式防毒面具，有时也称为消防面具。它以压缩气体钢瓶为气源，钢瓶中盛装压缩空气。根据呼吸过程中面罩内的压力与外界环境压力间的高低，可分为正压式和外压式两种。正压式在使用过程中面罩内始终保持正压，更安全（见图3-35），目前已基本取代了后者，应用广泛。

对于常见的正压式空气呼吸器，使用时，打开气瓶阀门，空气经减压器、供气阀、导气管进入面罩供人员呼吸；呼出的废气直接经呼气活门排出。由于其不需要对呼出废气进行处理和循环使用，所以结构相对氧气呼吸器简单。

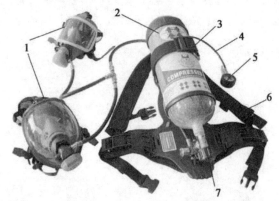

1—全面罩；2—气瓶；3—气瓶固定带；4—压力管路；5—压力表；6—腰带；7—背板。

图 3-35　RHZKF 正压式消防空气呼吸器基本结构

空气呼吸器的工作时间一般为 30～60 min，根据呼吸器型号的不同，防护时间的最高限值有所不同。空气呼吸器主要用于消防救援员以及相关人员处理火灾、有害物质泄漏，在烟雾、缺氧等恶劣作业现场进行火源侦察、灭火、救灾、抢险和支援。另外，也可用于重工业、海运、民航、自来水厂和污水处理站、油气勘探与采制、石化工业、石油精炼、化学制品、环境保护、军事等领域及场合。

3．氧气呼吸器

氧气呼吸器也称贮氧式防毒面具，以压缩气体钢瓶为气源，钢瓶中盛装压缩氧气，如图 3-36 所示。根据呼出气体是否排放到外界，可分为开路式氧气呼吸器和闭路式氧气呼吸器两大类。前者呼出气体直接经呼气活门排放到外界，考虑到安全性的因素，目前很少使用。

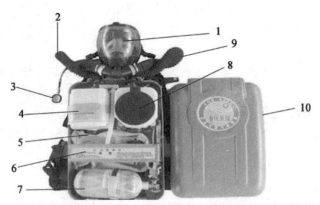

1—面罩；2—呼气软管；3—压力表；4—清净罐；5—气囊；6—弹簧压板；7—氧气瓶；
8—散热装置；9—吸气软管；10—后外壳。

图 3-36　HYZ-2 型氧气呼吸器具体结构

对于常见的闭路式氧气呼吸器，使用时，打开气瓶开关，氧气经减压器、供气阀进入呼吸仓，再通过呼吸器软管、供气阀进入面罩供人员呼吸；呼出的废气经呼气阀、呼吸软管进入清净罐，去除二氧化碳后也进入呼吸仓，与钢瓶所提供的新鲜氧气混合后供循环呼吸。由于在二氧化碳的滤除过程中，发生的化学反应会放出较高的热量，为保证呼吸的舒适度，有些呼吸器在气路中设置有冷却罐、降温盒等气体降温装置。

氧气呼吸器是人员在严重污染、存在窒息性气体、毒气类型不明确或缺氧等恶劣环境下工作时常用的呼吸防护设备。其主要应用领域包括矿山救护，以及石化、冶金、航天、船舶、国防、核工业、城建、实验室、地铁、医疗卫生等。

5. 压缩氧自救器

压缩氧自救器是为了防止有毒气体对人的侵害，利用压缩氧气供氧的隔离式自救器，是一种可以反复使用的自救器，每次使用后只需要更换能吸收二氧化碳的氢氧化钙吸收剂和重新充装氧气即可再次使用。它常用于有毒气体或缺氧的环境条件下。

压缩氧自救器一般具有三种供氧方式，定量供氧、自动补给供氧和手动补给供氧，大大提高呼吸保护装置的安全可靠性。

常见的 ZY-45 型压缩氧自救器结构如图 3-37 所示。

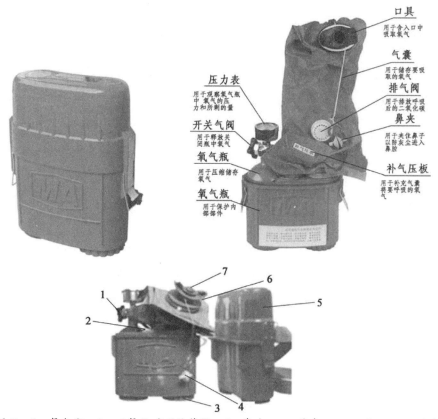

1—供氧阀门；2—氧气瓶；3—二氧化碳吸收装置；4—鼻夹；5—外壳；6—口具；7—口具塞。

图 3-37　压缩氧自救器构造

压缩氧自救器使用与操作：将佩戴的自救器移至身体的正前面，拉开自救器两侧的塑料挂钩并取下上盖。展开气囊，注意气囊不能扭折，把口具放入口中。口具片应放在唇和齿之间，牙齿紧紧咬住牙垫，紧闭嘴唇，使之具有可靠的气密性，逆时针转动氧气瓶开关手轮，完全打开氧气瓶开关，然后用手指按动补气压板，使气囊迅速鼓起。把鼻夹弹簧扳开，将鼻垫准确地夹住鼻孔，开始用嘴呼吸。

6. 化学氧自救器

化学氧自救器是利用化学生氧物质产生氧气，供人员从灾区撤退脱险用的呼吸保护器，用于灾区环境大气中缺氧或存有有毒气体的条件下。

化学氧自救器也属于隔绝式自救器，其工作原理为佩戴者呼出气体中的水汽和二氧化碳与自救器中的生氧剂（KO_2）发生化学反应，生成富氧气体供佩戴者往复呼吸使用。化学反应式为

$$4KO_2 + 2H_2O \longrightarrow 4KOH + 3O_2 + Q$$

$$2KOH + CO_2 \longrightarrow K_2CO_3 + H_2O + Q$$

其优点是呼吸系统与外界环境空气隔绝，不受外界任何有毒、有害气体及烟雾的危害，因此适用于各种有毒、有害气体及缺氧环境。

其缺点是采用闭式循环，加之化学反应过程产生大量热量，因此呼吸感觉不舒服。

常见的 ZH-15 型化学氧自救器的内部结构如图 3-38 所示。

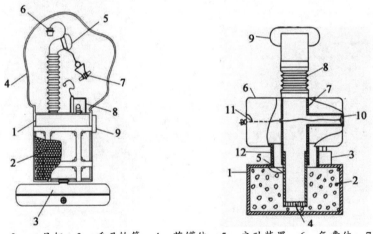

1—鼻夹组；2—口具组；3—呼吸软管；4—药罐体；5—启动装置；6—气囊体；7—排气阀。

图 3-38　ZH-15 型化学氧自救器的外部结构示意

常用化学氧自救器佩戴操作步骤：

（1）打开保护罩。

（2）开启封印条。

（3）去掉外壳。

（4）套头带。

（5）启动装置。

（6）戴口具。

（7）上鼻夹。

（四）呼吸器的选用原则和注意事项

（1）根据有害环境的性质和危害程度，判定需要使用呼吸防护用品的种类和型号。

（2）当缺氧（氧含量小于 18%）、毒物种类未知、毒物浓度未知或过高、毒物不能被过滤式呼吸防护用品所过滤时，只能考虑使用隔绝式呼吸防护用品。

（3）在可以使用过滤式呼吸防护用品的情况下，当有害环境污染物仅为非挥发性颗粒物质，且对眼睛、皮肤无刺激时，可考虑使用防尘口罩；如果颗粒物质为油性颗粒物质，则有害环境中污染物为蒸气和气体，同时含有颗粒物质（包括气溶胶）时，可选择防毒口罩或过滤式防毒面具；如果污染物浓度较高，则应选择过滤式防毒面具。

（4）选配呼吸防护用品时大小要合适，使用中要正确佩戴，以便其与使用者脸形相匹配和贴合，确保气密，保障防护的安全性，达到理想的防护效果。

（5）佩戴口罩时，口罩要罩住鼻子、口和下巴，并注意将鼻梁上的金属条固定好，以防止空气未经过滤而直接从鼻梁两侧漏入口罩内。另外，一次性口罩一般仅可以连续使用几个小时到一天，当口罩潮湿、损坏或沾染上污物时需要及时更换。

（6）选用过滤式防毒面具和防毒口罩时要特别注意，配备某种滤盒的防毒面具口罩通常只针对某种或某类蒸气或气体，如防汞蒸气滤盒及防氨气滤盒等，分别用不同的颜色进行标示，要根据工作或作业环境中有害蒸气或气体的种类进行选配。

（7）佩戴呼吸防护用品后应进行相应的气密检查，确定气密良好后再进入含有毒有害物质的作业场所，以确保安全。

（8）在选用动力送风面具、氧气呼吸器、空气呼吸器、生氧呼吸器等结构较为复杂的面具时，为保证安全使用，佩戴前需要进行一定的专业训练。

（9）选择和使用呼吸防护用品时，一定要认真阅读相应的产品说明书，并对照练习，最后做到熟练运用。

三、其他个体防护装备

（一）听觉器官防护装备

听觉器官防护用品是指能够防止过量的声能侵入外耳道，使人耳避免噪声的过度刺激，减少听力损失，预防由噪声对人身引起的不良影响的个体防护用品。

听觉器官防护用品主要有耳塞、耳罩和防噪声头盔三大类。

1. 耳　塞

耳塞是插入外耳道内，或置于外耳道口处的护耳器。

耳塞的种类按其声衰减性能分为低、中、高频声耳塞和隔高频声耳塞，按材料分为纤维耳塞、塑料耳塞、泡沫耳塞和硅胶耳塞。

2. 耳　罩

耳罩是一种可将整个耳廓罩住的护耳器。防噪声耳罩由弓架连接的两个圆壳状体组成，壳内附有吸声材料和密封垫圈，整体形如耳机。

3. 防噪声头盔

防噪声头盔是通过头盔壳体、内衬等的吸声、隔音达到降噪的效果。由于使用不便，较少使用。

4. 个性化护耳器

个性化护耳器能选择性地过滤高频有害噪声，减少噪声疲倦，在嘈杂环境能顺畅交流，消除佩戴传统隔声设备而造成的"孤立感"。

5. 听觉器官防护用品的使用方法

（1）佩戴耳塞时，先将耳廓向上提起使外耳道口呈平直状态，然后手持塞柄将塞帽轻轻推入外耳道内与耳道贴合。

（2）不要用力太猛或塞得太深，以感觉适度为止，如隔声不良，可将耳塞慢慢转动到最佳位置；隔声效果仍不好时，应另换其他规格的耳塞。

（3）使用耳塞及防噪声头盔时，应先检查罩壳有无裂纹和漏气现象。佩戴时应注意罩壳标记顺着耳型戴好，务必使耳罩软垫圈与周围皮肤贴合。

（4）在使用护耳器前，应用声级计定量测出工作场所的噪声，然后算出需衰减的声级，以挑选各种规格的护耳器。

（5）防噪声护耳器的使用效果不仅取决于这些用品质量好坏，还需使用者养成耐心使用的习惯和掌握正确佩戴的方法。如只戴一种护耳器隔声效果不好，也可以同时戴上两种护耳器，如耳罩内加耳塞等。

（二）躯干防护装备

在应急救援中，用于躯体防护的装备主要是各种类型的防护服。

防护服根据使用目的不同，可以分为防静电工作服、化学防护服、隔热服、避火服等。化学防护服又可以根据使用环境不同，分为防酸、防碱、防辐射、抗油拒水等类型。

1. 防静电工作服

防静电工作服是为了防止服装上静电积聚，采用防静电织物为面料，按照规定的款式和结构缝制的工作服。防静电织物是在纺织时，采用混入导电纤维纺成的纱或嵌入导电长丝织造形成的织物，也可以是经过处理具有防静电性能的织物。

防静电服装的穿用要求：

（1）气体爆炸危险场所的 0 区、1 区且可燃物的最小点燃能量在 0.25 mJ 以下的区域应穿防静电工作服。

（2）禁止在易燃易爆场所穿脱工作服。

（3）禁止在防静电工作服上附加或佩戴任何金属物件。

（4）穿用防静电工作服时，必须与符合规定的防静电鞋配套穿用。

2. 防酸工作服

防酸工作服是从事酸作业人员穿用的具有防酸性能的专用服装，一般用耐酸织物或橡胶涂覆材料制作而成。防酸工作服主要用于酸及其他化学品的生产、搬运及处理，罐等化工容器的清洗、修理和化工废弃物、危险物质的清理等职业活动中。长时间接触强酸等化学物质的人员穿着适当的防酸工作服，能够有效地阻隔强酸、溶剂等有害化学物质，使之不与皮肤接触。

防酸服装的穿用要求：

（1）防酸服必须与其他防护用品配套使用，并且只能在规定的酸作业环境中作为辅助用具使用。

（2）防酸服使用前应检查是否破损，穿用时应避免接触尖锐的物体，防止其受到机械损伤。

（3）橡胶和塑料制品的防酸服存放时应注意避免接触高温，用后清洗晾干，避免暴晒，长期保存应撒上滑石粉以防粘连。

（4）合成纤维类防酸服不宜用热水洗涤、熨烫，避免接触明火。

3. 阻燃防护服

阻燃防护服是指在直接接触火焰及炙热的物体时，能减缓火焰的蔓延，炭化形成隔离层以保护人体安全与健康的一种防护服，广泛用于冶金、石油化工、焊接等行业。

阻燃服主要采取隔热、反射、吸收、炭化隔离等屏蔽作用，保护劳动者免受明火或热源的伤害。阻燃服采用特殊面料，其面料中阻燃纤维使纤维的燃烧速度大大减慢，在火源移开后马上自行熄灭，而且燃烧部分迅速炭化而不产生熔融、滴落或穿洞，给人员时间撤离燃烧现场或脱掉身上燃烧的衣服，减少或避免烧伤烫伤，达到保护的目的。

阻燃防护服的特性：

（1）织物采用抗燃的纤维，可用在高热、火焰、电弧等危险情况，在高温下不会熔化、燃烧及熔滴。

（2）加入 P140 碳芯纤维，使织物更具有抗静电能力。

（3）所有的织物通过碳氟化合物的处理，达到了防水、防油、污渍易除的效果。或采用亲水处理来增加水汽蒸发，提高在炎热气候下的穿着舒适度。

（4）防护面料无论水洗（或商业洗涤），织物的防护性能不会降低，具有良好的结构稳定性。

（5）耐酸碱、抗腐蚀、高强度、耐摩擦，使用寿命超过一般制服或经防护处理过的棉制服的 6 倍。

（6）透气性好、重量轻，柔软舒适。

4. 抗油拒水防护服

抗油拒水防护服是指经过处理，使防护服织物纤维表面能排斥、疏远油、水类液体介质，从而达到既不妨碍透气舒适，又能有效抗拒此类液体对内衣和人体的侵蚀的作用，广泛应用于石油、化工、加油站、工矿、餐饮、修理等行业。

5. 消防防护服

消防防护服是保护消防第一线消防队员人身安全的重要装备，又称防护服、防护工作服、消防战斗服等。其结构一般都具有高覆盖、高闭锁和便于工作的特点。按防护功能分为健康型防护工作服，如防辐射服、防寒服、隔热服及抗菌服等；安全型防护工作服，如阻燃服、防静电服、防弹服、防刺、宇航服、潜水服、防酸服及防虫服等；为保持穿着者卫生的工作服，如防油服、防尘服及拒水服等。

防护工作服的材料，除满足高强度、高耐磨等穿用要求之外，常因防护目的、防护原理不同而有差异，从棉、毛、丝、铅等天然材料，橡胶、塑料、树脂、合纤等合成材料，到当代新功能材料及复合材料等，如抗冲击的对位芳香族聚酰胺及高强度高模量聚乙烯纤维制品，拒油的含氟化合物，抗辐射的聚酰亚胺纤维，抗静电集聚的腈纶络合铜纤维，抗菌纤维及经相关防臭处理的织物。

（三）手部、足部防护装备

1. 手部防护装备

预防手部伤害的方法，主要是针对生产过程中不同的伤害因素，佩戴具有不同防护功能的手部护具。

手部护具包括防护手套和防护套袖，前者用以保护肘以下（主要是腕部以下）手部免受伤害，后者用以保护前臂和全臂不受伤害。

（1）带电作业用绝缘手套：交流 10 kV 及其以下电气设备上作业时戴的一种绝缘手套。

（2）耐酸碱手套：预防酸碱伤害的手套。

（3）焊工手套：防御焊接时的高温、熔融金属和火花烧灼手部的手套。

（4）防静电手套：含导电纤维的织料织成，在手掌或指尖部分贴附聚氨树脂或表面有聚乙烯涂层。

（5）耐高温阻燃手套：用于冶炼或其他炉窑工种的保护手套。

2. 足部防护装备

足部防护用品主要为防护鞋，用皮革或其他材料制成，并在鞋的前端装有金属或非金属的内包头，可以承受一定的力量，能保护足趾免受外来物体打击伤害。按照国际标准，前部能够承受 200 J 能量冲击的叫作安全鞋，承受 200 J 以下冲击的叫作保护鞋。

防护鞋（靴）的类型较多，应根据不同的作业场所选用，常见防护鞋（靴）的结构如图 3-39 所示。

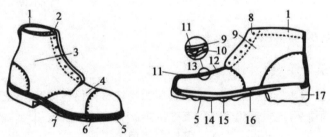

1—鞋口；2—舌头；3—1/4部分；4—补片；5—外底；6—中底；7—羽状线；8—护面；
9—帮；10—衬里；11—内包头；12—补片衬里；13—泡沫片；
14—齿；15—防刺穿垫；16—内底；17—跟。

图 3-39　防护鞋的结构和部件

足部防护用具的分类：

1）安全鞋

安全鞋具有保护特征，用于保护穿着者免受意外事故引起的伤害，装有保护包头，能提供至少 200 J 抗冲击保护和至少 15 kN 的耐压保护。

2）防护鞋

防护鞋具有保护特征，用于保护穿着者免受意外事故引起的伤害，装有保护包头，能提供至少 100 J 抗冲击保护和至少 10 kN 的耐压保护。

3）职业鞋

职业鞋具有保护特征，未装保护包头的鞋，用于保护穿着者免受意外事故引起的伤害，具体可分为防酸碱鞋（靴）、防油鞋（靴）、防砸鞋（靴）、防刺穿鞋、防振鞋、电绝缘鞋（靴）、防静电鞋、导电鞋、防热阻燃鞋（靴）、电热靴等。

（四）防坠落装备

防坠落护品主要有安全带、安全网、安全绳、脚口、登高板等。

1. 安全带

安全带是防止高处作业人员发生坠落，或发生坠落后将作业人员安全悬挂的个体防护装备。

1）安全带分类

按照使用条件的不同，可以分为以下 3 类：

（1）围杆作业安全带。

通过围绕在固定构造物上的绳或带将人体绑定在固定的构造物附近，使作业人员的双手可以进行其他操作的安全带。

（2）区域限制安全带。

区域限制安全带用以限制作业人员的活动范围，避免其到达可能发生坠落区域的安全带。

（3）坠落悬挂安全带。

坠落悬挂安全带是高处作业或登高人员发生坠落时，将作业人员悬挂的安全带。

根据操作、穿戴类型的不同，可以分为全身安全带及半身安全带。

（1）全身安全带（Full Body Hasty Harness），即安全带包裹全身，配备了腰、胸、背多个悬挂点。

（2）半身安全带（Half Body Hasty Harness），即安全带仅包裹半身（一般是下半身，也有胸式安全带，用于上半身的保护）。

2）安全带构成

安全带一般由安全绳、系带、缓冲器、速差自控器等配件组成。

（1）安全绳。连接系带与挂点的绳（带、钢丝绳），一般起扩大或限制佩戴者活动范围、吸收冲击能量的作用。

（2）缓冲器。串联在系带和挂点之间，当发生坠落时，吸收部分冲击能量、降低冲击力的部件。

（3）速差自控器（收放式防坠器）。安装在挂点上，装有可伸缩长度的绳（带、钢丝绳），串联在系带和挂点之间，在坠落发生时因速度变化引发制动作用的部件。

（4）自锁器（导向式防坠器）。安装在导轨上，由坠落动作引发制动作用的部件。

（5）系带。坠落时支撑和控制人体、分散冲击力，避免人体受到伤害的部件。其中，承受冲击力的带是主带，不直接承受冲击力的带为辅带。

（6）攀登挂钩。作业人员登高途中使用的一种挂钩。

3）安全带的使用方法及注意事项

（1）安全带应采用高挂低用的原则，注意防止摆动碰撞；使用3 m以上长绳应加缓冲器。

（2）缓冲器、速差式装置和自锁钩可以串联使用。

（3）不准将绳打结使用，也不准将钩直接挂在安全绳上使用，应挂在连接环上用。

（4）安全带上的各种部件不得任意拆掉，更换新绳时要注意加绳套。

（5）使用频繁的绳，要经常做外观检查，发现异常时应立即更换新绳，带子使用期为3～5年，发现异常应提前报废。

2. 安全网

安全网是用来防止人、物坠落，或用来避免、减轻坠落及物击伤害的网具。安全网一般由网体、边绳、系绳等构件组成。

安全网主要有平网、立网两类。

安全网根据材料分为普通网、阻燃网、密目网、拦网、防坠网等。

任务四　医疗救护装备及其使用

一、个体消防救护装备

（一）个体消防救护通用装备

1）急救箱（包）

急救箱（包）在消防抢救时发挥着重要作用，具有携带方便、抢救设备齐全的特点。急救箱（包）根据救援要求配置不同的物品，主要有听诊器、血压计、异物钳、开口器、压舌板、手术剪、止血钳、镊子、体温计、环甲膜穿刺针、一次性无菌手套、无菌敷料、各种型号的一次性注射器、一次性头皮针、一次性输液器、棉签、冰袋、创可贴、动静脉留置针、消毒剂、胶布、绷带、止血带、三角巾、一次性鼻氧管、弹力网帽、砂轮、手电筒、伤情识别卡等。

2）气管插管包

气管插管是将一特制的气管内导管通过口腔或鼻腔，经声门置入气管或支气管内的方法，为呼吸道通畅、通气供氧、呼吸道吸引等提供最佳条件，是抢救呼吸功能障碍患者的重要措施。

气管插管包包含牙垫、口咽通气道、喉镜片、孔巾、纱布块、吸痰管、气管插管、导丝、吸引连接管、医用手套和推注器等。

3）给氧装置

目前，救护车一般装备2个10 L氧气瓶，通过预设在夹层中的氧气管路和出氧口相连，两个氧气瓶交替供氧，以满足急救用氧需求。10 L氧气瓶充气压力达到13～14.5 MPa，实际储存1300～1450 L的氧气，从氧气总量上看，在短时间内满足需求，当野外长期作业或者长途转运遇到交通堵塞等时，就会出现缺氧危机，进而威胁病人的生命安全。

4）导尿包

医学上，经由尿道插入导尿管到膀胱，引流出尿液称为导尿。导尿分为导管留置性导尿及间歇性导尿两种。前者导尿管一直留置在病人体内，在病情允许下应尽早拔掉管子，同时须定期更换；后者则每隔 4~6 h 导尿一次，在膀胱排空后即将导尿管拔出。

导尿包由导尿管、碘伏棉球、浸有医用碘伏的棉球、试管、注射器、镊子、医用乳胶手套、纱布块、导管夹、无纱布垫布、孔巾、治疗单、方托盘和腰盘组成。

5）产　包

消防救援工作中，当遇到待产孕妇伤员时，有时会用到产包。产包一般包含灭菌橡胶外科手套、医用垫、手术衣、包布、口罩、帽、医用橡胶检查手套、治疗巾、手术洞巾、医用棉签、医用棉纱垫、纱布绷带、脐带扎、脐带夹、医用脱脂纱布块、医用碘伏棉球、呼吸道用吸引导管、检查套、物品盒等。

6）胸穿包

胸膜腔穿刺术，简称胸穿，是指对有胸腔积液（或气胸）的患者，为诊断和治疗疾病的需要而通过胸腔穿刺抽取积液或气体的一种技术。

胸穿包主要包括一次性使用胸穿针、流量调节器（或限流卡）、无菌注射器、无菌注射针和橡胶医用手套等。

7）清创包

清创包能够除去伤口或创面失去生机的组织、血块、异物等有害物质，对防止或减轻局部感染、改善局部血液循环和促进损伤组织修复具有重要意义。

清创包包含有非吸收性外科缝线、医用缝合针、纱布叠片、塑料镊子、选配橡胶检查手套或薄膜手套、洞巾、棉球、碘伏棉球、拆线剪刀、手术刀片和器械盘等，如图 3-40 所示。

8）便携式呼吸机

便携式呼吸机是呼吸机中的一种，用于对呼吸衰竭的患者进行紧急通气抢救，以及运转时对病人的机械通气。它采用一体化气路设计，使用简单快捷，常用于急救场所和转运过程中（如救护车上）。主机通常由通气控制模块、报警模块以及用户界面组成，一般配有医用气瓶、医用气体低压软管组件、监测模块、内部电源、无重复呼吸排气阀、机架等附件或辅助功能模块，外观通常为橙色，是一种具有自动机械通气功能的便携式设备，如图 3-41 所示。

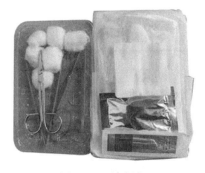

图 3-40　清创包

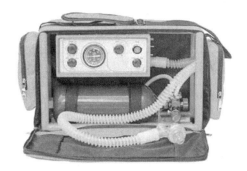

图 3-41　便携式呼吸机

氧气进入气路箱中，经过过滤器后，通过一个电接点压力表对气源压力进行监测，当气源压力下降到调定报警压力时，电路报警。氧气经过减压阀，将压力限制在 0.28 MPa；然后氧气通过电磁阀，到达潮气量调节阀，通过调节潮气量调节阀可控制通向患者的气流大小。流过潮气量调节阀的高速气体在空氧混合器的入口端产生负压，带进一定比例的空气，混合后的气体进入气道。为了安全起见，在气道中设计了安全阀，安全阀是用来限制患者气道的最高压力，一般调定为 6 kPa，当气道压力超过气路系统安全压力时，安全阀开放泄气。气流经过吸气流量传感器，转换成系统用的监测信号可监测吸气潮气量和分钟通气量，然后进入湿化器。在湿化器里气体被湿化并加热到人体所需温度，然后经呼吸管路送至患者。患者呼出的气体通过呼气阀排出机外。

9）心电图机

心电图机（见图 3-42）能将心脏活动时心肌激动产生的生物电信号（心电信号）自动记录下来，是临床诊断和科研常用的医疗电子仪器。

心脏在搏动之前，心肌首先发生兴奋，在兴奋过程中产生微弱电流，再流经人体组织向各部分传导。由于身体各部分的组织不同，各部分与心脏间的距离不同，因此在人体体表各部位，表现出不同的电位变化，这种人体心脏内电活动所产生的表面电位与时间的关系称为心电图。心电图机则是记录这些生理电信号的仪器。

10）除颤仪

除颤仪是利用较强的脉冲电流通过心脏来消除心律失常，使之恢复窦性心律的一种医疗器械，是手术室必备的急救设备。在进行心肺复苏时，除颤是其中一个很重要的步骤。

除颤仪主要由监护部分、电复律机、电极板、电池等部分构成，如图 3-43 所示。电复律机也称除颤器，是实施电复律术的主体设备。它配有电极板，大多有大小两对，大的适用于成人，小的适用于儿童。

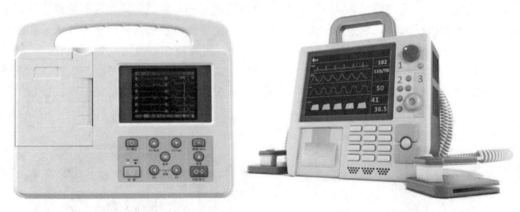

图 3-42　心电图机　　　　　　　图 3-43　除颤仪

心脏除颤复律时作用于心脏的是一次瞬时高能脉冲，一般持续 4～10 ms，电能为 40～400 J。当患者发生严重快速心律失常时（如心房扑动、心房纤颤、室上性或室性心动过速等），往往造成不同程度的血流动力障碍。尤其当患者出现心室颤动时，心室无整体收缩能力，心脏射血和血液循环终止，如不及时抢救，常造成患者因脑部缺氧时间过长而死亡。

采用除颤器，可以控制一定能量的电流通过心脏，消除某些心律失常，使得心律恢复正常，从而使上述心脏疾病患者得到抢救和治疗。

11）电动吸引器

吸引器（见图3-44）用于吸除手术中出血、渗出物、脓液、胸腔脏器中的内容物，使手术清楚，减少污染机会。吸引器的原理非常简单，通过一定方法制造其吸引头的负压状态，这样大气压就会将吸引头外的物质向吸引头挤压，从而达到"吸引"的效果。

外科手术中的清除积血或积液、把持破裂血管的断端、临床急救中的吸痰、妇科手术的人工流产等，都离不开吸引器。

吸引器按动力源的不同分为独立电动吸引器和集中控制吸引器。

12）颈　托

颈托（见图3-45）是颈椎病辅助治疗器具，能起到制动和保护颈椎，减少神经磨损，减轻椎间关节创伤性反应，并有利于组织水肿的消退和巩固疗效、防止复发的作用。颈托可用于各型颈椎病，对急性发作期患者尤其是对于颈椎间盘突出症、交感神经型及椎动脉型颈椎病患者更为适合。

13）气压止血带

气压止血带（见图3-46）是四肢创伤外科手术中常用的设备，可暂时阻断肢体血供，明显减少术中创口出血，从而使手术视野清晰，易于辨认各种组织，便于手术操作。

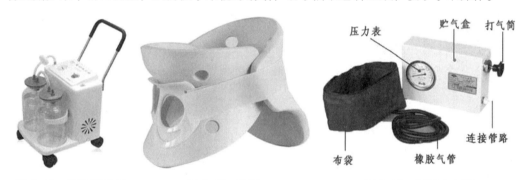

图 3-44　电动吸引器　　　　图 3-45　颈托　　　　图 3-46　气压止血带

临床使用的止血带有手动充气止血带和电动气压止血带。电动气压止血带采用数字化控制，通过高效气泵快速泵气，充气于止血带，从而压迫肢体阻断血流，达到止血效果。因其具有压力达到设定值自动停止泵气、保持恒定压力、漏气时自动补气到设定压力、术中可随时增减压力、自动计时、达到设定时间自动脉动式放气等优点，成为临床使用止血带时的首选。

14）担　架

医用担架主要分为简易担架、通用担架和特种用途担架。

简易担架都是就地取材型担架，可能只是由竹竿配合毛毯或者衣物等进行捆绑临时制成，只要可以应对紧急状况即可。

通用担架主要分为直杆式、两折式以及四折式，如图3-47所示。这类担架主要采用帆布作为面料，而担架的杆子基本使用木质材料，其中会有钢质横撑，还有伤员固定带，可以防止伤员在转送过程中滑动，以免造成二次损伤。

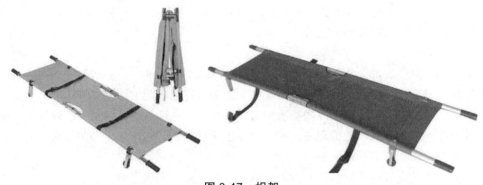

图 3-47　担架

特种用途担架主要有托马斯担架、罗宾逊担架、斯托克斯担架、SKED 担架等，如果是按照实际用途分类，还有海上或空中营救医疗后送担架、多部分骨折固定担架等，从外形来看有铲形担架、篮球担架等。

（二）消防救护特种装备

消防救护中的特种装备主要包括救护车、医用高压氧气瓶、医用高压灭菌器和医用高压氧舱等。

1. 救护车

（1）运送型救护车。

运送型救护车装备有基本医疗救护设施，主要用于运送伤病员。

（2）监护型救护车。

监护型救护车除装备有基本医疗设施外，还装备有急救、监护等设备设施，主要用于对伤病员进行救治、监护转运。

（3）智能救护车。

智能救护车具有接入公共或专用通信网络，实现实时移动交互通信，以及对车载医疗仪器、设备进行数据采集、记录、实时转发的功能，并装备急救智能辅助系统和急救调度计算机辅助管理系统。

（4）特殊型救护车。

特殊型救护车主要用于公共卫生、突发灾害事故现场，实施应急医疗救援工作及具有特殊医疗用途。特殊型救护车按用途可分为传染病防护救护车、救援指挥救护车、救援保障救护车、婴儿救护车、诊疗救护车。

2）医用高压氧气瓶

医用氧气指氧气浓度达到 99.5%品质要求的氧气，适用于因缺氧引起的呼吸系统疾病（哮喘、支气管炎、肺心病等）、心脏及脑血管系统疾病（冠心病、心肌梗塞、脑溢血、脑梗）的辅助治疗，以缓解其缺氧症状；也可用于保健吸氧或紧张脑力劳动及体力劳动后疲劳的快速解除。

氧气瓶是贮存和运输氧气的专用高压容器，其瓶体外部有两个防振胶圈，瓶体为天蓝色，并用黑漆标明"氧气"两字，用以区别其他气瓶。氧气瓶的附件有瓶阀、手轮、瓶帽和防振胶圈。瓶帽是为了防止瓶阀在搬运过程中被撞击而损坏，甚至被撞断使气体高速喷出，推动瓶阀和手轮向前高速飞动造成伤亡事故。防振圈是为了防止气瓶受撞击的一种保护装置，要求具有一定的厚度和弹性。《气瓶安全监察规程》明确规定，运输和装卸气瓶时，必须佩戴好防护帽。

3）医用高压灭菌器

高压灭菌器是用比常压高的压力、把水的沸点升至 100 ℃以上的高温进行液体或器具灭菌的一种高压容器。图 3-48 所示为医用高压灭菌器，按照样式分为手提式高压灭菌器、立式压力蒸汽灭菌器和卧式高压蒸汽灭菌器等。

高压蒸汽灭菌具有灭菌速度快、效果可靠、温度高、穿透力强等优点，但使用不当，可导致灭菌失败。

4）医用高压氧舱

在高压（超过常压）的环境下，呼吸纯氧或高浓度氧以治疗缺氧性疾病和相关疾患的方法，即高压氧治疗。

高压氧治疗需要一个提供压力环境的设备——高压氧舱（见图 3-49）。医用高压氧舱按介质可分为纯氧舱和空气加压舱 2 种。

图 3-48　医用高压灭菌器

图 3-49　便携式医用高压氧舱

（1）纯氧舱。

用纯氧加压，稳压后病人直接呼吸舱内的氧。优点：体积小，价格低，易于运输，很受中小医院的欢迎。缺点：加压介质为氧气，极易引起火灾，化纤织物绝对不能进舱，进舱人员必须着全棉衣物，国内、外氧舱燃烧事故多发生在该种舱型；一次治疗只允许单个病人进舱治疗，部分病人可能出现幽闭恐惧症；医务人员一般不能进舱，一旦舱内有情况，难以及时处理，不利于危重和病情不稳定病人的救治。

（2）空气加压舱。

用空气加压，稳压后根据病情，病人通过面罩、氧帐吸氧。其优点是安全；体积较大，一次可容纳多个病人进舱治疗，治疗环境比较轻松；允许医务人员进舱，利于危重病人和病情不稳定病人的救治；如有必要可在舱内实施手术。缺点是体积较大，运输不便，价格昂贵。

（3）其他设备。

高压氧治疗设备除了高压氧舱以外，还有空气压缩机以产生压缩空气，储罐以存储压缩空气，以及空调系统、监视设备、对讲设备、控制台等。

二、井下医疗救护装备

（一）口对口呼吸罩

口对口呼吸罩由低阻力单向阀门和防水过滤器组成，如图 3-50 所示。其主要用于心肺复苏口对口呼吸时，阻挡液体和分泌物，防止抢救过程中发生交叉感染。其透明外壳便于观察患者呕吐物血污和自然呼吸情况。使用时，应注意单次吹气量不要过大，吹气周期应占呼吸周期的 1/3。

（二）急救毯

急救毯主要由 PET+反光涂层或锡箔纸、铝膜组成，如图 3-51 所示。它不仅可以隔热防冷，而且韧性好、轻便、柔软、可塑性强，可在关键时刻用作担架搬运伤员，其本身的反光功能也可以提供预警和帮助救援人员寻找目标。

图 3-50　口对口呼吸罩

图 3-51　急救毯

（三）手动吸痰器

手动吸痰器主要由防逆流装置、活塞吸筒、吸管和储液瓶组成，用于痰液堵塞所致窒息等。将吸痰管对接后直接手动将堵塞痰液吸出，防止伤员因痰液堵塞呼吸道窒息死亡。使用前检查吸管与吸筒是否连接正确，防倒吸装置是否完好。

（四）卡扣式止血带

卡扣式止血带主要由卡扣、松紧带、封头组成，用于加压包扎临时止血。使用时，应注意使用时间越短越好，一般不应超过 1 h，最长不能超过 3 h，如果必须延长使用，每隔 1 h 放松 1～2 min，放松期间在伤口近心处进行局部加压止血；必须在伤者体表做出明显标志，注明伤情和使用原因、时间；需要进行衬垫，防止损伤皮肤，衬垫不能有褶皱；松紧度要合适，以出血停止、远端触摸不到脉搏为原则，既要止血，也要尽量避免挫伤软组织；使用部位应在伤口近心端，并尽可能靠近伤口，上肢为上臂上 1/3，下肢为股中、下 1/3 交界处。解除时，要在输液、输血和准备好有效的止血手段后，缓慢松开。

（五）医用绷带

医用绷带用于包扎伤口及骨折固定夹板，也可用于肢体驱血消肿、解除肿痛。使用时应注意伤者体位要适当，患肢搁置适应位置，使患者于包扎过程中能保持肢体舒适，减少病人痛苦。患肢包扎须在功能位置，包者通常站在患者的前面，以便观察患者面部表情；一般应自内而外，并自远心端向躯干包扎。包扎开始时，须作两环形包扎，以固定绷带；包扎时要掌握绷带卷，避免落下，且绷带卷须平贴于包扎部位；包扎时每周的压力要均等，不可太轻，以免脱落；亦不可太紧，以免发生循环障碍。除急性出血、开放性创伤或骨折病人外，包扎前必须使局部清洁干燥，包扎前除去戒指、手表、项链等。

（六）三角巾

三角巾是一种便捷好用的包扎材料，同时还可作为固定夹板、敷料及代替止血带使用，而且还适合对肩部、胸部、腹股沟部和臀部等不易包扎的部位进行固定。使用三角巾的目的是保护伤口，减少感染，压迫止血，固定骨折，减少疼痛。

（七）止血垫

止血垫由医用胶带、内置棉芯和隔离层组成，用于压迫伤口止血，吸收流出的血液及伤口渗出液，具有良好的吸收性、舒缓性和衬垫性，外部的聚乙烯隔离层还可以防止止血垫与伤口粘连。

（八）一次性速冷袋

一次性速冷袋由制冷剂与塑料袋构成，主要用于帮助控制及减轻因轻微扭伤、撞伤、拉伤、烧伤等引起的瘀肿、疼痛，并迅速消除因发烧、头痛、牙痛、蚊虫咬伤等引起的疼痛及不适。使用时，为防止温度过低，最好用毛巾或棉布包裹。

（九）烧伤杀菌敷料

烧伤杀菌敷料是一种清创、冲洗、湿润急慢性伤口、溃疡、切口、擦伤与烧伤的超氧化溶液。它不仅可以安全迅速地杀灭细菌、芽孢、真菌和病毒，控制感染，而且还可以间接增加创面周围血液循环，促进创面愈合。

（十）卷式夹板

夹板由高分子聚合材料制成，柔中带有强度，可随意塑造成型，配合绷带一起使用，可用于上肢骨折、下肢骨折以及额部、手指、肩关节脱臼固定。注意裁剪过后，卷式夹板会漏出里面的铝板，易划伤皮肤，应将剪过的部位卷起来使用。

三、洗消装备与药剂

（一）核污染洗消装备

对于放射性物质的消除，不可能像对毒剂消毒那样，破坏毒剂的结构，而只能将放射性物质通过一定的措施转移。通常对放射性的消除分干法和湿法。干法主要是用力学原理去除放射性污染，如通过清扫、吹脱和真空吸脱等方法；湿法则是利用液体介质与放射性污染物之间的物理和化学作用消除污染，如表面活性剂溶液洗涤、络合剂络合等。

1）喷洒车

喷洒车主要用来对装备、工事等实施消毒，对坚硬地面实施洗消，还可用来运输和分装液体。喷洒车洗消放射性沾染时，可用水冲洗或将洗涤剂、络合剂与水调制成一定浓度的洗消液，其润湿、洗涤、泡沫和乳化络合作用使放射性物质离开被沾染表面，从而达到洗消的目的。

2）淋浴车

淋浴车是用来对人员进行洗消的技术车辆，它用于在野战条件下对遭受核化袭击的人员实施洗消和对消毒灭菌后的人员进行卫生处理。国内的淋浴车分轿车式和帐篷式。为确保冬季作业时更衣间内温度要求，在脱衣间和穿衣间内各设置暖风机、淋浴设备、水囊、附件等。淋浴采用常压喷淋，每小时可处理 48 ～ 60 人。国外还有多种拖车式洗消装置、洗消方舱、便携式洗消装备等。

（二）生物污染洗消装备

生物洗消装备一般都具备化学灭菌、热蒸汽灭菌、热空气灭菌的功能。

1）煮沸装备

煮沸装备主要用于服装类物件的杀菌。煮沸是湿热消毒中最简单易行的方法，是通过水的传导作用，将热能作用于微生物，起到杀灭细菌的作用，消毒时间一般为水沸腾后维持 5 ～ 15 min。水沸腾 5 min 足够杀死细菌繁殖体、结核杆菌、真菌和一般病毒，但对芽孢的杀灭作用不可靠。

2）医用高压蒸汽消毒装备

医用高压蒸汽消毒装备能有效杀灭生物细菌病毒，主要用于服装、物品的生物污染去除。压力蒸汽灭菌是一种可靠、经济、快速、不遗留毒性和使用安全的灭菌方法，使用范围广。此种方法除具有蒸汽的特点外，还有较高的压力，因此穿透力比流通蒸汽强，温度高。压力蒸汽灭菌器有手提式、立式、卧式和自动程序控制式等，其使用方法各异；常用温度有 115 ℃、121 ℃、126 ℃。

3）紫外杀菌灯

紫外杀菌灯中的紫外线属于广谱杀菌射线，能杀灭各种微生物，凡受微生物污染的物体表面、水、空气均可应用紫外线消毒。

4）臭氧发生装置

臭氧是一种广谱杀菌剂，可杀灭细菌繁殖体和芽孢、病毒、真菌等，并可破坏肉毒杆菌毒素。臭氧在水中杀菌迅速，较氯快。

5）液体喷洒车辆与压力喷射罐类装备

该类设备主要用于布洒化学消毒剂。一般来讲，氯化、氧化消毒剂能用于大多数病毒与细菌污染的去除，主要药剂有次氯酸钙、漂粉精、过氧乙酸等。如需大面积灭菌，可按0.5%的比例调制次氯酸钙溶液，通过对低矮设施表面布洒消毒液来去除生物污染。

（三）化学污染洗消装备

化学污染洗消主要是利用消毒剂与毒剂发生化学反应，使其失去毒性成为无毒或低毒物质的技术。化学污染消除的主要设备如下：

1）喷洒车

喷洒车主要用于大面积化学污染的洗消，也可对设施、低矮的建筑物消毒。使用时利用自身的吸粉和水力循环系统调制三合二或次氯酸钙水溶液，通过前后喷头进行地域布洒消毒，也可利用喷枪对设施或建筑物表面进行消毒。

2）公众洗消站

公众洗消站主要对受到有毒有害物质污染的人体进行喷洒洗消，也可供临时会议室指挥部、紧急救护场所等地方使用。

公众洗消站（见图3-52）配有电动充排气泵、洗消供水泵、洗消排污泵、洗消水加热器、暖风发生器、温控仪、洗消喷淋器、洗消液均混罐、洗消喷枪、移动式高压洗消泵（含喷枪）、密闭式公众洗消帐篷、洗消废水回收袋等设备。

公众洗消站结构设计简单，可在180 s内完成安装；顶部设有通气孔，保持空气流通；可连续使用48 h，不需再充气，使用不受气候条件限制。

以我国消防队伍配备的某型公众洗消站为例，其使用面积分为 16 m²、20 m²、36 m²和51 m²四种规格，操作压力0.02 MPa，质量分别为75 kg、100 kg、140 kg、170 kg。

洗消站在使用前需对其进行充气安装，首先将帐篷在平地上铺设，使用供气器材（电动充气泵、充气软管箱、空气送风机、送风软管、分流器、恒温器、45 m卷线盘）逐个给帐篷的气柱充气；充完一根气柱后用撑杆固定，使帐篷成型；再将洗消用具（6个喷淋头、更衣间、喷淋槽、洗消帐篷）和供水器材（4000 L水袋、水加热器、排污泵、15 L均混桶及相应的连接用软管）与帐篷连接即可完成安装。使用后需要先使用中性皂液对帐篷进行从里到外的清洁，晾干水分后再放气、打包。

3）单人洗消帐篷

单人洗消帐篷（见图3-53）配有电动充气、排气泵或气瓶充气装置、照明系统、2个以上喷淋和供水管路、集水盘等。单人洗消帐篷采用聚酯材料、正反面加聚氯乙烯涂层制成；水管及喷头与帐篷整体连接，充气后即可直接洗消；用电动气泵或者气瓶进行充气。

图3-52　公众洗消站

图3-53　单人洗消帐篷

以我国消防队伍配备的某型单人洗消帐篷为例，其质量为4 kg，展开尺寸为2400 mm×2200 mm×400 mm。个人洗消帐篷同公众洗消站一样也采用充气方式进行安装。

4）生化洗消装置

生化洗消装置可以洗消放射、生物及化学物质，如芥子气、VX、索曼、炭疽热等，不需要任何外部燃油或电作动力。生化洗消装置中的洗消剂可以溶解生物及化学两类物质，无毒、无腐蚀性，为水溶制剂，能够快速溶解稀释，可根据需要制成泡沫、液体或水雾形式满足不同装置的需求。该类洗消装置适用于快速反应救援，且能迅速起作用。

5）强酸、碱洗消器及洗消剂

强酸、碱洗消器用于身体大面积沾染化学有害物质时的应急处置，利用压缩空气为动力和便携式压力喷洒装置，将特殊的净化药液形成雾状喷射，可直接对人体表面进行清洗。

主动清洗技术可对98%硫酸等高浓度化学腐蚀剂的喷溅进行有效清洗，1 min内开始清洗即可保证有效，避免灼伤，不留疤痕，确保化学喷溅事故不再发展成灾难。可用独立的袋装药液充装后再次使用，操作简单，用洗消罐清洗前，必须脱掉全身衣物，否则衣物内残存的化学品会继续腐蚀人体，造成严重后果。

强酸、碱清洗剂用于身体局部沾染化学有害物质时的应急处置，如脸部和手部，分为小型喷雾剂（Mini DAP）和微型喷雾剂（Micro DAP）两种。

强酸、碱清洗剂的主要成分敌腐特灵是适用于所有化学物对人体侵害的多用途洗消溶剂，它的化学分子结构经过改变后具有极强的吸收性能，它能同侵入人体的化学物质立即结合，挟裹着它们从人体中排出，是水所无法比拟的，并具有高效、快速的特点。它是一种酸碱两性的整合剂，由获得专利的特殊化学溶液组成，用于处置强酸和化学品灼伤的伤口创面。

6）洗消粉

洗消粉用于城市水处理和公共场所防止霉菌危害，特别是洪涝灾害大面积消毒和使用饮用水时杀灭细菌、真菌、大肠杆菌等各种微生物和病毒。

四、急救训练模拟人

在人员受伤甚至危及生命的情况下，正确掌握并及时实施一些急救术，如心肺复苏、担架搬运、头颈固定、夹板固定、止血等，对于伤员的急救甚至生命的保障，是非常有效而重要的。但是，这些技术必须进行经常性的练习才能熟练掌握，最好的办法就是对急救训练模拟人进行训练。

急救训练模拟人产品很多，功能从简单到复杂不一而足。简单的一般只用来做心肺复苏之用，如心肺复苏模拟人（CPR，见图3-54），其主要功能是用于心肺复苏（CPR）的操作流程练习和考核。心肺复苏模拟人系统核心模块由电子控制显示器、全身人体模型组成，广泛应用于各大医院、医学院校、电力单位、驾校、煤炭矿山、社区等领域的急救技能培训。不久的将来，随着急救技能的普及，心肺复苏模拟人也会是急救领域不可缺少的产品。

CY-CPR490S　CY-CPR590S　CY-CPR690S

图3-54　心肺复苏模拟人（CPR）

复杂的急救训练模拟人则包括多种功能，如高级综合急救技能训练模拟人（ACLS 高级生命支持、单片机控制），由数字模拟单片机控制，可与心电机、除颤监护仪、呼吸机等连接进行操作训练，可以进行气道插管训练、CPR 心肺复苏训练、AED 心律除颤训练、体外起搏训练、脉搏血压训练与静脉输液训练、监护及心电图训练等。

五、自动苏生器

（一）自动苏生器的结构和工作原理

自动苏生器（automatic revivifier；automatic re-suscitator）是指救灾过程中对受难人员自动施行人工呼吸进行急救的设备。自动苏生器能把含有氧气的新鲜空气自动地输入伤员的肺内，然后又将伤员肺内的有毒有害气体抽出，并连续工作。目前，常用的 ASZ-30 型自动苏生器如图 3-55 所示，其工作原理如图 3-56 所示。

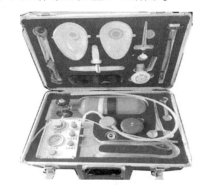

图 3-55　自动苏生器

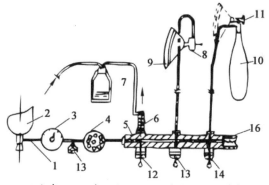

1—氧气瓶；2—氧气管；3—压力表；4—减压阀；5—配气阀；6—引射器；7—吸引瓶；8—自动肺；9—面罩；10—储气囊；11—呼吸阀；12，13，14—开关；15—逆止阀；16—安全阀。

图 3-56　自动苏生器工作原理示意

1）结构特征

ASZ-30 型自动苏生器主要由氧气瓶、引射器、吸痰器、减压器、压力表、配气阀、自动肺、自主呼吸阀、面罩等主要部件构成，具体包括外气源接口、压力表、减压器、氧气瓶、头带、校验囊、储气囊、咽喉导管、面罩、开口器、高压导管、自主呼吸阀、扳手、夹舌钳、自动肺、吸痰盒、吸引管、仪器箱、引射阀、配气阀等。

2）技术指标

ASZ-30 自动苏生器主要技术指标见表 3-5。

表 3-5　ASZ-30 自动苏生器主要技术指标

性　能	技术参数
工作压力/MPa	19.6
自动肺换气量调整范围/（L/min）	12～25
充气正压力/kPa	1.96～2.45
抽气负压力/kPa	1.47～1.96
耗氧 6 L/min 之最小换气量/（L/min）	15
质量/kg	不大于 250
自主呼吸供气量（氧含量 80%）/（L/min）	不小于 15
吸痰引射力值/kPa	不大于 60

（二）功能特性

ASZ-30 型自动苏生器氧气瓶内的高压氧气经氧气瓶阀门进入减压器和压力表（瓶内压力由压力表指示），氧气进入到减压器后，压力被减小至 0.3～0.5 MPa，然后进入氧气配气阀。氧气配气阀上有 3 个各自带开关的端子，第 1 个端子是吸引装置，其作用是在苏生前，借引射器造成高气流，先将伤员口咽中的黏液、污物、分泌物、水等异物抽到吸污物瓶内。第 2 个端子是自动肺（也叫作人工供氧装置），自动肺通过其中的引射器喷出氧气的同时吸入外界一定的空气，二者混合后经过面罩压入伤员的肺腔内，然后引射器又自动操作阀门，将肺部气体抽出，呈现出自动进行人工呼吸的动作。当伤员恢复自主呼吸能力之后，可停止自动人工呼吸，改为由自主呼吸装置供氧。第 3 个端子是自主呼吸装置（也叫作呼吸阀），用于当伤员通过自动肺苏生有效后有自主呼吸能力时输氧。

自动苏生器适用于抢救如胸部外伤、中毒、溺水、触电等原因造成的呼吸麻痹或呼吸抑制的伤员。设有单独给氧和抽取负压的吸引装置的自动苏生器，还可供呼吸还未麻痹的伤病员吸氧和清除伤病员呼吸道内的分泌物（或异物）之用。

自动苏生器配备有外接气源接头，通过外接气源，可大量增加抢救时间。

（三）操作方法

（1）打开氧气瓶开关，如果外接氧气瓶已接好，就打开外接氧气瓶的氧气，将苏生器里面的氧气瓶关闭。

（2）接好自动肺，套好面罩，将自动肺杠杆拉到抽气位置，压在伤员面部，压紧程度以不漏气为准。打开配气阀开关，此时自动肺便自动交替工作充气和抽气。

（3）为防止氧气进入到伤员胃内，应用手轻压伤员喉头中部环状软骨，关闭食道。当伤员胸部有明显起伏状态时，说明氧气已进入到伤员肺部内，压喉可以停止。

（4）苏生时间较长时，可以用头带将面罩固定。

（5）要注意观察外接氧气瓶内的压力，当接近 1 MPa 时，就打开仪器里面的氧气瓶供氧，更换外接氧气瓶。如果苏生时间较长，可更换成 40 L 大氧气瓶。氧气量的调节，一般应调在 80%，一氧化碳中毒的伤员应调在 100%。

（6）在苏生中：① 如自动肺杠杆突然动作过快，此时可用食指和中指轻轻托起伤员下颌，使呼吸道畅通。如仍无效，则说明伤员呼吸道内有痰（或堵塞物），应立即取下面罩，进行抽痰，抽完痰后又继续苏生。② 如伤员出现呕吐时，应及时清除呕吐物。③ 如伤员发生严重痉挛时，必须及时对其进行处置（防止伤员咬伤舌头或损伤其他器官），待不影响人工呼吸时，再恢复苏生工作。

（7）如遇有 2 名伤员时，则重伤员使用自动肺，轻伤员使用自主呼吸供氧并配合人工呼吸。

（8）如属一氧化碳中毒的伤员，要用自主呼吸阀进行输氧，氧气调节环必须调在 100% 的供氧位置。如属腐蚀性气体中毒的伤员，不准使用自动肺强行进行人工呼吸，只能使用自主呼吸阀供氧。

（9）经过自动肺苏生后有了自主呼吸能力的伤员，应立即将口咽中的口咽导气管取出，改用自主呼吸阀供氧，面罩应松弛。

（四）维护保养

（1）仪器使用后，必须彻底清洗和消毒，用完的空瓶，要充好氧气。

（2）要避免阳光直射，以防胶质件熔化，保管室温度不超过 30 ℃。

（3）苏生器要有专人负责和保管，确保经常处于良好状态。

（五）使用注意事项

（1）操作仪器的人员，必须经过专门的学习和训练。

（2）仪器必须经常维护，使其符合技术标准要求，保持良好状态。

（3）为取得良好的苏生效果，对伤员的检查处置工作和对苏生器的准备工作必须同时进行。

思考题

1. 应急救援装备选择遵循哪些原则？
2. 蛇眼视频生命探测仪有哪些特点？适用于哪些情况？
3. 二氧化碳灭火剂有什么特点？二氧化碳灭火器适用于什么火灾？
4. 按照可燃物的类型和燃烧特性分类按照可燃物的类型和燃烧特性，将火灾划分为哪几类？
5. 消火栓的功能是什么？室外消火栓和水泵接合器有什么不同？
6. 目前的堵漏器材有哪些？
7. 破拆工具在灭火救援中起什么作用？按驱动方式分，破拆工具分为哪几类？
8. 个体防护装备在应急救援中有什么重要作用？
9.《个体防护装备选用规范》（GB 11651—2008）中，是如何定义个体防护装备的？
10. 按照按人体防护部位，个体防护装备分为哪几类？

生产安全事故现场应急处置

事故现场应急处置包括许多环节，对事故现场控制和安排是其中很重要的一个环节。由于这个环节工作内容复杂繁重，且现场控制与安排成功与否直接决定了整个事故应急处置的效率和质量。因此，科学合理地对事故现场处置不仅可以大大降低事故造成的损失，也是国家和地区政府部门应急处置能力的重要体现。

对发生事故的现场进行处置，要把握好应该遵循的原则，选择科学的处置方法，严谨有序地进行现场应急处置，力争做到不波及居民人身和公共财物安全、事故受灾范围不扩大、事故灾害持续时间不延续。

所有事故都具有突发、紧急、较强危险性的特性，尤其是火灾爆炸类事故、有毒有害物质泄漏及中毒事故、矿山安全类事故。针对这类事故的现场处置主要体现在对事故现场的控制与安排上。

一、事故现场处置原则

（一）快速反应原则

灾害事故在发生后，都会对公众生命和财产安全及正常的社会秩序构成严重威胁，尤其是火灾、爆炸、有毒有害物质泄漏和矿山事故。这些事故都有一个共同特征就是发生和发展过程都非常迅速，这就对事故现场的处置在时间上的把握提出了更高的要求，任何的延误都会带来难以估计的损失和严重后果。因此，事故现场的处置必须要保证能够做到快速反应。

【案例1】内蒙古露天煤矿坍塌事故

2023年2月22日13时许，内蒙古一露天煤矿发生坍塌，多名作业人员和车辆被掩埋。接报后，应急管理部负责人立即调度指导救援处置，要求抓紧核清人数，全力搜救失联人员，加强现场风险排查监测，防止发生次生灾害，保障救援安全。当晚，应急管理部负责人率工作组紧急赶赴现场指导处置。事故发生后，应急管理部立即调派国家矿山应急救援神华宁煤队、神东队等4支国家专业队109人携带支护、破拆和边坡雷达等装备驰援现场。当地消防救援力量238人、41辆消防车和6只搜救犬在现场开展搜救工作。

事故发生后，如何开展现场处置工作并没有固定模式，既要遵循事故处置的一般原则，又要根据事故性质、事故规模灵活掌握、灵活处理。无论最终事故救援结果如何，都必须首先实现防止事故蔓延扩大、防止危害进一步扩大的要求。因此，事故现场处置必须在第一时间做出反应，以最快的速度和最高的效率进行现场控制。由此可见，快速反应原则是事故应急处置中的首要原则。

（二）救助原则

事故发生后会产生数量和范围不确定的受害者，包括事故中的直接受害人、间接受到伤害的群体和个人。受害人所需要的救助往往是多方面的，一般体现在生理上、心理上和精神层面上。

在事故现场，尤其是一些灾难性事故现场，由于存在严重的现场破坏和大量的伤亡人员，直接受害人会在生理和心理上承受双重打击，事故的幸存者和亲历者即使没有明显的生理创伤，也会产生各种各样的负面心理反应。因此，事故应急处置部门和人员在进行现场控制的同时应立即展开对受害者的救助，及时抢救护送危重伤员、救援受困群众、妥善安置死亡人员、安抚在精神与心理上受到严重冲击的人。

（三）人员疏散原则

在大多数事故应急处置现场，把处于危险境地的受害者尽快疏散到安全地带，避免出现更大伤亡的灾难性后果，是一项极其重要工作。在很多伤亡惨重的事故中，没有及时进行人员安全疏散是造成群死群伤的主要原因。疏散通道标志和疏散演练如图 4-1 和图 4-2 所示。

【案例 2】洛阳某商厦 12·25 特大火灾事故

2000 年 12 月 25 日 20 时许，洛阳某商厦由于非法施工、施焊人员违章作业导致发生火灾。在不能扑灭的情况下，肇事人员和商厦在现场的职工和领导既不报警，也不通知四层东都娱乐城人员撤离，并订立了攻守同盟，使娱乐城大量人员丧失逃生机会。着火后，大量有毒高温烟雾以 240 m/min 左右的速度通过楼梯间迅速扩散到四层娱乐城。东北角的楼梯被烟雾封堵，其余的 3 部楼梯被上锁的铁栅栏堵住，人员无法通行，仅有少数人员逃到靠外墙的窗户处获救，聚集的大量高温有毒气体导致 309 人中毒窒息死亡，其中男 135 人，女 174 人。

【案例 3】浙江慈溪一打火机厂火灾百人成功疏散无伤亡

2010 年 1 月 11 日中午 12 时 20 分左右，浙江省慈溪市掌起镇的一家打火机实业有限公司生产大楼发生火灾，逃生通道瞬间被浓烟笼罩，危难关头分区厂长带领 7 名受惊吓的女工逃上屋顶，由于处置得当，大楼百余名员工成功疏散，幸无人员伤亡。

小李是这家打火机实业有限公司包装车间的一名工人，他表示火灾发生时一点都不感觉紧张，在很短的时间内 100 余名员工全部被疏散了。小李介绍说，打火机制造行业比较特殊，当地消防部门要求每个打火机厂每季必须进行消防疏散演习。就在前段时间，单位内刚刚进行过一次消防安全疏散演习，有之前的演习"经验"大家都表现得比较镇定。

无论是自然灾害还是人为的事故，或者其他类型的事故，在决定是否疏散人员的过程中，需要认真考虑的因素有三点：

（1）事故发生发展是否可能对群众的生命安全和健康造成危害，是否还存在潜在的危险。

（2）事故的危害范围和严重程度是否会扩大或蔓延。

（3）事故的发展是否会对环境造成严重的破坏。

图4-1　疏散通道标志

图4-2　疏散演练

（四）保护现场原则

虽然对事故的应急处置与调查处理是不同的环节和过程，但在实际工作中没有明确的界限，不能把两者截然分开。按照一般的程序，事故应急处置工作结束之后，或在应急处置过程的适当时机，事故调查工作就需要介入，以分析事故的原因与性质，发现、收集有关证据，查清事故的责任者，所以也就要求现场处置工作中所采取的一切措施都要有利于日后对事故的调查。

在实践中容易出现的问题是应急人员的注意力都集中在救助伤亡人员，或防止灾难的蔓延扩大上，而忽略了对现场与证据的保护，结果在事后发现其中有犯罪嫌疑且需要收集证据时，现场已遭到破坏，使调查工作变得被动。

因此，必须在进行现场处置的整个过程中，把保护现场作为原则贯穿始终。

（五）保护救援人员安全原则

新中国成立初期，我国经济发展水平比较低、物质比较匮乏，财产特别是公共财产尤其具有特殊重要意义，形成了勇于保护国家财产、集体财产的社会价值观。改革开放后，随着社会生产力的发展和全社会物质财富大大增加，在保护国家财产、集体财产的过程中，人员生命的价值也日益受到重视。进入新时代，党中央明确把"牢固树立以人民为中心的发展思想，切实保障人民群众生命财产安全"作为我们党治国理政的一项重要原则，始终把"生命至上、安全第一"作为开展应急管理工作的底线。

在事故的应急处置中，应当明确的一个基本目标是保证所有人的安全，既包括受害人和潜在的受害人，也包括参与应急处置的人员，而且首先要保证应急参与人员的安全，不能为了执行一个不负责任的命令而牺牲无辜的应急人员的生命。

事故现场的应急指挥人员在指导思想上也应当充分权衡各种利弊得失，尽可能使现场的应急决策科学化与最优化，避免付出不必要的牺牲和代价。

【案例4】四川省凉山州森林火灾19人牺牲

2020年3月30日15时，四川省凉山州西昌市突发森林火灾，火势向泸山景区方向迅速蔓延，大量浓烟顺风飘进西昌城区，西昌市实行紧急交通管制。在此次森林火灾救援过程中，因火场风向突变、风力陡增、飞火断路、自救失效，致使参与火灾扑救的19人牺牲、3人受伤。造成各类土地过火总面积3 047.780 5公顷，综合计算受害森林面积791.6公顷，直接经济损失9 731.12万元。

2020年12月，《凉山州西昌市"3·30"森林火灾事件调查报告》公布，火灾被定性为一起受特定风力风向作用导致电力故障引发的森林火灾。在调查中发现，火灾发生后初期处置不规范，因准备不足、仓促上阵、应对乏力，个别干部失职、失责，特别是指令传达不及时、不准确、不顺畅，致使火灾扑救统筹协调不到位，加之灭火直升飞机因特殊天气未能充分发挥作用，在缺乏专家研判、火情不明的情况下贸然组织扑救，以致发生扑火人员重大伤亡的惨痛事件。

二、事故现场处置过程

在事故抢险中，尽管由于发生事故的单位、地点、化学介质的不同，抢险程序会存在差异，但一般都是由接报、调集抢险力、设点、询情、侦检、隔离、疏散、防护、现场急救、泄漏处置、现场洗消、火灾控制、撤点等步骤组成。

其中，事故现场处置一般按照设点、询情和侦检、隔离与疏散、防护、现场急救、泄漏处置、火灾控制、现场洗消和撤点的程序进行。

（一）现场设点

设点是指救援队伍进入事故现场，选择有利地形（地点）设置现场救援指挥部或救援、急救医疗点。各救援点的位置选择关系到能否有序地开展救援和保护自身安全。救援指挥部、救援和医疗急救点的设置应考虑以下几项因素。

（1）地点：应选在上风向的非污染区域，需注意不要远离事故现场，便于指挥和救援工作的实施。

（2）位置：各救援队伍应尽可能在靠近现场救援指挥部的地方设点，并随时保持与指挥部的联系。

（3）路段：应选择交通便利的地点，如十字路口等，利于救援人员或转送伤员的车辆通行。

（4）条件：指挥部、救援或医疗急救点可设在室内或室外，以便于人员行动或伤员的抢救，同时要尽可能利用原有通信、水和电等资源，有利于救援工作的实施。

（5）标志：指挥部、救援或医疗急救点，均应设置醒目的标志，方便救援人员和伤员识别。悬挂的旗帜应用轻质面料制作，以便救援人员随时掌握现场风向、降水等情况。

现场应急指挥系统结构

（二）询情和侦检

采取现场询问情况和现场侦检的方法，充分了解和掌握事故的具体情况、危害范围、潜在的险情（爆炸、中毒等）。侦检是指利用检测仪器检测事故现场危险物质的浓度、强度及扩散、影响范围，并做好动态监测，是危险物质事故抢险处置的首要环节。根据事故情况的不同，可以派出若干侦察小组，对事故现场进行侦察（见图4-3），每个侦察小组至少应有两个人。

询情的主要内容有：

（1）遇险人员情况。

（2）泄漏物质、泄漏量、部位、形式、扩散范围。

（3）周边单位、居民、地形、火源等。

（4）消防设施、工艺措施、到场人员处置意见。

侦检的主要内容有：

（1）使用检测仪器测定泄漏物质、浓度、扩散范围（见图4-4）。

（2）测定风速、风向等气象数据。

（3）确认设施、建筑物险情及可能引发爆炸燃烧的各种危险源。

（4）确认消防设施、攻防路线、阵地。

（5）现场及周边污染情况。

图4-3 做好防护，使用仪器侦检　　　　图4-4 侦检的对象和内容

（三）隔离与疏散

1. 建立警戒区域

事故发生后，应根据化学品泄漏扩散的情况或火焰热辐射所涉及的范围建立警戒区，并在通往事故现场的主干道上实行交通管制。

建立警戒区域时应注意以下几项。

（1）根据询情、侦检结果确定警戒区；警戒区的边界设警戒标志，并有专人警戒。

（2）将警戒区划分为重、中、轻危区和安全区，并设立警戒标志，视情设立隔离带。

（3）严控进出（车辆、人员）并实行安全检查、逐一登记。无关人员禁止进入警戒区；警戒区除处置人员和指挥人员，其余人员一律"只出不进"。

（4）泄漏溢出的化学品为易燃物时，区域内应严禁火种。

2. 紧急疏散

迅速将警戒区、污染区内与应急无关人员撤离，减少人员伤亡。事故现场疏散区域确定应根据毒物对人的毒性数据，爆炸极限和防护器材等因素，划分重度、中度、轻度危险区（见图 4-5 和图 4-6）。当警戒范围较大，疏散人员较多，由政府出面，通过行政划分，如街道、村负责，辅以警察动员疏散，老、弱、病、残、孕等特殊人员应组织专人护送至安全地带。

图 4-5　警戒区划分

图 4-6　重危区警戒标志

紧急疏散时应注意以下事项：

（1）如事故物质有毒时，需要佩戴个体防护用品或采用简易有效的防护措施，并有相应的监护措施。

（2）应向上风方向转移，明确专人引导和护送疏散人员到安全区，并在疏散或撤离的路线上设立哨位，指明方向。

（3）不要在低洼处滞留。

（4）要查清是否有人留在污染区与着火区等。

（四）防　护

根据事故物质的毒性及划定的危险区域，确定相应的防护等级，并根据防护等级按标准配备相应的防护器具，如图 4-7 所示。

危险区	重危险区	中危险区	轻危险区
剧毒	一级	一级	二级
高毒	一级	一级	二级
中毒	一级	二级	二级
低毒	二级	三级	三级
微毒	二级	三级	三级

防护等级划分标准

级别	形式	防化服	防护面具
一级	全身	内置式重型防化服	正压式空气呼吸器或全防型滤毒罐
二级	全身	封闭式防化服	正压式空气呼吸器或全防型滤毒罐
三级	呼吸	简易防化服	简易滤毒罐、面罩或口罩等防护器材

防护标准

图 4-7　防护等级和防护标准划分

（五）现场急救

开展急救时，在坚持"三先三后"为原则的基础上，要注意以下几个问题：

（1）选择有利地形设置急救点。

（2）做好自身及伤病员的个体防护。

（3）防止发生继发性损害。

（4）应至少 2～3 人为一组集体行动，以便相互照应。

（5）所用的救援器材须具备防爆功能。

（六）泄漏处置

危险物质泄漏后，不仅污染环境，对人体造成伤害，如遇可燃物质，还有引发火灾爆炸的可能。因此，对泄漏事故应及时、正确地处理，防止事故扩大。泄漏处理一般包括泄漏源控制及泄漏物质处理两大部分。

（七）事故控制

危险化学品容易发生火灾、爆炸事故，但不同的化学品及在不同情况下发生火灾时，其扑救方法差异很大，若处置不当，不仅不能有效扑灭火灾，反而会使灾情进一步扩大。

从事化学品生产、使用、储存、运输的人员和消防救护人员平时应熟悉和掌握化学品的主要危险特性及其相应的灭火措施，并定期进行防火演习，提高紧急事态时的应变能力。

（八）现场洗消

洗消是消除现场残留有毒有害物质的方法，对人员和事故地域进行清洗，是消除染毒体和污染区毒性危害的主要措施。危险化学品事故发生后，事故现场及附近的道路、水源都有可能受到严重污染，若不及时进行洗消，污染会迅速蔓延，造成更大危害。

事故现场要在危险区和安全区交界处设立洗消站（见图4-8），对所有进入染毒区人员、装备、器材均要实施洗消，装备、人员、器材洗消必须在出口设置的洗消间或洗消帐篷内进行。同时，也要对事故地域进行环境洗消，消除残留物质。

图4-8　洗消站

（九）撤　点

撤点是指应急救援工作结束后，离开现场或救援的临时性转移。

三、事故现场处置保障措施

发生安全事故后，为提高现场处置效率，须有良好的保障措施，完善的事故现场保障措施可以使现场救援事半功倍。

（一）现场的通信与信息保障

建立健全安全生产事故应急救援综合信息网络系统和信息报告系统；建立完善救援力量和资源信息数据库；规范信息获取、分析、发布、报送格式和程序，保证应急机构之间的信息资源共享，为应急决策提供相关信息支持。

（二）救援装备保障

各专业应急救援队伍和企业按照相关规定，并根据实际情况和需要配备必要的应急救援装备。专业应急救援指挥机构应当掌握本专业的救援装备情况。

（三）应急队伍保障

各级政府和大、中型企业应当依法组建和完善救援队伍，加强现有应急救援队伍建设。各级、各行业事故应急救援机构负责检查并掌握相关应急救援力量的建设和准备情况。

（四）交通运输保障

交通运输部门应对各类运输工具的数量、车型或船型进行统计并建立动态数据库。应保障公路和水运设施的完好、畅通，公路设施和水运设施受损时要迅速组织有关部门和专业队伍进行抢修，尽快恢复良好状态，做好运输保障工作。公安部门负责紧急处置交通安全保障的组织与实施，依法实施道路交通管制。

（五）医疗卫生保障

事故发生后，必须快速组织医疗救护人员对伤员进行应急救治，尽最大可能减少伤亡。在各级政府部门卫生局指导下，医疗急救中心负责院前急救转运工作，各级医院负责后续救治，红十字会等群众性救援组织和队伍应积极配合专业医疗队伍，开展群众性卫生救护工作。同时，要根据事故的特性和需要，做好疾病控制、消毒隔离和卫生防疫准备，并严密组织实施。

（六）物资保障

各级政府的发改委、经委、商务局等部门负责组织、协调救援物资的储备、调拨和紧急供应，药品监督管理局负责药品的储存、供应。紧急处置工作中救援物资的调用，由安全生产应急救援指挥中心组织协调，各相关职能部门负责实施。各级政府、有关部门和企业应当建立应急救援设施、设备、救治药品和医疗器械等储备制度，储备必要的应急物资和装备。各专业应急救援机构根据实际情况，负责监督应急物资的储备情况，掌握应急物资的生产加工能力及储备情况。

（七）资金保障

生产经营单位应当做好事故应急救援必要的资金准备。安全生产事故应急救援资金首先由事故责任单位承担，事故责任单位暂时无力承担的，视情况由事故责任单位所在政府或政府协调解决。

（八）应急避难场所保障

根据防灾、避灾的要求，城市建设部门应根据城市发展和应对突发事件的特殊情况，在大型城市广场、公园、绿地、学校操场和人防设施等项目建设时，应考虑增加应急避难场所的功能。

（九）技术储备保障

各级安委会办公室成立安全生产专家组，为安全生产事故应急救援提供技术支持和保障。要充分利用安全生产技术支撑体系的专家和机构，研究安全生产应急救援重大问题，开发应急技术和装备（见图 4-9 和图 4-10）。

图 4-9　ET110 步履式挖掘机

图 4-10　无人机灭火

任务一　高层建筑火灾事故现场应急处置

一、建筑火灾特点

建筑火灾事故数量占到火灾事故总数的 90%。建筑事故发生后，除了现场与单位做好初期处置外，及时报警是一个重点内容，报警后专业消防队伍会及时赶到，联合公安、应急、供水、供电、供气、医疗救护等应急联动力量进行抢险救援。应急人员到达火灾爆炸事故现场后必须尽快成立指挥部，进行信息收集和事故评价，在"以人为本"的前提下，做出正确决策，研究制定灭方案，作出快速反应。

有些火灾之所以称为典型火灾，是因为它具有以下特征：在火灾的发生中，人的行为起到了决定性作用；起火源和起火物的种类特殊；起火特征和现场特征特殊；火灾发生的场所特殊；发生的原因特殊。建筑火灾抢险救援工作由于受到建筑结构、作业场地、设备、供水等方式的影响，救援难度较大，随着高层建筑以及商场，特别是大型综合体建筑不断涌现，这些建筑在满足人们工作和生活的同时由于结构复杂、易燃物质居多、救援施展空间不足等，为火灾抢险救援增加了很大难度。

随着经济的腾飞，城市化进程不断加快，各地高层建筑如雨后春笋般涌现，目前，上海、北京、天津、重庆等大城市已建和在建高层建筑均已接近或突破 10 000 栋。其中，上海高层建筑数量更是达到 14 000 栋，总量居世界城市之首。建筑高度也不断攀升，我国先后出现高 492 米的上海国际环球金融中心，高 600 米的广州塔，以及 632 米的上海中心大厦。随着高层建筑数量越来越多，高度越来越高，结构越来越复杂，功能越来越多样化。尤其是大量建筑新材料、新工艺、新技术的广泛应用，使高层建筑潜在的火灾危险性日益攀升，给火灾抢险救援工作带来了很多新情况、新问题。

根据实际情况可以将现场处置分为灭火、控制火灾而不扑灭、完全撤离三种情况。本任务选择建筑火灾中高层火灾和商场火灾进行火灾抢险救援技术分析，要求学生熟悉这两类火灾事故的抢险救援特点，熟悉抢险救援的基本组织流程和基本技术措施。培养学生致敬消防、爱国护民的精神和危险面前挺身而出、艰险无畏的意志。

【案例5】高层建筑物火灾处置

某消防救援队"119"指挥中心接到群众报警，一高层建筑住宅楼发生火灾，火势较大。接到报警后，指挥中心迅速调集消防中队 5 辆消防车 38 名消防救援人员赶赴火灾现场扑救。救援队全勤指挥部当日总指挥得知情况后，高度重视，迅速带领全勤指挥部部分救援人员赶赴火灾事故现场指挥灭火救援工作。

消防救援人员迅速抵达火灾现场，经火情侦察得知，起火部位位于该住宅 10 层，浓烟滚滚，大火借风势猛烈燃烧并迅速向上蔓延，情况危急。更让消防救援人员感到害怕的是，火灾发生于清晨，住宅内数百名居民应该还在沉睡之中，如果不能及时疏散居民，火灾迅速蔓延扩大，后果将不堪设想。鉴于现场紧急情况，救援队全勤指挥部总指挥迅速下达作战命令，命令现场消防救援人员立即编为 3 个作战小组，第一小组救援人员负责紧急疏散住宅内全部居民；第二小组救援人员利用水带连接住宅内部消火栓，使用 2 支水枪深入 10 层起火建筑内部消灭明火，防止火势蔓延扩大；第三小组救援人员负责利用高喷消防车水炮出水压制火势。

命令下达后，一场与时间赛跑的灭火战斗即刻打响。各战斗小组消防救援人员按照各自分工，迅速投入到了激烈的灭火战斗之中。经过半个多小时的激烈战斗，住宅楼 10 层起火住宅内部明火被全部扑灭，住宅内 500 余名群众全部被安全疏散。经过全体参战救援人员近一个小时的奋力扑救，大火被完全扑灭。

（一）高层建筑物火灾特点

高层建筑火灾除具有一般建筑火灾的典型特征外，还具有易形成立体燃烧、易造成大量人员伤亡以及灭火作战难度大等特点。

1. 火灾发展过程特征明显

高层建筑火灾作为建筑火灾中的一种，其火灾的发展过程具有建筑物室内火灾发展的典型特征，一般都有火灾初起、全面发展和下降三个阶段，如图 4-11 所示。

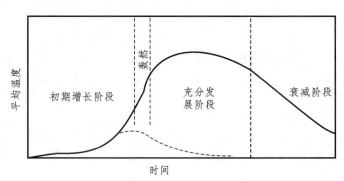

图 4-11　火灾发展阶段

1）火灾的初期增长阶段

火灾最初只限于建筑物内某处可燃物燃烧，进而蔓延到整个室内空间。高层建筑室内采用了大量的可燃物进行装修，且当今现状下，建筑物的密封性能普遍较好，因此，造成了这个燃烧阶段中空气供给受到限制，不完全燃烧产物（如一氧化碳等）增加，形成比较多的烟雾毒气。随着上升至顶部烟雾的不断增厚继而下移，室内能见度会逐渐下降；如果内部门窗敞开，烟雾会通过门窗迅速向走道、竖向管井和其他房间扩散。

2）火灾的充分发展阶段

随着燃烧时间的持续，高层建筑着火房间的室温不断升高。当其室内上层气温达到400~600℃时，会发生轰燃，使火灾进入全面发展阶段。在这一阶段，室内可燃物全部着火，房间或防火分区内充满浓烟、高温和火焰。在火风压作用下，浓烟、高温和火焰从初始燃烧处的开口处喷出，沿走道迅速向水平方向蔓延扩散。同时，由于烟囱效应，火势通过电梯井、楼梯间、共享空间、玻璃幕墙缝隙等迅速向着火层上层蔓延，甚至出现跳跃式燃烧。另外，火势还会突破外窗向上层蔓延燃烧。

3）火灾的衰减阶段

随着燃烧的持续，可燃物被不断消耗，当室内燃烧的物品数量和可燃物分解出的可燃组分逐渐减少时，燃烧强度开始减弱，火灾就进入了下降阶段。在这一阶段，火焰开始逐步变小，并逐渐呈阴燃状态，但现场温度仍然较高，燃烧产生的有毒气体依然存在。此外，经过高温火焰烧烤后，部分构件可能会失去原有的强度，容易发生断裂。因此，火灾扑救中消防人员仍需注意安全防护。

2. 易形成立体火灾

高层建筑火灾由于火势蔓延途径多，影响火势蔓延的因素复杂，如果火灾初期得不到有效控制，极易形成立体火灾。

（1）火势沿水平方向发展蔓延。火灾发展阶段火势水平蔓延的速度为0.5~0.8 m/s。

（2）火势沿垂直方向发展蔓延。火灾发展阶段火势垂直蔓延的速度可达3~5 m/s。

（3）火势突破建筑外墙门窗向上层卷曲蔓延。火势突破外墙门窗时，能向上升腾、卷曲，甚至呈跳跃式向上蔓延。

3. 影响火势蔓延因素复杂

影响高层建筑火灾发展蔓延的因素有火风压、烟囱效应、热对流、热辐射、爆燃、风力等。

4. 人员疏散困难

高层建筑由于人员高度集中，疏散距离长，加上火势发展快，烟雾扩散迅速，人员疏散非常困难。

1）烟雾扩散影响

高层建筑发生火灾时，会产生大量烟雾，这些烟雾不仅浓度大，能见度低，而且流动扩散快，一幢100 m高的建筑物，30 s左右烟雾即可窜到顶部，大范围充烟给人员疏散、逃生带来了极大困难。

另外，高层建筑火灾中，烟雾不仅向上扩散，在顶部被限制运动后，也会翻滚着向下沉降。据测试，着火房间内烟层降到床的高度（约0.8 m）的时间为1~3 min。因此，一旦房间内着火，人很快就会受到烟气侵袭和伤害。如果火灾发生在夜间，从熟睡中惊醒的人们，往往会感到惊慌失措，无所适从。

2）疏散距离影响

高层建筑由于楼层高，必然导致疏散距离长，需要较多的疏散时间。建筑越高，楼层人数越多，疏散的时间越长。

安全疏散允许的时间，高层建筑，可按 5~7 min 考虑；一般民用建筑，一、二级耐火等级应为 6 min，三、四级耐火等级可为 2~4 min。

3）人员拥挤影响

高层建筑发生火灾时，由于人员众多，心理紧张，疏散时又集中向楼梯间、避难层拥挤，造成这些"瓶颈"处的成拱现象，容易出现拥挤堵塞情况，甚至发生踩踏事故，从而严重影响人员的疏散速度。这种情况在高层商场、旅馆等人员集中场所会更加突出。另外，消防人员到场后，若消防电梯失效而利用封闭楼梯登高时，由于方向相反，必然与疏散人群发生碰撞，也容易造成拥挤，影响疏散速度。

（二）高层建筑火灾抢险救援特点

高层建筑的高度和复杂的结构，给消防救援人员的灭火作战带来了艰巨性和复杂性。

1. 设施及装备技术要求高

扑救高层建筑火灾需要可靠的固定消防设施和功能强大的移动消防装备。但现有的消防设施和移动装备，还难以满足灭火实战的需求。

（1）现有消防车的供水能力和供水器材的耐压强度还达不到高层建筑的较大高度。因此，高层建筑的火灾扑救还主要依靠其固定消防设施，但现有的固定消防设施在施工、管理等方面，与实战的要求还有不小的差距。

（2）举高消防车和消防直升飞机（见图 4-12 和图 4-13）是扑救高层建筑火灾的先进装备，但由于受施展空间和技术的局限，其作用目前还没有得到充分发挥。

图 4-12　举高消防车

图 4-13　消防直升机

受高度的局限，举高消防车一般只能救助相应伸展高度内的被困人员，或输送消防人员到达这一高度的窗口；有射水功能的举高消防车也只能向这一高度的喷火窗口射水。

受飞行安全和停放场地的局限，消防直升飞机目前只能救助那些已经逃生到屋顶直升飞机停机坪的被困人员，或输送消防人员到达该处。

扑救高层建筑火灾，如果内部固定消防设施失效，消防人员仍需依靠消防移动装备从内部登高开展灭火行动。

2. 战术意图实现难

高层建筑火灾扑救，由于楼层高，消防人员、装备到位慢，火场供水难度大，火场指挥员要实现战术意图常常很困难。

1）消防人员、装备到位慢

（1）登高体力消耗大。高层建筑较高部位发生火灾时，如果电梯无法使用，消防人员通过楼梯登高，会消耗很大的体力，既影响救援时间，也影响后续战斗。

（2）登高进攻途径少。高层建筑较高楼层发生火灾，除少数消防人员可利用消防直升飞机和举高消防车登高外，大多数只能依靠内部楼梯和消防电梯登高。如果火势较大或燃烧时间较长，使用消防电梯也不安全时，只能沿疏散楼梯登高。因此，高层建筑灭火救援时，可供登高进攻的途径非常有限。

（3）战斗展开时间长。由于楼层高，登高体力消耗大，进攻途径少，因此，高层建筑灭火战斗展开的时间，往往要比其他火场长得多。另外，消防人员若从疏散楼梯登高，还会遇到向下疏散的人流影响，从而更加影响战斗展开的时间。

2）火场供水难度大

我国高层建筑在设计消防给水能力时，由于受诸多因素的限制，难以考虑较大火灾的灭火用水需求，而高层建筑空间布局的复杂性，又使火场直接供水难度极大。

（1）水带铺设时间长。高层建筑发生火灾，一旦固定消防设施失效，或火场燃烧面积较大时，消防人员只能依靠垂直铺设水带的方法实施直接供水灭火。但高层建筑垂直铺设水带难度比较大，往往需要较长的时间，容易贻误战机，使火势扩大。

（2）灭火用水量大。我国高层民用建筑在设计上规定室内消火栓最大灭火用水量为40 L/s，室外消火栓最大灭火用水量为 30 L/s。但这仅能满足初起火灾的灭火用水需求。当火场面积扩大时，灭火用水量将远远超过设计用水量。如火场燃烧面积为 600 m²，灭火用水供给强度为 0.15 L/（s·m²），则火场用水量将达到 90 L/s。

（3）排除故障时间长。着火楼层较高时，使用消防车和垂直铺设水带供水，由于压力高，消防车长时间运转容易损坏，水带也容易爆破，造成供水中断，但调换车辆和水带往往需要较长的时间。

3）玻璃幕墙坠落影响大

玻璃幕墙受高温或火焰作用，易碎裂后下坠，极易造成人员伤亡和消防装备损毁，严重影响灭火战斗行动，妨碍指挥员战术意图的实现。尤其是高压供水线路上的水带，最易被刺穿。

4）组织协调任务重

扑救高层建筑火灾，一般会调集较多力量参战，而且高层建筑对现场消防通信质量有一定的影响，如果现场组织协调不好，容易出现局面混乱。

（1）协调难度大。高层建筑发生较大火灾时，消防通信指挥中心将会调集大量的人员和单位参战，要组织协调好各参战力量，发挥整体作战的威力，避免出现混乱局面。

（2）通信干扰大。高层建筑结构复杂，对消防通信有一定的屏蔽作用，容易造成火场上消防通信不畅。若火场指挥部和前方指挥员之间，以及各参战力量之间不能及时沟通，往往容易出现被动局面。据国内外现场测试，钢结构或组合结构高层建筑处的消防通信信号一般只能传输到 65 层左右。因此，现场通信组织工作任务重。

某建筑物火灾
抢险救援案例

二、高层建筑物火灾抢险救援

（一）救援过程

1. 力量调集

（1）调集举高消防车、压缩空气泡沫消防车、高层供水消防车、水罐消防车、抢险救援消防车等车辆，全勤指挥部和战勤保障力量应随行出动。

（2）根据现场需要，调集公安、供水、供电、供气、医疗救护等应急联动力量以及建筑结构专家、建筑设计人员、维保单位技术人员到场配合处置。

（3）依靠物业管理人员、保安相关人员配合处置，高层住宅楼起火，联系派出所、居委会、楼组长提供住户信息。

2. 途中决策

（1）车辆出动后，指挥员要与指挥中心、报警人联系，询问核实下列情况：

① 火警地址。

② 起火楼层和部位、燃烧物质及火势情况。

③ 人员逃生和被困情况。

④ 周边道路通行能力情况。

⑤ 增援力量出动及社会应急联动单位调集情况等。

（2）出动途中查询起火建筑的建设时间、有无改扩建、使用性质、楼层功能、结构布局、层数、面积、进攻途径和消防水源等情况。

（3）接近火场时注意观察下列情况：

① 风向、风力情况。

② 起火建筑冒烟楼层和烟雾颜色，一般冒出烟气楼层中最下一层为起火层。

③ 外部窗口是否有明火。

④ 是否有被困人员呼救或发出求救信号。

⑤ 高层建筑周边道路、消防车作业面等情况。

（4）综合火场信息，初步预判起火楼层、灾情规模和人员被困情况，视情请求增援。

（5）辖区消防救援站指挥员途中应向本站其他车辆人员、增援消防救援站指挥员通报掌握的情况，部署车辆停靠位置和初步作战分工，提示行动注意事项。

增援消防救援站出动途中应主动与辖区消防救援站指挥员取得联系，了解掌握基本情况。

（6）出动途中，联系起火单位提出初期处置建议和需要配合的事项，指导单位组织人员疏散和利用固定消防设施开展自救，并要求单位清理起火建筑周边车辆等影响救援行动的障碍。

3. 迅速组织火情侦察

及时、准确地获取火场信息是实施科学决策和开展灭火战斗行动的先决条件。

1）迅速查明火场主要情况

（1）查明着火楼层的位置，燃烧物品的性质、燃烧范围和火势蔓延的主要方向。

（2）查明是否有人员被困，被困人员的数量及位置。

（3）查明有无珍贵资料、贵重物品受到火势的威胁。

（4）查明现场人员进行疏散、灭火的初战情况。

（5）查明消防控制中心信息接收和指令操作情况，包括发出火灾信号和安全疏散指令情况；自动灭火系统、防排烟系统、通风空调系统动作情况；防火卷帘、电控防火门动作情况；非消防用电是否切断，消防电源、消防电梯运行是否正常；燃气管道阀门是否关闭；各类联动控制设备运行是否正常等。

（6）查明大楼消防给水系统运行是否正常。

（7）查明可供救人和灭火进攻的路线、数量和所在位置等。

2）侦察方法

（1）通过外部观察火场方向有无烟雾、火光，并从烟雾、火光的颜色和大小判断火势情况，大致判断着火楼层的高度、位置以及火灾所处的阶段。

（2）向知情人了解着火部位、燃烧物品的性质等情况，并询问大楼内部有无被困人员、珍贵资料和贵重物品及其所处的位置。

（3）利用消防控制中心监控设备了解大楼内部的烟雾流动和火势发展情况，大致判断燃烧范围和火势蔓延的主要方向。

（4）使用侦检仪器检测火场温度及有毒气体含量，并利用经纬仪监控大楼倾斜角度和倾斜速度，以防其突然倒塌，造成人员伤亡。

（5）组成侦察小组深入火场内部，查明着火的具体部位、火势蔓延的主要方向、被困人员的数量及位置等情况。

（6）查阅灭火作战预案、检索电脑资料、调用单位建筑图纸，了解大楼的详细情况等。

上述方法在高层建筑火灾侦察中应综合使用。

4. 积极疏散抢救生命

疏散救人是高层建筑灭火战斗行动的首要任务。由于高层建筑内部人员众多、分布面广，加上高温烟雾和火势的影响，疏散救人的难度和工作量都会很大。特别是被困人员较多或火场情况复杂时还往往容易出现混乱。因此，消防人员到场后必须有序组织疏散救人行动，最大限度地减少人员伤亡。

1）安全疏散的基本顺序

高层建筑，疏散受火势威胁人员的基本顺序是：着火层→着火层上层→着火层再上层和着火层下层→其他楼层。

（1）着火层。烟火首先在着火层蔓延发展，该层人员受到的威胁最大。因此，需要最先疏散，在疏散着火层人员时，应重点加强对着火房间及其邻近部位遇险人员的疏散。

（2）着火层上层。由于烟火极易向上蔓延，对着火层上层的人员也会形成很大的威胁。

因此，着火层上层人员也需要及时疏散。如果火势威胁较大，着火层上层人员应与着火层人员同步疏散。

（3）着火层再上层和着火层下层。由于烟火向上发展蔓延速度快，加上烟气还会下沉，因此，在着火层再上层和着火层下层的人员也会受到一定程度的威胁。在疏散着火层和着火层上层人员后，应及时疏散这两个楼层的人员。

（4）其他楼层。在着火层、着火层上两层及着火层下层人员疏散完毕后，应先疏散大楼顶部楼层人员，以防止高温烟气扩散到顶部楼层，并在顶部积聚，威胁这一楼层人员的安全；其次，再视情疏散其他楼层的人员。如果到场力量无法控制火势，大楼内所有人员受到火势或倒塌威胁时，应及时对其他各楼层人员进行逐层疏散，直至全部撤离。

如果高层建筑物存在避难层（见图4-14），应同时重点侦察并疏散避难层的人员。

图 4-14　避难层

2）疏散救人的主要方法

（1）利用应急广播指导疏散。利用应急广播系统，稳定被困人员情绪，引导被困人员有秩序地疏散，这是争取疏散时间、提高疏散效率的最佳方法，还有助于防止被困人员产生惊慌、拥挤，甚至盲目跳楼逃生。

利用应急广播指导疏散，要按安全疏散的基本顺序依次分批广播。若大楼内有不同国籍的人员，要使用不同的语言广播。同一内容，要重复广播。

（2）消防人员引导疏散。消防人员到场初步了解情况后，要立即组成疏散救人小组进入大楼内部，按安全疏散的基本顺序，及时引导有行动能力的人员通过楼梯、电梯等进行疏散。

（3）消防人员深入烟火区域搜寻。对受烟火威胁，难以引导疏散的遇险人员，消防人员要深入火场内部进行搜寻，全力予以救助。消防力量不足或情况紧急时，可先把遇险人员救助至着火层以下的相对安全区域，再行疏散。

（4）利用举高消防车救人。当着火大楼外墙窗口或阳台等处有目标明显的被困人员，或向下疏散通道被烟火严重封锁时，应使用相应高度的举高消防车实施疏散救人。

（5）利用消防直升机救人。如果着火建筑顶部设有直升机停机坪或有条件停靠直升机，可将部分被困人员疏散至屋顶，等待直升机的进一步救援。但疏散至屋顶人员不应过多，因为直升机的救援速度和能力有限。烟雾较大或火势猛烈，威胁直升机安全时，不能采用此方法。

（6）利用擦窗工作机救人。如果大楼设有擦窗工作机，可用来对窗口处的被困人员实施救助，但需注意方法，确保安全，一次救助的人数不能超过其荷载。

（7）利用缓降器、救人软梯、安全绳等救人。在内部救人通道被烟火严重封锁的情况下，消防人员可利用缓降器、救人软梯或安全绳等，将被困人员从建筑外墙救至地面或相对安全的楼层。

（8）利用救生气垫救人。设置救生气垫，可以救助较低楼层的被困人员，或缓解一定高度跳楼人员的伤害程度。

5. 正确选择进攻路线

正确选择进攻路线，确定合适的进攻起点层，可以加快战斗展开的进程，并有利于抓住战机，提高进攻效率。

1）选择进攻路线

进攻路线选择的原则是以最简便的方法、最快的速度和最低的体能消耗，通过最短的距离和最少的障碍，安全迅速地到达预定的楼层。

（1）内部进攻途径。

① 利用封闭楼梯进攻。封闭楼梯间一般靠外墙设置，能直接利用天然采光和自然通风，它同各层走廊相通，并设有自闭式防火门，是安全疏散的重要通道，也是内攻灭火的主要途径。

② 利用防烟楼梯进攻。防烟楼梯间通常设有前室、阳台或凹廊，并设有防火门、正压送风系统和消防给水设备等，是比较理想可靠的进攻通道。

③ 利用消防电梯进攻。消防电梯不仅速度快，轿厢荷载大，电源安全可靠，通信联络方便，又能迫降控制，是消防人员灭火进攻的首选路线。

（2）外部进攻途径。

① 利用举高消防车进攻。举高消防车可以在一定高度从外部向着火建筑射水，压制火势或阻止火势从外部向上蔓延；也可以将消防人员和装备从外部输送到一定高度的窗口，再进入高层建筑内灭火。

② 利用室外疏散楼梯进攻。有些高层建筑设有室外疏散楼梯，大多位于大楼主体外墙，呈敞开式，不受烟气影响，且同各层楼面的走廊相通。但有些由于采暖通风的需要，采用玻璃加铝合金框予以封闭，火灾时，可使用破拆封闭的方法来排除烟雾，使它成为较好的进攻通道。

③ 利用室外消防梯进攻。有些高层建筑在外墙设置固定的消防梯，一般可通到第二、三层；部分高层住宅还设有阳台救生梯，将上下阳台连通，既可用于安全疏散，也可用作消防进攻通道。

④ 利用建筑物平台进攻。不少塔式建筑呈阶梯形收缩，每2～3层设有一个平台，平台同楼层走廊相通，平台上一般设有固定铁梯。火灾时，消防人员从内部登上一个平台，再由平台逐步向上进攻。平台不受烟火威胁，可进可退，既有利于安全疏散，也有利于内攻灭火。

2）确定进攻起点层

扑救高层建筑火灾，进攻起点层一般选择在着火层下一、二层。火势不大，能够直接控制时，可选在着火层。

6. 有效控制火势蔓延

高层建筑火灾，由于火势发展蔓延迅速，如不及时控制，必将造成重大人员伤亡和财产损失。因此，有效控制火势蔓延，是扑救高层建筑火灾的重要任务。

1）战斗力量部署

（1）战斗力量部署的顺序依次是着火层、着火层上层、着火层下层。

（2）战斗力量分配的原则是着火层大于着火层上层，着火层上层大于着火层下层。

2）堵截阵地的选择

（1）着火层的堵截阵地通常选择在着火房间的门口、窗口，着火区域的楼梯口，有蔓延可能的吊顶处等。

（2）着火层上部的堵截阵地一般选择在楼梯口、电梯井、楼板孔洞处，有火势窜入危险的窗口，电缆、管道的竖向管井处等。

（3）着火层下部的堵截阵地主要选择在与着火层相连的各开口部位和竖向管井处，重点防止掉落的燃烧物或下沉的烟气引燃下部可燃物。

3）控制火势蔓延的措施

（1）火灾初起时。

① 当燃烧范围局限于某一房间内部时，应直接进攻火点，扑灭火灾。

② 阻止烟火从门、窗、简易分隔墙处窜入其他房间、走廊和沿外墙向上层蔓延。

③ 阻止火势通过管道、竖向管井向邻近房间、走廊和上层蔓延。

（2）火灾在同一楼层内时。

当一个楼层内大面积燃烧、火势处于发展阶段时，要重点采取堵截和设防措施。

① 水平方向堵截。高层建筑每一楼层一般都设有防火分区，每一防火分区的面积为 $1000 \sim 1500 \text{ m}^2$，由防火墙、防火门、防火卷帘进行分隔。火灾时，应在防火分区两端部署力量，进行堵截，力争将火势控制在一个防火分区的范围内。

② 垂直方向堵截。高层建筑的竖向管道井一般分段（通常以 2～3 层为一段）采取了防火封堵措施。火灾时，除了要在电梯、楼梯及喷火的外窗等处设防外，还应在竖向管道井分隔段上下两端部署力量进行堵截，力争将火势限制在这一范围内。

（3）火灾在多层同时发生时。

① 当高层建筑多层同时燃烧时，内攻力量应自上而下部署，特别在着火层上部应加强堵截力量，重点阻止火势继续向上发展。

② 外攻力量应利用举高消防车向喷出火焰的窗口、阳台射水，从外部阻止火势向上部蔓延。

③在着火层下部部署一定的防御力量，防止燃烧掉落物引燃下层或高温烟气向下层蔓延扩散。

7. 合理组织火场供水

扑救高层建筑火灾，能否及时而不间断地组织向火场供水，满足灭火所需的水量和水压，直接关系到灭火战斗的成败。高层建筑火场供水应坚持"以固为主、固移结合"的原则。

1）利用固定消防设施供水

高层建筑发生火灾，消防人员到场后，若外部观察火势不大，应立即携带水带、水枪和接口，利用消防电梯迅速登高至着火层，直接使用室内消火栓或水喉出水灭火，同时启动消防泵向室内消防管网供水。

2）利用移动消防装备与固定消防设施相结合供水

固定消防泵无法正常运行或室内消防给水不能满足灭火需求时，应利用消防车通过水泵接合器向大楼消防管网供水，但必须明确水泵接合器所对应的供水区域和大楼采取的减压方式。

3）利用移动消防装备直接供水

当消防泵、水泵接合器等固定消防设施都不能正常使用或不能满足灭火用水需求时，消防人员应垂直铺设水带，利用消防车和手抬消防泵等联合进行直接供水。

8. 科学组织火场排烟

高温烟气是妨碍灭火战斗行动和导致人员伤亡的重要因素，因此，必须有效组织火场排烟。

1）利用固定排烟设施排烟

（1）关闭防烟楼梯、封闭楼梯间各层的疏散门。

（2）开启建筑物内的排烟机和正压送风机，排除烟雾，并防止烟雾进入疏散通道。

2）利用自然通风排烟

（1）打开下风或侧风方向靠外墙的门窗，进行通风排烟。

（2）当烟气进入袋形走道时，可打开走道顶端的窗或门进行排烟，如果走道顶端没有窗或门，可打开靠近顶端房间内的门、窗进行通风排烟。

（3）打开共享空间可开启的天窗或高侧窗进行通风排烟。

3）利用移动消防装备排烟

现有移动消防排烟装备有排烟车和各类排烟机等。火场还可以采取一些灭火、排烟兼备的手段，如喷射喷雾水流、高倍数泡沫等。考虑到高层建筑的特殊性和这些设备及手段的局限性，比较适合于高层建筑火灾排烟的方法主要有利用喷雾水流驱烟和使用排烟机排烟两种。

（二）注意事项

（1）内攻人员要编组作业，必须佩戴空气呼吸器，接近烟火区域前要戴好面罩。

（2）内攻人员要选择运行良好的消防电梯、防烟楼梯、封闭楼梯登高，严禁乘坐普通电梯。

（3）内攻人员乘坐消防电梯登高时，要停靠在着火层下两层并提前戴好面罩，严禁停靠着火层或穿越着火层。

（4）内攻人员必须带足防护和灭火器材。

（5）内攻人员从防烟楼梯、封闭楼梯进入着火楼层必须掌握紧急撤离路线和方式，打开前室防火门前要先观察内部过火和充烟情况。

（6）内攻搜救、灭火必须以班组形式展开，严格落实个人安全防护措施，佩戴全套个人防护装备，预先明确进攻路线和作业时间，设置安全导向绳、救生照明线等，防止指战员迷失方向。

（7）进入起火、充烟区域前，应有效依托防火分隔设施，采取必要的出水掩护措施，防止轰燃、回燃、热对流等伤害。

（8）严禁人员位于车泵出水口、分水器接口、垂直铺设水带下方等部位，防止水带脱口、爆裂伤人。严禁在安全警戒区域内随意走动，防止玻璃、广告牌等高空坠物伤人。

（9）及时组织人员轮换休整，防止指战员体能消耗过大，降低紧急避险能力。

（10）在无人员被困、燃烧时间较长的火灾现场，要组织专家对建筑结构稳定性进行评估，再视情组织内攻。

任务二　危险化学品火灾爆炸事故现场应急处置

一、易燃易爆危险化学品分类

随着我国经济的快速发展，在生产、生活中人们涉及的化工原料及化工类产品的种类越来越多元化，化工安全问题也越来越凸显。目前，全世界已有的化学品多达 700 万种，其中已作为商品上市的有 10 万余种，经常使用的有 7 万多种，现在全世界每年新出现化学品 1000 多种。

危险化学品火灾爆炸事故发生后危险性较大，容易造成大量人员伤亡，危险化学品火灾爆炸事故仍然严重威胁着人民的生命安全。事故发生后，现场作业人员或企业往往处理能力有限，更侧重于疏散逃生，专业的消防队伍是应对此类事故的主要力量。但是危险化学品事故危险性极高，天津港爆炸事故中消防人员牺牲 99 人，说明此类事故处理的复杂性。

（一）危险化学品的概念和特点

我国《危险化学品安全管理条例》第三条规定：危险化学品是指具有毒害、腐蚀、爆炸、燃烧、助燃等性质，对人体、设施、环境具有危害的剧毒化学品和其他化学品。危险化学品有以下几个特点：

（1）其在生产、加工、储存、使用、运输等各个环节都具有特殊性。

（2）危险性大，存在易燃、易爆、有毒、腐蚀、放射性等多种危险特性，而且事故发生的突发性强、处置难度高，易引发二次爆炸和火灾等次生灾难。

（3）种类繁多：我国《危险化学品名录》中有 2800 多种，《剧毒化学品》名录有 330 多种，而且规模还在不断扩大。

（4）应用广泛：广泛应用于化工、化学制药、选矿、轻工、食品、造纸、自来水处理等多个行业和领域。

（二）危险化学品的分类

危险化学品往往具有多种危险性，包括物理性危险，但是必有一种主要的对人类危害最大的危险性。因此在对危险化学品分类时，依据"择重归类"原则，即根据该化学品的主要危险性，按照危险性最大的某一特性来进行分类。

国标《危险货物分类和品名编号》（GB 6944—2012）按主要危险特性把危险化学品分为 9 类。

1. 爆炸品

爆炸品，包括爆炸性物质、爆炸性物品等，指在外界作用下（如受热、受摩擦、撞击等），能发生剧烈的化学反应，瞬时产生大量的气体和热量，使周围压力急剧上升，发生爆炸，对周围环境造成破坏的物品。其不包括无整体爆炸危险，但具有燃烧、抛射及较小爆炸危险的物品。

2. 气 体

这类气体指：

（1）在 50 ℃时，蒸气压力大于 300 kPa 的物质。

（2）20 ℃时在 101.3 kPa 标准压力下完全是气态的物质。

这类气体包括压缩气体、液化气体、溶解气体和冷冻液化气体、一种或多种气体与一种或多种其他类别物质的蒸气的混合物、充有气体的物品和烟雾剂。这些气体在受热、撞击或强烈振动时，容器内压会急剧增大，致使容器破裂爆炸，或导致气瓶阀门松动漏气，酿成火灾或中毒事故。

3. 易燃液体

易燃液体是在常温下极易着火燃烧的液态物质，在常温下易挥发，其蒸发后与空气混合能形成爆炸性混合物。

其具体指在其闪点温度（其闭杯试验闪点不高于 60.5 ℃，或其开杯试验闪点不高于 65.6 ℃）时放出易燃蒸气的液体或液体混合物，或是在溶液或悬浮液中含有固体的液体；还包括在温度等于或高于其闪点的条件下提交运输的液体；或以液态在高温条件下运输或提交运输并在温度等于或低于最高运输温度下放出易燃蒸气的物质。

4. 易燃固体、易于自燃的物质、遇水放出易燃气体的物质

这类物品易于引起火灾，按燃烧特性分三项：

（1）易燃固体，如红磷、硫黄等。

（2）自燃物品，如白磷。

（3）遇水易燃物品，如金属钠、钾等。

5. 氧化剂和有机过氧化物

这类物品具有强氧化性，易引起其他物质发生燃烧、爆炸。按其组成分为 2 项：

（1）氧化剂，指处于高氧状态，具有强氧化性，易分解并放出氧和热量的物质。其包括含有过氧基的无机物，其本身不一定可燃，但能导致可燃物的燃烧；与粉末状可燃物组成爆炸性混合物，对热、振动或摩擦较为敏感，如过氧化钠、高锰酸钾等。

（2）有机过氧化物，指分子组成中含有过氧键的有机物，其本身易燃易爆、极易分解，对热、振动和摩擦极为敏感，如过氧化甲乙酮等。

6. 毒害品和感染性物品

这类物质能侵入人体，对生命健康造成破坏和伤害，按其特性可分为 2 项：

（1）经吞食、吸入或皮肤接触进入肌体后，累积达一定的量，可能造成死亡或严重受伤或健康损害的物质。这些物质与体液和器官组织发生生物化学作用或生物物理作用，扰乱或破坏肌体的正常生理功能，引起某些器官和系统暂时性或持久性的病理改变，甚至危及生命，如氰化物、砷化物、化学农药等。

（2）含有病原体的物质，能引起病态，甚至死亡的物质，如生物制品、诊断样品、基因突变的微生物、生物体和其他媒介（病毒蛋白）等。

7. 放射性物品

含有放射性核素且其放射性浓度和总活度都分别超过规定的限值的物质。按其放射性大小细分为一级放射物品、二级放射物品和三级放射物品。因为放射性物品的危害性和特殊性，其不属于《危险化学品安全管理条例》的管理范畴。

8. 腐蚀品

腐蚀品指通过化学作用使生物组织接触后造成严重损伤，或在渗漏时会发生严重损害，甚至毁坏其他货物或运载工具的物质。

其包含与完好皮肤组织接触不超过 4 h，继而在 14 d 的观察期中发现引起皮肤全厚度损毁，或在温度 55 ℃时，对 20 号钢的表面均匀腐蚀率超过 6.25 mm/年的固体或液体。

9. 杂项危险物质和物品

杂项危险物质和物品指具有其他类别或包括上述危险的物质或物品，如：

（1）危害环境物质。

（2）高温物质。

（3）经过基因修改的微生物或组织。

（二）危险化学品的安全标签

危险化学品安全标签是指危险化学品在市场上流通时由生产销售单位提供的附在化学品包装上的标签，是向作业人员传递安全信息的一种载体，它用简单、易于理解的文字和图形表述有关化学品的危险特性及其安全处置的注意事项，警示作业人员进行安全操作和处置。

国家标准《化学品安全标签编写规定》（GB 15258—2009）明确指出：安全标签用文字、图形符号和编码的组合形式表示化学品所具有的危险性和安全注意事项；安全标签由生产企业在货物出厂前粘贴、挂拴、喷印在包装或容器的明显位置；若改换包装，则由改换单位重新粘贴、挂拴、喷印。化学品安全标签应包括物质名称，编号，危险性标志，警示词，危险性概述，安全措施，灭火方法，生产厂家、地址、电话，应急咨询电话，提示参阅安全技术说明书等内容。其具体要求有：

（1）安全标签要标明化学品和其主要有害组分标识、中文和英文的通用名称、分子式、化学成分及组成、联合国危险货物编号和中国危险货物编号（分别用 UNNO 和 CNNO 表示）、危险化学品标志（采用联合国《关于危险货物运输的建议书》和《化学品分类和危险性公示》规定的符号，每种化学品最多可选用两个标志）。

（2）根据化学品的危险程度，分别用"危险""警告"两个词进行警示。当某种化学品具有一种以上的危险性时，用危险性最大的警示词。警示词一般位于化学品名称下方，要求醒目、清晰。

（3）简要概述燃烧爆炸危险特性、毒性、对人体健康和环境的危害，包括处置、搬运、储存和使用作业中所必须注意的事项和发生意外时简单有效的救护措施等，要求内容简明、扼要、重点突出。

（4）若化学品为易（可）燃或助燃物质，应提示有效的灭火剂和禁用的灭火剂以及灭火注意事项。

（5）注明生产日期及生产班次，填写生产应急咨询电话和国家化学事故应急咨询电话。

（6）标签正文应简洁、明了、易于理解，要采用规范的汉字表述，也可以同时使用少数民族文字或外文，但意义必须与汉字相对应，字形应小于汉字。相同的含义应用相同的文字和图形表示。

（7）当某种化学品有新的信息和危害情况发现时，标签应及时修订、更改。

（8）标签内标志的颜色按《化学品分类和危险性公示》规定执行，正文应使用与底色反差明显的颜色，一般采用黑白色。

标签的边缘要加一个边框，边框外应留不小于 3 mm 的空白。标签的印刷应清晰，所使用的印刷材料和胶粘材料应具有耐用性和防水性。安全标签可单独印刷，也可与其他标签合并印刷。

二、危险化学品火灾爆炸事故现场应急处置基本要求

危化品很容易发生火灾、爆炸事故，而且不同的化学品以及在不同的情况下发生火灾时，其扑救方法有很大差异，若处置不当，不仅不能有效扑救，反而会使灾情进一步扩大。

此外，由于化学品本身及其燃烧产物大多具有较强的毒害性和腐蚀性，极易造成人员的中毒、灼伤等。因此，扑救危险化学品火灾事故是一项极其重要又非常危险的工作。

在现实工作中，从事化学品生产、使用、储存、运输的人员应熟悉和掌握化学品的主要危险特性，一旦发生火灾，每个职工都应清楚地知道他们的作用和职责，熟练掌握发生火灾时相应的扑救对策是非常必要的。

只有做到知己知彼防患于未然，才能在扑救各类危险化学品火灾中取胜。

（一）总体要求

（1）立即切断事故现场的电源。

（2）救护受伤的人员。

（3）正确选择最适合的灭火剂和灭火方法。火势较大时，应先堵截火势蔓延，控制燃烧范围，然后逐步扑灭火灾。

（二）一般程序

1. 接　警

接警时应明确发生事故的单位名称、地址、危险化学品种类、事故简要情况、人员伤亡情况等。

2. 侦查监测

通过侦查检测，掌握火灾爆炸事故的特性、规模、危险程度，确定不同区域的危险等级；查明遇难、遇险和被困人员的位置、数量、施救疏散路线；查明贵重物资设备的位置、数量；了解灾害事故（事件）现场及其周边的道路、水源、建（构）筑物结构以及电力、通信、气象等情况。

3. 设置警戒

根据灾害事故（事件）类型，及时启动辅助决策及专家系统，并依据侦检结果，科学、合理设置警戒区域，采取禁火、停电及禁止无关人员进入等安全措施。警戒命令由抢险救援总指挥部统一发布，由公安部门和武警部队负责实施。

4. 安全防护

进入灾害事故现场的救援人员，必须根据现场实际情况和危险等级落实防护措施；全程观察监测现场危险区域和部位可能发生的危险迹象，在可能发生爆炸或火势失控威胁救援人员生命安全时，应当尽量减少一线作业人员，并加强安全防护，必要时撤出战斗，待条件具备时，再组织实施抢险救援战斗。

5. 抢救人员

通过使用各种搜救设备探索搜救被困人员，采取破拆、起重、支撑、牵引、起吊等方法施救。

当救援现场有易燃易爆或毒害物质泄漏、扩散，可能导致爆炸、建筑倒塌和人员中毒、触电等危险情况时，要根据专家组意见和现场救援力量及技术条件，及时采取冷却防爆、稀释中和、加固破拆、断阀疏导等措施，尽快排除险情。

6. 清场撤离

事故处置结束后，要全面、细致地检查清理现场，并视情况留有必要力量实施监护和配合后续处置，并向事故单位或上级主管部门移交现场。撤离现场时，应当清点人数，整理装备。归队后，迅速补充油料、器材和灭火剂，迅速恢复战备状态，并向上级报告。

（三）注意要点

（1）先控制，后灭火。危险化学品火灾有火势蔓延快和燃烧面积大的特点，应采取统一指挥、以快制快、堵截火势、防止蔓延，重点突破、排除险情，分割包围、速战速决的灭火战术。

（2）扑救人员应位于上风或侧风位置，切忌在下风侧进行灭火。进行火情侦察、火灾扑救、火场疏散的人员应有针对性地采取自我防护措施，佩戴防护面具，穿戴专用防护服等。

（3）应迅速查明燃烧范围、燃烧物品及其周围物品的品名和主要危险特性、火势蔓延的主要途径，正确选择最适合的灭火剂和灭火方法。

（4）对有可能发生爆炸、爆裂、喷溅等特别危险需紧急撤退的情况，应按照统一的撤退信号和撤退方法及时撤退。

（5）火灾扑灭后，仍然要派人监护现场，消灭余火，并应当保护现场，接受事故调查，协助消防部门调查火灾原因，核定火灾损失，查明火灾责任；未经消防部门的同意，不得擅自清理火灾现场。

（四）人员疏散和救护要点

（1）人员在现场处置人员的引导下，从就近的安全出口有秩序疏散。

（2）人员疏散时，如现场存在较大的浓烟，人员应使用湿毛巾掩住口鼻，弯腰前行。

（3）被救人员衣服着火时，可就地翻滚，用水或毯子、被褥等物覆盖灭火，伤处的衣、裤、袜应剪开脱去，不可强行撕拉，伤处用消毒纱布或干净棉布覆盖，并立即送往医院救治。

（4）对烧伤面积较大的伤员要注意呼吸、心跳的变化，必要时进行心脏复苏。

（5）对有骨折出血的伤员，应作相应的包扎，固定处理，搬运伤员时，以不压迫创伤面和不引起呼吸困难为原则。

（五）灭火方法

火灾扑救的首要对策就是采用正确的灭火剂和灭火方法。灭火的基本方法就是为了破坏燃烧必备的基本条件所采取的基本措施。

1. 冷却灭火法

灭火原理是根据可燃物质发生燃烧时必须达到一定的温度这个条件，将灭火剂直接喷射到燃烧的物体上，以降低燃烧的温度于燃点之下，使燃烧停止；或者将灭火剂喷洒在火源附近的物质上，使其不因火焰热辐射作用而形成新的火点。

冷却灭火法是灭火的一种主要方法，常用水和二氧化碳作灭火剂冷却降温灭火。灭火剂在灭火过程中不参与燃烧过程中的化学反应。

这种方法属于物理灭火方法。

2. 隔离灭火法

灭火原理是根据燃烧发生必须具备可燃物质的这个条件，将周围未燃烧的可燃物质移开或与正在燃烧的物质隔离，中断可燃物质的供给，使燃烧因缺少可燃物而停止。具体做法如下：

（1）将火源附近的可燃、易燃、易爆和助燃物品搬走。

（2）关闭可燃气体、液体管道的阀门，减少和阻止可燃物质进入燃烧区。

（3）设法阻拦流散的易燃、可燃液体。

（4）拆除与火源毗连的易燃建筑物，形成防止火势蔓延的空间地带。

3. 窒息灭火法

灭火原理是根据可燃物质发生燃烧时必须有足够的空气（氧气）这个条件，阻止空气流入燃烧区或用不燃烧气体等冲淡空气，使燃烧物得不到足够的氧气而熄灭。具体做法如下：

（1）用沙土、水泥、湿麻袋、湿棉被等不燃或难燃物质覆盖燃烧物。

（2）喷洒雾状水、干粉、泡沫等灭火剂覆盖燃烧物。

（3）用水蒸气或氮气、二氧化碳等惰性气体灌注发生火灾的容器、设备。

（4）密闭起火建筑、设备和孔洞。

（5）将不燃气体或不燃液体（如二氧化碳、氮气等）喷洒到燃烧物区域内或燃烧物上。

4. 抑制灭火法

灭火原理是使灭火剂参与燃烧的链式反应，使燃烧过程中产生的游离基消失，形成稳定分子或低活性的游离基，从而使燃烧反应停止。

干粉灭火剂是用于灭火的干燥且易于流动的微细粉末，由具有灭火效能的无机盐和少量的添加剂经干燥、粉碎、混合而成。

干粉灭火剂主要通过在加压气体作用下喷出的粉雾与火焰接触、混合时发生的物理、化学作用灭火。另外，它还有部分稀释氧和冷却的作用。它是一种在消防中得到广泛应用的灭火剂。

三、不同危险化学品的灭火措施

危险化学品很容易发生火灾、爆炸事故，而且不同的化学品以及在不同的情况下发生火灾时，其扑救方法有很大差异，若处置不当，不仅不能有效扑救，反而会使灾情进一步扩大。因此，掌握不同的化学品的扑救方法是极其重要的。

扑救危险化学品火灾决不可盲目行事，应针对每一类化学品，选择正确的灭火剂和合适的灭火器材来安全地控制火灾。化学品火灾的扑救应由专业消防队来进行，其他人员不可盲目行动，待专业消防队到达后，介绍物料性质并配合扑救。

（一）易燃液体的扑救

易燃液体通常是贮存在容器内或经管道输送。与气体不同的是，液体容器有的密闭，有的敞开，一般都是常压，只有反应锅（炉、釜）及输送管道内的液体压力较高。

液体火灾特别是易燃液体火灾发展迅速而猛烈，有时甚至会发生爆炸。对这类物品发生的火灾主要根据它们的密度大小，能否溶于水等性质来确定灭火方法。

液体不管是否着火，如果发生泄漏或溢出，都将顺着地面（或水面）漂散流淌。而且，易燃液体还有密度和水溶性等涉及能否用水和普通泡沫扑救的问题，以及危险性很大的沸溢和喷溅问题，因此，扑救易燃液体火灾往往也是一场艰难的战斗。

扑救时，首先应切断火势蔓延的途径，冷却和疏散受火势威胁的压力及密闭容器和可燃物，控制燃烧范围；如有液体流淌时，应筑堤（或用围油栏）拦截飘散流淌的易燃液体或挖沟导流。

一般来说，对比水轻（相对密度小于1）又不溶于水的易燃和可燃液体，如苯、甲苯、汽油、煤油、轻柴油等的火灾，可用泡沫或干粉扑救。初始起火时，燃烧面积不大或燃烧物不多时，也可用二氧化碳灭火剂扑救。但不能用水扑救，因为用水扑救时，易燃可燃液体比水轻，会浮在水面上随水流淌而扩大火灾。如上海某冶金公司焦化厂，由于工人操作不当，致使2 t多苯从下水道流入长江，在江面上大面积扩散。恰逢挂有5条木船的"海电 1 号"轮船停靠在江边避风，一船员将未燃尽的火柴丢入江中，遇苯起火，烧坏船只。

比水重（相对密度大于 1）而不溶于水的液体，如二硫化碳、萘、蒽等着火时，可用水扑救，但覆盖在液体表面的水层必须有一定厚度，方能压住火焰。但是，被压在水下面的液体温度都比较高，现场消防人员应注意不要被烫伤。如某厂萘着火用水扑救，大量高温萘（最低温度 80 ℃）被压在水下面，多人在灭火过程中被水下面的高温萘烫伤。扑救原油和重油等具有沸溢和喷溅危险的液体火灾，如有条件，可采用取放水、搅拌等防止发生沸溢和喷溅的措施，在灭火同时必须注意计算可能发生沸溢、喷溅的时间和观察是否有沸溢、喷溅的征兆。

能溶于水的液体，如甲醇、乙醇等醇类，醋酸乙酯、醋酸丁酯等酯类，丙酮、丁酮等酮类发生火灾时，应用雾状水或抗溶性泡沫、干粉等灭火剂来扑救。在火灾初期或燃烧物不多时，也可用二氧化碳扑救。如使用化学泡沫灭火时，泡沫强度必须比不溶于水的易燃液体大 3 ~ 5 倍。

敞口容器内易燃可燃液体着火，不能用砂土扑救。因为砂土非但不能覆盖液体表面，反而会沉积于容器底部，造成液位上升以致溢出，使火灾蔓延。

扑救毒害性、腐蚀性或燃烧产物毒害性较强的易燃液体火灾，扑救人员必须佩戴防护面具，采取防护措施。

指挥员发现任何危险征兆时应立即做出准确判断，及时下达撤退命令，避免造成人员伤亡和装备损失。扑救人员看到或听到统一撤退信号后，应立即撤至安全地带。

扑救易燃液体火灾的基本对策

（二）压缩或液化气体火灾的扑救

压缩或液化气体总是被贮存在不同的容器内，或通过管道输送。其中贮存在较小钢瓶内的气体压力较高，受热或受火焰熏烤容易发生爆裂。气体泄漏后遇火源已形成稳定燃烧时，其发生爆炸或再次爆炸的危险性与可燃气体泄漏未燃时相比要小得多。

遇压缩或液化气体火灾一般应采取以下基本对策：

（1）扑救气体火灾切忌盲目扑灭火势，在没有采取堵漏措施的情况下，必须保持稳定燃烧。否则，大量可燃气体泄漏出来与空气混合，遇着火源就会发生爆炸，后果将不堪设想。

（2）首先应扑灭外围被火源引燃的可燃物，切断火势蔓延途径，控制燃烧范围，并积极抢救受伤和被困人员。如果火场中有压力容器或有受到火焰辐射热威胁的压力容器，能疏散的应尽量在水枪的掩护下疏散到安全地带，不能疏散的应部署足够的水枪进行冷却保护。为防止容器爆裂伤人，进行冷却的人员应尽量采用低姿射水或利用现场坚实的掩蔽体防护。对卧式贮罐，冷却人员应选择贮罐四侧角作为射水阵地。

（3）如果是输气管道泄漏着火，应设法找到气源阀门。阀门完好时，只要关闭气体的进出阀门，火势就会自动熄灭。

（4）贮罐或管道泄漏关阀无效时，应根据火势判断气体压力和泄漏口的大小及其形状，准备好相应的堵漏材料（如软木塞、橡皮塞、气囊塞、黏合剂、弯管工具等）。

（5）堵漏工作准备就绪后，既可用水扑救火势，也可用干粉、二氧化碳、洁净气体灭火，但仍需用水冷却烧烫的罐或管壁。火扑灭后，应立即用堵漏材料堵漏，同时用雾状水稀释和驱散泄漏出来的气体。如果确认泄漏口非常大，根本无法堵漏，只需冷却着火容器及其周围容器和可燃物品，控制着火范围，直到燃气燃尽，火势自动熄灭。

（6）一般情况下完成了堵漏也就完成了灭火工作，但有时一次堵漏不一定能成功。如果一次堵漏失败，再次堵漏需一定时间，应立即用长点火棒将泄漏处点燃，使其恢复稳定燃烧，以防止较长时间泄漏出来的大量可燃气体与空气混合后形成爆炸性混合物，存在发生爆炸的危险，需要再次灭火堵漏。

（7）现场指挥应密切注意各种危险征兆，如火势熄灭后较长时间未能恢复稳定燃烧或受热辐射的容器有安全阀火焰变亮耀眼、尖叫、晃动等爆裂征兆时，指挥员必须适时做出准确判断，及时下达撤退命令。

压缩或液化气体
火灾扑救的基本对策

（三）毒害和腐蚀物品火灾的扑救

这类物品发生火灾时通常扑救不很困难，只是需要特别注意人体的防护。一般毒害物品着火时，可用水及其他灭火剂扑救，但毒害物品中的氰化物、硒化物、磷化物着火时，就不能用酸碱灭火剂扑救，只能用雾状水或二氧化碳等灭火。

腐蚀性物品着火时，可用雾状水、干砂、泡沫、干粉等扑救。扑救时，应尽量使用低压水流或雾状水，避免腐蚀品、毒害品溅出。扑救毒害物品和腐蚀性物品火灾时，还应注意水量和水的流向，同时注意尽可能使灭火后的污水流入污水管道，污水四处溢流会污染环境，甚至污染水源。

浓硫酸遇水能放出大量的热，会导致水沸腾飞溅，需特别注意防护。扑救浓硫酸与其他可燃物品接触发生的火灾，浓硫酸数量不多时，可用大量低压水快速扑救。如果浓硫酸量很大，应先用二氧化碳、干粉等灭火，然后再把着火物品与浓硫酸分开。硫酸、卤化物、强碱等遇水发热、分解或遇水产生酸性烟雾的物品着火时，不能用水施救，可用干沙、泡沫、干粉等扑救。

灭火人员要注意防腐蚀、防毒气，应戴防毒口罩、防毒眼镜或防毒面具，穿橡胶雨衣和长筒胶鞋，戴防腐蚀手套等。灭火时，人应站在上风处，发现中毒者，应立即送往医院抢救，并说明中毒品的品名，以便医生救治。

扑救毒品和腐蚀品
火灾的对策

（四）氧化物火灾的扑救

这类物品具有强烈的氧化能力，本身虽不燃烧，但与可燃物接触即能将其氧化而自身还原引起燃烧爆炸。

由氧化剂引起的火灾，一般可用砂土进行扑救，大部分氧化剂引起的火灾都能用水扑救，最好用雾状水。如果用加压水则先用砂土压盖在燃烧物上，再行扑灭。要防止水流到其他易燃易爆物品处。过氧化物和不溶于水的液体有机氧化剂，应用砂土或二氧化碳、干粉灭火剂扑救。这是因为过氧化物遇水反应能放出氧，加速燃烧；不溶于水的液体有机氧化剂一般相对密度小于1（比水轻），如用水扑救时，会浮在水上面流淌扩大火灾。

（五）自燃物品火灾的扑救

此类物品虽未与明火接触，但在一定温度的空气中能发生氧化作用放出热量，由于积热不散，达到其燃点而引起燃烧。

自燃物品可分为三种：一种在常温空气中剧烈氧化，以致引起自燃，如黄磷；另一种受热达到燃点时，放出热量，不需外部补给氧气，本身分解出氧气继续燃烧，如硝化纤维胶片、铝铁溶剂等；还有一种在空气中缓慢氧化，如果通风不良，积热不散达到物品自燃点即能自燃，如油纸等含油脂的物品。

自燃物品起火时，除三乙基铝和铝铁溶剂等不能用水扑救外，一般可用大量的水进行灭火，也可用砂土、二氧化碳和干粉灭火剂灭火。但要注意，应用低压水或雾状水扑救，高压直流水冲击能引起物品飞溅，导致灾害扩大。由于三乙基铝遇水产生乙烷，铝铁溶剂燃烧时温度极高，能使水分解产生氢气，所以不能用水灭火。

易自燃物品火灾扑救对策

（六）爆炸物品火灾的扑救

爆炸物品一般都有专门或临时的储存仓库。这类物品由于内部结构含有爆炸性基因，受摩擦、撞击、振动、高温等外界因素激发，极易发生爆炸，遇明火则更危险。遇爆炸物品火灾时，一般应采取以下基本对策：

（1）迅速判断和查明再次发生爆炸的可能性和危险性，紧紧抓住爆炸后和再次发生爆炸之前的有利时机，采取一切可能的措施，全力制止再次爆炸的发生。

（2）爆炸品着火时首要的就是用大量的水进行冷却，切忌用沙土盖压，以免增强爆炸物品爆炸时的威力。扑救爆炸物品堆垛时，水流应采用吊射，避免强力水流直接冲击堆垛，以免堆垛倒塌引起再次爆炸。

（3）在房间内或在车厢、船舱内着火时要迅速将门窗、厢门、船舱打开，向内射水冷却，万万不可采用关闭门窗、厢门、舱盖的窒息灭火法。

（4）要注意利用掩体，灭火人员应尽可能地采取自我保护措施，利用现场现成的掩蔽体或尽量采用卧姿等低姿射水，在火场上可利用墙体、低洼处、树干等掩护，防止人员受伤。消防车辆不要停靠在离爆炸物品太近的水源。

（5）由于有的爆炸品不仅本身有毒，而且燃烧产物也有毒，所以灭火时应注意防毒。有毒爆炸品着火时应戴隔绝式氧气或空气呼吸器，以防中毒。

（6）如果有疏散可能，在人身安全确有可靠保障的条件下，应立即组织力量及时疏散着火区域周围的爆炸物品，使着火区周围形成一个隔离带。

（7）灭火人员发现有发生再次爆炸的危险时，应立即向现场指挥报告，现场指挥应迅速做出准确判断，确有发生再次爆炸征兆或危险时，应立即下达撤退命令。灭火人员来不及撤退时，应就地卧倒。

扑救爆炸物品火灾的基本对策

（七）遇水燃烧物品火灾的扑救

此类物品共同特点是遇水后，能发生剧烈的化学反应产生可燃性气体，同时放出热量，以致引起燃烧爆炸。遇水燃烧物品火灾应用干砂土、干粉等扑救，灭火时严禁用水、酸、碱灭火剂和泡沫灭火剂扑救。

遇水燃烧物中，如锂、钠、钾、锶等，由于化学性质十分活泼，能夺取二氧化碳中的氧而引起化学反应，使燃烧更猛烈，所以也不能用二氧化碳扑救。

扑救前，首先应了解清楚遇湿易燃物品的品名、数量、是否与其他物品混存、燃烧范围、火势蔓延途径等。如果只有极少量（一般50 g以内）遇湿易燃物品，则不管是否与其他物品混存，仍可用大量的水或泡沫扑救。如果遇湿易燃物品数量较多，且未与其他物品混存，则绝对禁止用水或泡沫、酸碱等湿性灭火剂扑救。

对遇湿易燃物品中的粉尘，如镁粉、铝粉等，切忌喷射有压力的灭火剂，以防止将粉尘吹扬起来，与空气形成爆炸性混合物而导致爆炸。

任务三　有毒有害物质泄漏事故现场应急处置

一、常见有毒物质及其危害

（一）工业毒物及其分类

1. 工业毒物

当某物质进入机体并积累达一定量后，与机体组织和体液发生生物化学或生物物理作用，扰乱或破坏机体的正常生理功能，引起暂时性或永久性病变，甚至危及生命，该物质就被称为毒性物质。当这种物质来源于工业生产，则称之为工业毒物。由毒物侵入机体而导致的病理状态称为中毒，在生产过程中引起的中毒称为职业中毒。

2. 工业毒物的分类

（1）毒性物质按照其存在的物理状态分类。

① 粉尘。为有机或无机物质在加工、粉碎、研磨、撞击、爆破和爆裂时所产生的固体颗粒，直径大于0.1 μm，如制造铅丹颜料的铅尘、制造氢氧化钙的电石尘等。

② 烟尘。为悬浮在空气中的烟状固体颗粒，直径小于0.1 μm。多为某些金属熔化时产生的蒸气在空气中凝聚而成，常伴有氧化反应的发生，如熔锌时放出的锌蒸气所产生的氧化锌烟尘、熔铬时产生的铬烟尘等。

③ 雾。为悬浮于空气中的微小液滴，多为蒸气冷凝或通过雾化、溅落、鼓泡等使液体分散而产生的，如铬电镀时铬酸雾、喷漆中的含苯漆雾等。

④ 蒸气。为液体蒸发或固体物料升华而成，如苯蒸气、熔磷时的磷蒸气等。

⑤ 气体。在生产场所的温度、压力条件下，散发于空气中的气态物质，如常温常压下的氯、二氧化硫、一氧化碳等。

（2）目前，最常用的分类方法是把化学性质、用途和生物作用结合起来的分类方法，这种方法把毒性物质分为以下8种类型。

① 金属、类金属及其化合物，这是毒物数量最多的一类。

② 卤素及其无机化合物，如氟、氯、溴、碘等及其化合物。

③ 强酸和强碱类物质，如硫酸、硝酸、盐酸、氢氧化钾、氢氧化钠等。

④ 氧、氮、碳的无机化合物，如臭氧、氮氧化物、一氧化碳、光气等。

⑤ 窒息性惰性气体，如氮、氖、氩等。

⑥ 有机毒物，按化学结构又分为脂肪烃类、芳香烃类、脂环烃类、卤代烃类、氨基及硝基烃类、醇类、醛类、醚类、酮类、酰类、酚类、酸类、腈类、杂环类、羰基化合物等。

⑦ 农药类毒物，如有机磷、有机氯、有机硫、有机汞等。

⑧ 染料及中间体、合成树脂、合成橡胶、合成纤维等。

（3）按毒物的作用性质分类可分为刺激性、腐蚀性、窒息性、麻醉性、溶血性、致敏性、致癌性、致突变性、致畸胎性等毒物。

（4）按损害的器官或系统分类可分为神经毒性、血液毒性、肝脏毒性、肾脏毒性、全身毒性等毒物。有的毒物具有两种作用，有的毒物具有多种作用或全身作用。

（二）工业毒物对人体的危害

1. 刺激性气体

刺激性气体是指对人的眼睛、皮肤特别是对呼吸道具有刺激作用的一类气体的总称。常见的刺激性气体主要有氯气、氨气、氮氧化物、光气、二氧化硫等。刺激性气体对人体健康的危害与接触浓度的大小和接触时间的长短有关。急性中毒轻者出现眼、上呼吸道刺激症状，重者可致喉头水肿、喉痉挛、中毒性肺炎、肺水肿，并发或伴发心、肾等实质性脏器病变，甚至危及人的生命。长期接触低浓度刺激性气体，可导致慢性支气管炎、结膜炎、咽炎、鼻炎等，同时伴有神经衰弱综合征和消化道症状。如接触二异氰酸甲苯酯及氯气等，个别有支气管哮喘发作。呼吸道反复继发感染，可逐渐导致肺水肿，甚至影响肺功能。

（1）氯气（Cl_2）：黄绿色气体，密度为空气的 2.45 倍，沸点为 −34.6 ℃；易溶于水、碱性溶液、二硫化碳和四氯化碳等；高压下液氯为深绿色，相对密度为 1.56；化学性质活泼，与一氧化碳作用可生成毒性更大的光气。

氯溶于水生成盐酸、次氯酸，产生局部刺激。氯气主要损害上呼吸道和支气管的黏膜，引起支气管痉挛、支气管炎和支气管周围炎，严重时引起肺水肿。吸入高浓度氯后，引起迷走神经反射性心跳停止，呈"电击样"死亡。

（2）光气（$COCl_2$）：无色、有霉草气味的气体，密度为空气的 3.4 倍，沸点 8.3 ℃，加压液化，相对密度为 1.392，易溶于乙酸、氯仿、苯和甲苯等，遇水可水解成盐酸和二氧化碳。

光气毒性比氯气大 10 倍，对上呼吸道仅有轻度刺激，但吸入后其分子中的羰基与肺组织内的酶结合，从而干扰了细胞的正常代谢，损害细胞膜，肺泡上皮和肺毛细血管受损，通透性增加，引起化学性肺炎和肺水肿。

（3）氮氧化物（NO_x）：由 NO_2、NO、N_2O、N_2O_3、N_2O_4、N_2O_5 等组成的混合气体。其中，NO_2 比较稳定，占比例最高；氮氧化物较难溶于水，因而对眼和上呼吸道黏膜刺激不大；进入呼吸道深部的细支气管和肺泡后，在肺泡内可阻留 80%，与水反应生成硝酸和亚硝酸，对肺组织产生强烈刺激和腐蚀作用，引起肺水肿；硝酸和亚硝酸被吸收进入血液，生成硝酸盐和亚硝酸盐，可扩张血管，引起血压下降，并与血红蛋白作用生成高铁血红蛋白，引起组织缺氧。

（4）二氧化硫（SO_2）：无色气体，密度为空气的2.3倍，加压可液化，液体相对密度1.434，沸点－10 ℃，溶于水、乙醇和乙醚；吸入呼吸道后，在黏膜湿润表面上生成亚硫酸和硫酸，产生强烈的刺激作用；大量吸入可引起喉水肿、肺水肿、声带痉挛而窒息。

（5）氨（NH_3）：无色气体，有强烈的刺激性气味，密度为空气的0.5971倍；易液化，沸点－33.5 ℃，溶于水、乙醇和乙醚，遇水生成氢氧化铵，呈碱性。

氨对上呼吸道有刺激和腐蚀作用，高浓度时可引起接触部位的碱性化学灼伤，组织呈溶解性坏死，并可引起呼吸道深部及肺泡损伤，发生支气管炎、肺炎和肺水肿。氨被吸收进入血液，可引起糖代谢紊乱，脑氨增高，可产生神经毒作用，开始兴奋、随后惊厥，继而嗜睡、昏迷，还可通过神经反射引起心跳和呼吸骤停。

2. 窒息性气体

窒息性气体是指吸入该气体后直接妨碍氧的供给、摄取、运输和利用，从而造成机体缺氧的物质，即以气态形式侵入机体而直接引起窒息作用的物质。那些通过它们在机体的其他损伤作用或致毒作用继发性引起机体缺氧的物质则不应归入窒息性气体毒物，如乙醚或其他有机溶剂可抑制呼吸中枢的功能而造成机体缺氧窒息。光气、氯气、氮氧化物、二氧化硫、氟光气、八氟异丁烯等刺激性气体可明显损伤呼吸道黏膜，引起肺水肿，从而造成机体明显缺氧，但它们均不属于窒息性气体。

根据窒息性气体对机体毒性作用不同，可分为三类。

（1）单纯窒息性气体，如甲烷、氮气、二氧化碳、氩、氖、水蒸气等。这类气体本身毒性很低或无毒，但当它们在空气中的含量增加时，就会相应降低空气中氧的含量，人体从吸入的空气中得不到足够的氧供应，结果动脉血氧分压下降，组织细胞的供氧量明显减少，而导致机体缺氧窒息。在1 atm（101 325 Pa）下，空气中氧含量约为21%，氧含量低于16%时，即可造成呼吸困难；氧含量低于10%时，则可引起昏迷甚至死亡。

（2）血液窒息性气体，如一氧化碳、一氧化氮以及氨基或硝基化合物蒸气等。这类气体可明显妨碍血红蛋白对氧气的化学结合能力，或妨碍它向组织细胞释放携带的氧气，造成组织缺氧障碍而发生窒息。

（3）细胞窒息性气体，如硫化氢、氰化氢。这类毒物主要作用于细胞内的呼吸酶，使之失活，从而直接阻碍细胞对氧的利用，使生物氧化过程不能进行，造成组织细胞缺氧。

窒息性气体无论属于哪一类，其主要的致病作用都是引起机体缺氧。脑是机体耗氧量最大的组织，其耗氧量约占全身耗氧量的20%～25%，脑对缺氧最为敏感。轻度缺氧时即有智力减退、注意力不集中、定向力障碍等表现。随着缺氧加重，可出现烦躁不安、头痛、头晕、乏力、耳鸣、呕吐、嗜睡、昏迷，严重中毒常易合并脑水肿，造成神经细胞不可恢复的损伤，甚至死亡。

急性一氧化碳中毒患者的面、唇呈樱桃红色，血液中碳氧血红蛋白明显增多，碳氧血红蛋白无携氧能力，又不易解离，造成全身各组织缺氧。急性氰化氢中毒的患者皮肤黏膜常呈鲜红色，血、尿中硫氰酸盐含量明显增高。急性硫化氢中毒患者血、尿中硫酸盐增加，血中硫化高铁血红蛋白含量明显增高，接触高浓度的硫化氢可立即昏迷、死亡，称为"闪电型"死亡。急性硝基苯、苯胺中毒患者的皮肤黏膜呈暗紫色，血中高铁血红蛋白明显增高，高铁血红蛋白失去携氧能力，引起组织缺氧。

3. 有机化合物

有机化合物主要包括芳烃类、卤代烃类、脂肪烃类、有机农药等，其毒作用有以下一种或多种。

（1）对黏膜和皮肤有刺激作用或致敏作用，长期接触可发生接触性皮炎、毛囊炎、痤疮以及皮肤局限性角化。

（2）侵犯神经系统。急性吸入时主要作用于中枢神经系统和自主神经系统。慢性毒性作用以神经衰弱综合征和周围神经病最为常见，严重时可出现神经系统器质性损害、感觉障碍、不全麻痹和运动失调等。如有机磷农药被人体吸收后迅速分布于全身，在体内与胆碱酯酶结合生成磷酰化胆碱酯酶，从而抑制酶的活性，导致神经递质乙酰胆碱不能被酶分解而积聚，引起神经紊乱，严重时出现痉挛、持续抽搐、癫痫样发作，甚至可出现肺水肿、呼吸困难，致全身缺氧等。

（3）损害造血系统，其中以苯对造血系统的毒作用最明显。一般认为，苯中毒是由苯的代谢产物酚引起的，酚能直接抑制造血细胞的核分裂，对骨髓中核分裂最活跃的早期活性细胞的毒性作用更明显，使造血系统受到伤害，常见的有白细胞减少、血小板减少、贫血、再生障碍性贫血等。苯的氨基、硝基化合物可引起高铁血红蛋白血症并导致红细胞破裂，出现溶血性贫血。

（4）损害肝脏。某些卤代烃类和硝基化合物损害肝脏最明显，主要致肝实质性病变。急性中毒可引起肝细胞脂肪变性和坏死。严重中毒时整个肝小叶细胞坏死，或发生急性黄色肝萎缩。慢性中毒时可引起中毒性肝病，病程较长者，甚至可发展为肝纤维化或肝硬化。

（5）损害肾脏和膀胱。有些有机化合物急性中毒时，伴有不同程度的肾脏损伤或急性化学性膀胱炎，也可继发溶血，以四氯化碳等引起的急性肾小管坏死性肾病最为严重。

（6）损害循环系统。四氯化碳、有机农药、有机氟化物等可引起急性心肌损害；三氯乙烯、汽油、苯等有机溶剂的急性中毒中，毒物刺激肾上腺素受体而致心室颤动。

（7）致癌作用。某些氨基化合物有致癌作用，联苯胺作用较明显，可引起膀胱癌，苯可引起白血病等。

4. 金属、类金属及其化合物

常见的金属、类金属毒物有铅、汞、铬、镉、镍、砷等及其化合物。

金属的毒性作用与金属的溶解性、氧化价态及在有机体内的氧化-还原转换率等因素有关。一般来说，可溶的、氧化价态高和氧化-还原转换率低的金属毒性较大；反之，则较小。

（1）汞（Hg）。常温下为银白色液体，黏度小，有很强的附着力，地板、墙壁等都能吸附汞。常温下即能蒸发，温度升高，蒸发加快。汞离子与体内的酶中的硫氢基和二巯基有很强的亲和力。汞与体某些酶的活性中心结合后，使酶失去活性，造成细胞损害，导致中毒。

（2）铅（Pb）。银灰色软金属，熔点327 ℃，加热至400～500 ℃即有大量铅蒸气逸出，在空气中迅速氧化成氧化亚铅和氧化铅，并凝结成烟尘。铅是全身性毒物，主要是影响卟啉代谢。卟啉是合成血红蛋白的主要成分，因此影响血红蛋白的合成，造成贫血。铅可引起血管痉挛、视网膜小动脉痉挛和高血压等。铅还可作用于脑、肝等器官，发生中毒性病变。

（3）铬（Cr）。钢灰色、硬而脆的金属，熔点 1900 ℃，沸点 2480 ℃。铬化合物中以六价铬毒性最大。六价铬化合物有强刺激性和腐蚀性。铬在体内可影响氧化、还原、水解过程，可使蛋白质变性，引起核酸、核蛋白沉淀，干扰酶系统。六价铬抑制尿素酶的活性，三价铬对抗凝血活素有抑制作用。

二、有毒有害物质泄漏的形式

工业中不应该流出或漏出的物质或流体，流出或漏出设备之外，造成损失，称之为泄漏。危险化学品事故的发生多与泄漏有关，可以说泄漏是引发流体危险化学品事故的直接祸根。当危险化学品介质从其储存的设备、输送的管道及盛装的器皿中外泄时，容易引发中毒、火灾、爆炸、灼伤及环境污染事故。

【案例6】由危化品泄漏引起的事故

2003 年 12 月 23 日，重庆开县高桥镇 16 号井发生特大井喷事故，剧毒气体硫化氢的扩散，致 243 人死亡，数百人受伤，波及范围 80 万平方千米，疏散群众 6.5 万余人。

2004 年 4 月 15 日，重庆某化工厂氯气泄漏爆炸致 9 人死亡，3 人受伤，波及范围达半径 1 千米，疏散居民 15 万人，甚至动用军队先后发射 21 发枪、炮、坦克炮弹，击破残余贮气罐，消除危险源。

现代大型化工企业在用埋地管道输送高温高压油、气、水过程中，管道内输送的物料介质，可能受腐蚀、冲刷、振动、季节和地下变化等因素影响导致泄漏。管道如不及时维修处理，泄漏将增大，会使物料流失，并污染环境；物料若挥发有毒、易燃、易爆气体，则可能引起火灾、爆炸、中毒、人身伤害事故，致使生产无法进行，造成企业非计划停产。对于公用工程管道发生泄漏事故，停水、停燃料气、停蒸汽，给广大用户生活带来不便。

对于连续性生产企业及公用工程，在管道发生泄漏时及时维修处理极为重要，是确保安全、稳定、长周期、满负荷、优化连续生产的关键，可节约能源，减少环境污染，保障人民生活，增加社会效益和经济效益。

造成泄漏的原因主要有两方面：

一是由于机械加工的结果，机械产品的表面必然存在各种缺陷和形状及尺寸偏差，因此，在机械零件连接处不可避免地会产生间隙。

二是密封两侧存在压力差，工作介质就会通过间隙而泄漏。消除或减少任一因素都可以阻止或减少泄漏。就一般设备而言，减小或消除间隙是阻止泄漏的主要途径。

管道泄漏发生的部位是不同的，几乎涉及所有的流体输送，泄漏的形式及种类也是多种多样的。

（一）按泄漏的机理分类

（1）界面泄漏：在密封件（垫片、填料）表面和与其接触件的表面之间产生的一种泄漏。如法兰密封面与垫片材料之间产生的泄漏、阀门填料与阀杆之间产生的泄漏、密封填料与转轴或填料箱之间发生的泄漏等，都属于界面泄漏。

（2）渗透泄漏：介质通过密封件（垫片、填料）毛细管渗透出来。这种泄漏发生在致密性较差的植物纤维、动物纤维和化学纤维等材料制成的密封件上。

（3）破坏性泄漏：密封件由于急剧磨损、变形、变质、失效等因素，使泄漏间隙增大而造成的一种危险性泄漏。

（二）按泄漏量分类

1. 液体介质泄漏分为五级

（1）无泄漏：以检测不出泄漏为准。

（2）渗漏：一种轻微泄漏，表面有明显的介质渗漏痕迹，像渗出的汗水一样，擦掉痕迹，几分钟后又出现渗漏痕迹。

（3）滴漏：介质泄漏成水珠状，缓慢地滴下，擦掉痕迹，5 min 内会再次出现水珠状渗漏。

（4）重漏：介质泄漏较重，连续成水珠状流下或滴下，未达到流淌程度。

（5）流淌：介质泄漏严重，介质喷涌不断，呈线状流淌。

2. 气态介质泄漏分为四级

（1）无泄漏：用小纸条或纤维检查呈静止状态，用肥皂水检查无气泡。

（2）渗漏：用小纸条检查微微飘动，用肥皂水检查有气泡，用湿的石蕊试纸检验有变色痕迹，有色气态介质可见淡色烟气。

（3）泄漏：用小纸条检查时飞舞，用肥皂水检查气泡成串，用湿的石蕊试纸测试马上变色，有色气体明显可见。

（4）重漏：泄漏气体产生噪声，可听见。

（三）按泄漏的时间分类

（1）经常性泄漏：从安装运行或使用开始就发生的一种泄漏，主要是施工或安装和维修质量不佳等原因造成的。

（2）间歇性泄漏：运转或使用一段时间后才发生的泄漏，时漏时停。这种泄漏是由于操作不稳，介质本身的变化，地下水位的高低，外界气温的变化等因素所致。

（3）突发性泄漏：突然产生的泄漏。这种泄漏是由于误操作、超压超温所致，也与疲劳破损、腐蚀和冲蚀等因素有关。这是一种危害性很大的泄漏。

（四）按泄漏的密封部位分类

（1）静密封泄漏：无相对运动密封的一种泄漏，如法兰、螺纹、箱体、卷口等结合面的泄漏。相对而言，这种泄漏比较好治理。

（2）动密封泄漏：有相对运动密封的一种泄漏，如旋转轴与轴座间、往复杆与填料间、动环与静环间等动密封的泄漏。这种泄漏较难治理。

（3）关闭件泄漏：关闭件（闸板、阀瓣、球体、旋塞、滑块、柱塞等）与关闭座（阀座、旋塞体等）间的一种泄漏。这种密封形式不同于静密封和动密封，它具有截止、换向、节流、调节、减压、安全、止回等作用，它是一种特殊的密封装置。这种泄漏很难治理。

（4）本体泄漏：壳体、管壁、阀体等材料自身产生的一种泄漏，如砂眼、裂缝等缺陷造成的泄漏。

在实际生产过程中也常按泄漏所发生的部位名称称呼，如法兰泄漏、阀门泄漏、管道泄漏、弯头泄漏、三通泄漏、四通泄漏、变径泄漏、填料泄漏、螺纹泄漏、焊缝泄漏。

（五）按泄漏的危害性分类

（1）不允许泄漏：指用感觉和一般方法检查不出密封部位有泄漏现象的特殊工况，如极易燃易爆、剧毒、放射性介质以及非常重要的部位，是不允许泄漏的。例如，核电厂阀门要求使用几十年仍旧完好不漏。

（2）允许微漏：指介质允许微漏而不产生危害的工况。

（3）允许泄漏：指一定场合下的水和空气类介质的泄漏。

允许泄漏率

（六）按泄漏介质的流向分类

（1）向外泄漏：介质从内部往外部传质的一种现象。

（2）向内泄漏：外部的物质向受压体内部传质的一种现象。

（3）内部泄漏：密封系统内介质产生传质的一种现象，如阀门在密封系统关闭后的泄漏等。内部泄漏难以发现和治理。

（七）按泄漏介质种类分类

按泄漏介质种类可分为漏气、漏水、漏油、漏酸、漏碱、漏盐、漏物料等。

三、泄漏控制技术

泄漏控制技术是指通过控制危险化学品的泄放和渗漏，从根本上消除危险化学品的进一步扩散和流淌的措施和方法。

泄漏控制技术应树立"处置泄漏，堵为先"的原则。当危险化学品泄漏时，如果能够采用带压密封技术来消除泄漏，堵截泄漏源头，就可降低甚至省略事故现场抢险中的隔离、疏散、现场洗消、火灾控制和废弃物处理等环节。

泄漏控制技术包括泄漏源控制和泄漏物处理两个主要环节。无论在哪个环节，首先要明确的是，进入现场的抢险车、消防车、救援车要停放于上风或侧风等安全位置。处置人员进入事故现场危险区，必须依据泄漏化学品性质做好个人安全防护，如佩戴空气呼吸器、穿防毒衣、防化服等。其次，任何泄漏物控制过程中，都要做好防爆措施。

（一）泄漏源控制

1. 关阀止漏

泄漏点如在阀门之后且阀门尚未损坏，可关闭管道前置阀门，切断泄漏源。

关阀止漏法的操作

2. 带压堵漏

管道、阀门、容器壁发生泄漏，不能采用关阀止漏法时，可采取各种针对性的堵漏器具和方法对泄漏口进行封堵。目前，比较成熟的堵漏技术包括钢带拉紧技术、快速捆扎技术、低压粘补技术、注剂式密封技术、堵焊技术、管线带压修复技术、磁压堵漏技术等。

不同部位不同形式的泄漏堵漏方法见表 4-1。

表 4-1 不同部位不同形式的泄漏堵漏方法

部位	形式	方 法
罐体	砂眼	使用螺丝加黏合剂旋进堵漏
	缝隙	使用外封式堵漏袋、电磁式堵漏工具组、粘贴式堵漏密封胶（适用于高压）、潮湿绷带冷凝法或堵漏夹具、金属堵漏锥堵漏
	孔洞	使用各种木楔、堵漏夹具、粘贴式堵漏密封胶（适用于高压）、金属堵漏锥堵漏
	裂口	使用外封式堵漏袋、电磁式堵漏工具组、粘贴式堵漏密封胶（适用于高压）堵漏
管道	砂眼	使用螺丝加黏合剂旋进堵漏
	缝隙	使用外封式堵漏袋、金属封堵套管、电磁式堵漏工具组、潮湿绷带冷凝法或堵漏夹具堵漏
	孔洞	使用各种木楔、堵漏夹具、粘贴式堵漏密封胶（适用于高压）堵漏
	裂口	使用外封式堵漏袋、电磁式堵漏工具组、粘贴式堵漏密封胶（适用于高压）堵漏
阀门	断裂	使用阀门堵漏工具组、注入式堵漏胶、堵漏夹具堵漏
法兰	连接处	使用专用法兰夹具、注入式堵漏胶堵漏

1）钢带拉紧技术

对于压力等级在 1.6 MPa 以下的泄漏，以前多采取卡箍止漏法。这种方法的缺点是预制时间长，对现场的应变能力差。钢带拉紧专利技术中的系列产品复合堵漏器、成型堵漏钢带等，能较好地克服卡箍止漏法的缺陷。2003 年 8 月 13 日，某油田采油三厂小集联合站沉降罐出口管线弯头焊缝泄漏，介质为油气水混合物，压力为 1.2 MPa，采用钢带拉紧工艺 20 min 成功带压堵漏。

2）快速捆扎技术

堵漏产品可以从结构上分固持和密封两部分，捆扎带是将两部分合为一体的堵漏产品。在捆扎时，随着捆扎带的增厚，能不断产生挤压力，从而达到快速捆扎堵漏的目的。2004 年 8 月 20 日，胜利油田某采油队 H106-6 站的出口复合管泄漏，介质为油气水混合物，压力为 1.2 MPa，采用快速捆扎工艺 30 min 成功带压堵漏。

3）低压粘补技术

低压粘补技术即化学黏合技术。现有的各种胶黏剂均不易直接带压粘补，需要一种导流装置来实现带压粘补。在研发出导流帽后，解决了这个难题。2004 年 9 月 19 日，胜利油田某采油队史 100 注水站 1 号罐底部泄漏，介质为污水，压力为 0.2 MPa，采用低压粘补工艺 30 min 成功带压堵漏。

4）注剂式密封技术

治理压力在 2～3 MPa 以上的石油天然气泄漏以及法兰、阀门等疑难位置的泄漏一般采用注剂式密封技术，但容易对泄漏本体形成冲击破坏。新型高压密封注剂，可以涵盖 35 MPa 以下不同压力等级、不同泄漏位置、不同泄漏介质的各种泄漏。2004 年 3 月 13 日，中国海洋石油某分公司东方平台换热器封头法兰泄漏，介质为天然气，压力为 6 MPa，采用新工艺 20 h 成功带压堵漏，避免了整个气田及下游化肥厂的停产，节约资金 300 万元。

5）膨胀式封堵技术

近年来，由于不法分子在油气管网上安装阀门窃油窃气，给生产单位带来重大损失。膨胀式封堵器专利产品解决了这个难题。2003 年 5 月 28 日，中原油田某采输气大队 11 号计量站外输干线上部被安装球型窃气阀门，直径为 20 mm，介质为天然气，压力为 1 MPa，采用膨胀式封堵器 20 min 拆除阀门，并成功封堵住漏点。

6）堵焊技术

对石油天然气管道的泄漏点进行电焊修补，以前大都采用打木塞再电焊的方法，事故隐患相当大。新型管道堵漏钳配合高温密封垫，可以在成功堵漏的前提下施焊，大大降低了事故风险。2003 年 7 月，山东省某天然气管道公司的一条输气干线在聊城段遭挖掘机外力损伤而严重泄漏，压力为 1.3 MPa，采用堵焊工艺 90 min 成功带压堵漏。

7）带压堵漏技术

带压堵漏技术就是在不停产的情况下，对管线、罐体、装置等进行堵漏。目前，国内的此项技术处于世界领先水平。

8）磁压堵漏技术

磁压堵漏技术，是利用磁铁对受压体的吸引力，将密封胶黏剂、密封垫压紧和固定在泄漏处堵住泄漏。这种方法适用于不能动火，无法固定压具和夹具，用其他方法无法解决的裂缝、松散组织、孔洞等低压泄漏部位的堵漏。

带压堵漏的操作

该技术对大型罐体、管线具有独到的快速堵漏作用，是近些年发展起来的先进封堵技术。

3．输　转

输转是把即将发生泄漏的危险化学品从事故储运装置转移到安全或相对安全的地方。

（1）利用工艺措施倒罐或放空（气体），导流或倒罐（液体），如图 4-14 所示

图 4-14 倒罐

倒罐的操作

泄漏物转移处置的操作

（2）转移较危险的瓶（罐）。转移时，要加强保护，注意采取相应的防爆措施。

4．点　燃

当无法有效地实施堵漏或倒罐处置时，可采取点燃措施使泄漏出的可燃性气体或挥发性的可燃液体在外来引火物的作用下形成稳定燃烧，控制其泄漏，降低或消除泄漏毒气的毒害程度和范围，避免易燃和有毒气体扩散后达到爆炸极限而引发燃烧爆炸事故。

点燃前要撤离无关人员，担任掩护和冷却等任务的人员要到达指定位置，检测周围可燃气体浓度。点火时，处置人员应在上风向，穿好避火服，使用安全的点火工具操作。

泄漏物点燃处置的操作

（二）泄漏物处理

1．围堤堵截

筑堤堵截泄漏液体或引流到安全地点，如图 4-15 所示。储罐区发生液体泄漏时，要及时关闭雨水阀，防止物料沿明沟外流。

图 4-15　围堤堵截

2．稀释与覆盖

向有害物蒸汽云喷射雾状水，加速气体向高空扩散。对于可燃物，也可在现场施放大量水蒸气或氮气，破坏燃烧条件。对于液体泄漏，为降低物料向大气中的蒸发速度，可用泡沫或其他覆盖物品覆盖外泄的物料，在其表面形成覆盖层，抑制其蒸发。

3．收　集

对于大型泄漏，可选择用隔膜泵将泄漏出的物料抽入容器内或槽车内；当泄漏量少时，可用沙子、吸附材料、中和材料等吸收中和。

4．固　化

通过加入能与泄漏物发生化学反应的固化剂或稳定剂使泄漏物转化成稳定形式，以便处理、运输和处置。常用的固化剂有水泥、凝胶、石灰。

5．低温冷冻

低温冷却是将冷冻剂散布于整个泄漏物的表面上，减少有害泄漏物的挥发。冷冻剂的供应将直接影响冷却效果。常用的冷冻剂有二氧化碳、液氮和冰。

6. 废　弃

将收集的泄漏物运至废物处理场所处置。用消防水冲洗剩下的少量物料，冲洗水排入污水系统处理。

进行泄漏控制和处理时，必须要做好防护，应该按照泄漏物的危险程度和危险区划分情况，佩戴相应的防护用品。

泄漏物的处置技术

任务四　矿山事故现场应急处置

由于矿山发生事故种类较多，发生的事故具有复杂性、特殊性，因此矿山事故现场处置也具有很强的特殊性、针对性、较强的专业性。事故现场的第一救援力量往往是井下现场受灾自救的生产班组和矿山救护人员。

【案例7】矿山事故案例

1942年4月26日，伪满洲国辽宁本溪湖煤矿发生瓦斯爆炸，死亡1549人，是世界历史上最严重的矿难。

事故发生前，有2000多名矿工在井下作业。11时30分左右，地面变电所出现故障，全矿受此影响停电，14时恢复供电后，首先给各井口扇风机送电，10分钟后开始向井下开采区送电。就在这时，井口传来一声巨响，紧接着，5个斜井口冒出滚滚浓烟，井下发生了爆炸。日本人为避免因为爆炸引发大范围的井下火灾，保住矿产资源，在瓦斯爆炸后，采取了停止送风的措施，导致1549人死亡，其中中国人1518人。

2020年9月27日，重庆某公司松藻煤矿发生重大火灾事故，造成16人死亡、42人受伤，直接经济损失2501万元。事故直接原因：松藻煤矿二号大倾角运煤上山胶带下方煤矸堆积，起火点-63.3m标高处回程托辊被卡死、磨穿形成破口，内部沉积粉煤。磨损严重的胶带与起火点回程托辊滑动摩擦产生高温和火星，点燃回程托辊破口内积存粉煤。胶带输送机运转监护工发现胶带异常情况，电话通知地面集控中心停止胶带运行，紧急停机后静止的胶带被引燃，胶带阻燃性能不合格、巷道倾角大、上行通风，火势增强，引起胶带和煤混合燃烧。火灾烧毁设备，破坏通风设施，产生的有毒有害高温烟气快速蔓延至2324-1采煤工作面，造成重大人员伤亡。

2021年4月10日，新疆昌吉州呼图壁县某煤矿发生重大透水事故，造成21人死亡，直接经济损失7067.2万元。事故原因是该煤矿违章指挥、冒险组织掘进作业，在相邻煤矿老空积水压力和掘进扰动作用下，相邻煤矿老空水溃入其回风顺槽，造成重大透水淹井事故。经查，某煤矿在隐患未整改完毕、煤矿安全监管部门明确不予批准复工的情况下，擅自恢复掘进作业。在掘进面出现明显透水征兆后未及时撤人，继续冒险组织掘进作业。未查明井田范围内及周边采空区、老窑分布范围及积水情况，边探放水边掘进，探放水工作未按相关规定的要求进行，抢工期、赶进度，违规下达掘进进尺指标，安全管理弱化。承担某煤矿技术服务业务的有关单位未认真履行职责，技术文件审批把关不严，出具报告与实际不符。地方安全监管不到位，对该煤矿防治水隐患未跟进监督整改。

2021年6月10日7时20分许，忻州市代县某矿业有限公司发生重大透水事故，造成13人遇难，直接经济损失3 935.95万元。经调查认定，事故直接原因是：违规开采主行洪沟下方保安矿柱，造成主行洪沟塌陷，降雨汇水径流沿塌陷坑进入采空区，与未彻底治理的采空区积水相汇，积水量迅速增加，水压增大，突破违规在1 310 m水平采矿作业形成的与1 320 m采空区之间的薄弱岩层，导致透水事故发生。

一、矿山事故类别及其特征

矿山生产可能发生的事故有瓦斯煤尘爆炸事故、火灾事故、水灾事故、顶板事故、矿山机电事故、爆炸材料事故、矿山地质灾害事故等。

（一）瓦斯煤尘爆炸事故特征

（1）事故形式主要有瓦斯窒息、瓦斯爆炸、煤尘爆炸。

（2）事故多发生在采空区、采掘工作面、主要运输大巷、回风巷中。

（3）瓦斯、煤尘爆炸事故没有季节性，一旦发生爆炸，会造成巨大的财产损失和人员伤亡。

（4）瓦斯、煤尘爆炸发生前的征兆为感觉到附近空气发生颤动，有时还发出咝咝的空气流动声，这可能是爆炸前爆源要吸入大量氧气所致。

（二）矿山火灾事故特征

（1）矿井火灾分为内因火灾和外因火灾，内因火灾主要是煤层自燃，外因火灾主要是设备着火。

（2）内因火灾多发生在采空区或通风不良的巷道中；外因火灾多发生在机电硐室、采掘工作面或地面煤场中。

（3）火灾事故没有季节性，一旦发生火灾还可能会引起一氧化碳中毒、窒息或引发瓦斯煤尘爆炸，造成很大的损失和人员伤亡。

（4）内因火灾的发生有一定的征兆：

① 空气温度、湿度持续性升高，有时出现雾气或巷道壁出汗。

② 巷道出现煤炭和坑木干馏的火灾气味。

③ 自巷道流出的水和空气温度增高。

④ 人体有不舒适感，如头痛、闷热、四肢无力等；电器、电缆发热，有胶皮味。

（三）矿山水灾事故特征

（1）水灾事故主要有地表水溃入井下、老空突水、灾害性天气等。

（2）故多发生在采煤工作面、掘进迎头中。

（3）水灾事故有季节性，一般发生在汛期，一旦发生会造成人员伤亡。

（4）井下水灾事故的预兆

① 挂红。挂红是一种出水信号。矿井水中含有铁的氧化物，在它通过岩层裂隙而渗

透到采掘工作面矿体表面时，会呈现暗红色水锈，这种现象叫作挂红。

② 挂汗。积水区的水在自身压力作用下，通过岩壁裂隙而在采掘工作面的岩壁上结成许多水珠。

③ 水叫。含水层或积水区内的高压水，向煤（岩）壁裂隙挤压时，摩擦会发出"嘶嘶"叫声，这说明采掘工作面距积水区或其他水源已经很近了。

④ 空气变冷。采掘工作面接近积水区域时，空气温度会下降，岩壁发凉，进入工作面就有凉爽、阴冷的感觉。

⑤ 出现雾气。当采掘工作面气温较高时，从岩壁渗出的积水，会被蒸发而形成雾气。

⑥ 顶板淋水加大，顶板来压，底板鼓起。

⑦ 水色发混，有臭味。

⑧ 采掘工作面有害气体增加。积水区向外散发瓦斯、二氧化碳、硫化氢等有害气体等。

⑨ 如果出水清净，则离积水区较远；若浑浊，则离积水区已近。

（四）矿山顶板事故特征

（1）顶板事故主要有工作面片帮、漏顶、冒顶。

（2）事故多发生在采煤工作面、采掘巷道、维修巷道中。

（3）顶板事故没有季节性，一旦发生，会造成人员伤亡。

（4）顶板预兆：顶板连续发出断裂声；顶板下沉量增加。

（5）煤帮预兆：煤质变得松软，片帮煤增多；电钻打眼时感到钻进省力。

（6）支架预兆：木支柱大量被压劈、压裂或折断，工作面可以连续听见木支柱断裂声。铰接顶梁工作面顶梁楔子会弹出。单体液压支柱会出现"崩柱"现象。

（五）矿山机电事故特征

（1）机电事故主要有运输事故、触电事故、供电事故等。

（2）事故多发生在生产用电各环节中。

（3）事故没有季节性，一旦发生会造成人员伤亡。

（六）爆破材料事故特征

（1）储存民爆器材的井下存放点发生火灾，或存放点以外发生有可能蔓延到存放点的火灾。

（2）可能发生燃烧或爆炸，造成人员伤亡。

（3）民爆器材被盗、被抢、丢失及发生其他意外流失也可能发生事故。

（4）运输民爆器材途中，发生翻车、燃烧、爆炸或丢失等事故。

（七）矿山地质灾害事故特点

（1）地质灾害事故主要特征有地面下沉、塌陷、裂纹，岩层移位等。

（2）地质灾害事故一般发生在采空区内，多发生在汛期内。

（3）地质灾害可能造成财产损失和人员伤亡。

二、矿山事故应急处置

矿山事故发生后，仅仅依靠现场人员和企业的初期处置很难有效处理事故，大多数情况需要专业救援队伍等救援力量介入进行抢险救援。抢险救援工作能够有效开展，需要依靠党的领导，政府的支持，专业的队伍、技术和方法。

下面介绍矿山事故发生后的一般处置流程，重点学习矿山火灾和水灾事故发生后的应急处置措施。

（一）现场应急组织与职责

1. 现场应急形式及人员构成情况

基层单位现场应急组织以班组为单位，由全班组人员组成。按照既定预案确定现场负责人（区队长、班组长、干部、有经验的老工人、特种作业人员等），现场负责人要充分发挥高度政治责任心，勇敢地担负起现场救灾的职责。

2. 现场应急组织机构、人员的具体职责

1）现场应急组织负责人职责

（1）负责察看事故性质、范围和发生原因等情况。

（2）快速报告给调度室。

（3）带领全班组人员，开展自救、互救工作。

2）现场应急组织成员职责

在现场负责人的带领下开展自救、互救工作；尽可能采取措施减少事故扩大，减少人员伤亡。

（二）现场处置要点

发生矿山（煤矿、非煤矿山）事故，事故现场指挥部应科学采取下列一项或多项应急处置措施。

（1）立即启动应急预案。

（2）迅速组织撤出灾区和受威胁区域的人员，同时探明事故类型及发生的地点和范围，查明被困人员，组织营救。

（3）根据事故类型迅速采取措施，控制事态发展。

（4）尽快抢修被破坏的巷道或工作面，使原有生产系统尽可能恢复功能，创造抢救与处理事故的条件。

（5）根据处置需要请求就近的专职矿山救护队参加救援，并向参加救援的应急救援队伍提供相关技术资料、信息和处置方法。迅速调集应急救援物资及食物、饮用水，尽可能向被困人员提供生存必需保障。

（6）关闭或者限制使用有关场所，中止可能导致危害扩大的生产经营活动以及采取其他保护措施。在火灾、爆破器材爆炸事故现场，应严禁明火，禁止或者限制使用能产生静电、火花的有关设备、设施。

（7）及时通知可能受到事故影响的单位和人员；采取防止发生次生、衍生事件的必要措施。

（8）维护事故现场秩序，保护事故现场和相关证据。

（9）采取法律、法规规定的其他应急救援措施。

（三）矿山火灾事故应急处置

1. 矿山救护队出动与侦查

1）闻警出动

（1）救援小队接警后，第一时间按响警报电铃，接警后将事故救援内容，包括事故类别、事故地点、遇险人数及救援任务、救援计划填写在救援行动计划表上，随后集合队伍，并根据事故类型向小组成员布置救援任务，小队携带仪器设备，迅速赶往灾区。

（2）由小队队长向指挥员汇报灾情，汇报内容主要包括救援小队名称、队长姓名、队员人数、救援任务、确定的救援路线、救援时间等，指挥员给出相应指示。

报告范文："报告指挥员，××小队接××矿调度室电话报警，×月×日×时×分，在该矿井××工作面××米处出现××事故，目前该矿仍有 2 名矿工被困井下。我小队具体负责本次井下救援任务，由××担任本次救援小队队长，小队人员共计×人。救援时间为××日××时至××日××时，拟定救援路线为……汇报结束，请指示。"

2）救援准备

到达现场后等待救援指挥部进一步命令并进行现场仪器装备战前检查。检查内容包括正压氧气呼吸器的自检、互检和各种仪器设备的完好性。指挥员给出具体救灾命令和指示后迅速下井进行灾区侦查。

3）抢救人员路线设计

火灾发生后，抢险救援的一个重要任务就是抢救被困人员，首先要确定临时井下救援基地，救援基地的选择要求是在保证安全的前提下，尽量靠近灾区。如果是火灾，临时救援基地一般设置在火灾发生点的上风侧。营救火灾下风侧人员时，尽量选择距离最近，避开着火点的路线。

4）灾区侦查

（1）队员行进间距要求。

在侦查期间，队员应在互为可见范围内行动，即各队员之间距离不可超过 9 m。

（2）侦查路线及角色。

队员按照一定路线，在条件允许的前提下以与侦察巷道呈斜交式前进进行侦查，若改变侦查路线，需报告至井下救援基地指挥员同意。侦查前进时队长在前，副队长在队列后；返回时相反。

（3）行进方式及信号使用。

侦查小队应采用红外线测距仪，对前进巷道进行距离测定，且在前进或撤退时，队员不可出现奔跑现象。侦查小队应按《矿山救护规程》正确使用信号，可由队长直接下达口令或使用哨子发出信号。若使用哨子，1 声停止、2 声前进、3 声撤退。

（4）信息汇报及时。

侦查小队在灾区处理事故、井下救援前，应由队长发出处理命令，对应队员按照队长命令行动，禁止擅自处理。

（5）正确检测气体。

救援队应在下列地点使用指定仪器或多功能气体检测仪正确检测气体浓度：气体告示牌、冒落区两侧、风障、风门、火区、密闭、局部通风机、电器开关、遇险遇难人员的地点，每个地点只需检测 1 次。

检测气体种类：甲烷、二氧化碳、一氧化碳和氧气。

检测气体方法：检测仪器位置符合要求。检测甲烷时，检测仪位置高于头部；检测一氧化碳时，检测仪位置与胸平齐；检测氧气时检测仪应位于腰部或腰部稍下；检测二氧化碳时，检测仪应位于膝盖以下、地面以上。检测上述气体时，动作应有明显停顿，停顿时间 2 s。

（6）安全防护。

① 正确佩用氧气呼吸器。

侦查小队自佩用氧气呼吸器开始计时，20 min 内必须在停留状态下互检 1 次，因呼吸器故障再次进入灾区时，同样要进行此项检查。

侦查小队中有人不适或呼吸器出现故障，应按《矿山救护规程》要求采取措施处理。

② 正确使用救生索。

烟雾巷道侦察时，队员应使用救生索连接。

（7）灾害处理。

在灾区侦查的基础上对于发现的事故破坏现场进行灾害处理，如封闭火区，实施综合灭火，启封火区等工作。

2. 抢险救援技术要点

（1）了解掌握火灾地点、火灾类型、火源位置、灾区范围、遇险人员数量及分布位置、通风情况、瓦斯等有害气体浓度、巷道破坏程度，以及现场救援队伍和救援装备等情况。根据需要，增调救援队伍、装备和专家等救援资源。

（2）应迅速派矿山救护队进入灾区侦察灾情，发现遇险人员立即抢救，探明灾区情况，为救援指挥部制定决策方案提供准确信息。救援指挥部根据已掌握的情况、监控系统检测数据和灾区侦察结果，进一步分析判断火源点、燃烧强度、温度及气体浓度分布状况、破坏范围及程度，判断被困人员的生存状况，研究制定救援方案和安全技术措施。

（3）采取风流调控措施，控制火灾烟雾的蔓延，防止火灾扩大，防止引起瓦斯爆炸，防止因火风压引起风流逆转造成危害，创造有利的灭火条件，保证救灾人员的安全并有利于抢救遇险人员。采取反风措施处理进风井筒、井底车场及主要进风巷火灾时，必须详细制定和严格实施反风方案和安全措施。反风前，撤出火源进风区人员。

（4）根据现场情况选择直接灭火、隔绝灭火或综合灭火方法。当火源明确、能够接近、火势不大、范围较小、瓦斯浓度在允许范围内时，应采取清除火源、用水浇灭等直接灭火方法，尽快扑灭火灾，防止事故扩大。对于大面积或隐蔽火灾，直接灭火无效或者危及救援人员安全时，应采取封闭火区的隔绝灭火方法或综合灭火方法。封闭具有爆炸危险的火区，应采取注入惰性气体、注浆等措施惰化火区，消除爆炸危险，再在安全位置建立密闭墙进行隔绝灭火。

（5）组织恢复通风设施时，遵循"先外后里，先主后次"的原则，由井底开始由外向里逐步恢复，先恢复主要的和容易恢复的通风设施。损坏严重，一时难以恢复的通风设施可用临时设施代替。

3．安全注意事项

（1）加强对灾区气体检测分析，防止发生瓦斯、煤尘爆炸造成伤害。必须指定专人检查瓦斯和煤尘，观测灾区的气体和风流变化。当甲烷浓度达到 2%并继续上升时，全部人员立即撤离至安全地点并向指挥部报告。

（2）救护队在行进和救援过程中，救护队指挥员应当随时注意风量、风向的动态变化，用以判断是否出现风流逆转、逆退和滚退等风流紊乱，并采取相应防护措施。还应注意顶板和巷道支护情况，防止因高温燃烧造成巷道垮落伤人。

（3）处理掘进工作面火灾时，应保持原有的通风状态，进行侦查后再采取措施。

（4）处理上、下山火灾时，必须采取措施，防止因火风压造成风流逆转或巷道垮塌造成风流受阻威胁救援人员安全。

（5）处理爆炸物品库火灾时，应先将雷管运出，再将其他爆炸物品运出。因高温或爆炸危险不能运出时，应关闭防火门，退至安全地点。

（6）处理绞车房火灾时，应将火源下方的矿车固定，防止烧断钢丝绳造成跑车伤人。处理蓄电池电机车库火灾时，应切断电源，采取措施，防止氢气爆炸。

（7）封闭火区时，为了保证安全和提高效率，可采取远距离自动封闭技术实施封闭。采用传统封闭技术时，必须设置井下基地和待机小队，准备充足的封闭材料和工具，确保灾区爆炸性气体达到爆炸浓度之前完成封闭工作，撤出作业人员。

（8）采取火区锁风措施减小火区封闭范围时，应采取注惰、注浆等措施有效惰化火区后实施锁风作业。

4．相关工作要求

（1）严禁盲目入井施救。救援过程中，如果发现有爆炸危险、风流逆转或其他灾情突变等危险征兆，救援人员应立即撤离火区。在已经发生爆炸的火区无法排除发生二次爆炸的可能时，禁止任何人入井，根据灾情研究制定相应救援方案和安全技术措施。

（2）封闭具有爆炸危险的火区时，必须保证救援人员安全。应采用注入惰性气体等抑爆措施，加强封闭施工的组织管理，选择远离火点的安全位置构造密闭墙，封闭完成后，所有人员必须立即撤出，24 小时内严禁派人检查或加固密闭墙。

（3）发现已经封闭的火区发生爆炸造成密闭墙破坏时，严禁派救护队侦查或者恢复密闭墙。应该采取措施实施远距离封闭。

5．主要技术措施

1）火区封闭

根据火区内瓦斯聚积的情况，可将封闭火区的方法分成三种类型：

（1）锁风封闭。

从火区进回风两侧同时构筑防火墙封闭火区，封闭火区时保持不通风。这种方法适用于火区气体贫氧、氧浓度低于瓦斯失爆（O_2 浓度<12%）和失燃（O_2 浓度<3%）界限。这种情况虽然极为少见，但是，如果发生火灾时采取调风措施，阻断火区通风，空气中的氧

因火源及瓦斯燃烧而大量消耗，也是可能出现的。

（2）通风封闭。

这是目前应用最广泛的一种方法，也是一种正确安全的方法。

在保持火区通风的条件下，同时构筑进出风两侧的防火墙以封闭火区。这时，火区空气中的氧浓度高于失爆界限（O_2浓度>12%），封闭区内瓦斯浓度存在着发生爆炸的可能与危险。在构筑防火墙风量逐渐减少或当火区构筑防火墙开始脱离全矿风压的影响时，都可能发生。

① 先进后回。

先封闭进风侧巷道，再封闭回风侧巷道。

这种方法在抚顺、辽源等高瓦斯矿应用较多，先将进风侧巷道封闭，然后撤离人员，隔 24 小时再封闭回风侧巷道。若有瓦斯积聚，任其爆炸，待回风侧因爆炸形成贫氧区后再封闭。

② 进回同时。

这是应用最广泛的一种方法，由救护队员在进、回风巷道构筑密闭墙，在密闭墙上预留一通风孔，同时封闭通风孔。封闭完成后立即撤出人员以防瓦斯爆炸。在确认无瓦斯爆炸后再构筑永久防火墙。

③ 先回后进。

这种方法采用较少，先封闭回风侧巷道有利于使火区空气中氧气浓度迅速减少，加速火区熄灭，但应防止瓦斯积聚爆炸和火烟回流。

（3）注入惰性气体封闭火区法。

此法既是联合灭火法的一种，也是最安全、最有效的灭火方法。在封闭火区的同时，注入惰性气体（CO_2、N_2、H_2O 等），既可防止火区发生瓦斯爆炸，又能加速火灾窒息。但是采用这种方法需要装备一整套注惰装置，而且要有足够的惰性气体源供入火区。

2）火区启封

启封火区是一项危险的工作，一定要谨慎从事。

《煤矿安全规程》明确规定：启封火区时，应逐段恢复通风，同时测定回风流中有无一氧化碳。发现复燃征兆时，必须立即停止向火区送风，并重新封闭火区。

启封火区和恢复火区初期通风等工作，必须由矿山救护队负责进行，火区回风风流所经过巷道中的人员必须全部撤出。

在启封火区工作完毕后的 3 天内，每班必须由矿山救护队检查通风工作，并测定水温、空气温度和空气成分。只有在确认火区完全熄灭、通风等情况良好后，方可进行生产工作。

启封火区的方法有两种：通风启封与锁风启封。

（1）通风启封。

适用：火区范围不大，确认火源已熄灭。

方法：首先打开一个回风侧防火墙，过一定时间后再打开一个进风侧防火墙。待火灾气体排放一定时间，如无异常现象，再相继打开其余防火墙。可采用局部风扇强力通风，迅速冲淡火灾气体，防止爆炸，同时撤人。打开第一个回风侧防火墙时，应先开一个小孔，然后逐渐扩大，严禁一次将防火墙全部扒开。

（2）锁风启封。

适用：火区范围大，火源是否熄灭难以确认、高瓦斯矿井。

方法：首先在将打开的防火墙外侧 5~6 m 处构筑一道带风门的防火墙，形成封闭空间，然后打开原防火墙，救护队员进入探查火源，确认一定地段无火源后，再选择适当地点重新建立临时防火墙，恢复通风。这样逐段逼近发火地点，逐段启封。

（四）矿山水灾事故应急处置

1. 事故特点

（1）矿井透水水源主要包括地表水、含水层水、断层水、老空水等。地表水的溃入来势猛，水量大，可能造成淹井，多发生在雨季和极端天气情况。含水层透水来势猛，当含水层范围较小时，持续时间短，易于疏干；当范围大时，则破坏性强，持续时间长。断层水补给充分，来势猛，水量大，持续时间长，不易疏干。老空水是煤矿重要充水水源，以净贮量为主，突水来势猛，破坏性强，但一般持续时间短。老空水常为酸性水，透水后一般伴有有害气体涌出。

（2）井下采掘工作面发生透水之前，一般都有某些征兆，如巷道壁和煤壁"挂汗"、煤层变冷、出现雾气、淋水加大、出现压力水流、有水声、有特殊气味等。

（3）透水事故易发生在接近老空区、含水层、溶洞、断层破碎带、出水钻孔地点、有水灌浆区以及与河床、湖泊、水库等相近的地点。掘进工作面是矿井水害的多发地点。

（4）透水会造成遇险人员被水冲走、淹溺等直接伤害，或造成窒息等间接伤害，也容易因巷道积水堵塞造成遇险人员被困灾区。大量突水还可能冲毁巷道支架，造成巷道破坏和冒顶，使灾区的有毒有害气体浓度增高。

（5）水灾事故发生后，遇险人员可能因避险离开工作地点，撤离至较安全位置，在井下分布较广。由于水灾事故受困遇险人员往往具有较大生存空间，且无高温高压环境，有毒有害气体浓度不会迅速增大，相对爆炸、火灾、突出事故，遇险人员具备较大存活可能。

2. 抢险救援流程和方法

抢险救援基本流程可以参考矿井火灾抢险救援流程，包括闻警出动、救援准备、抢救人员路线设计、灾区侦查和灾害处理等。这里重点介绍抢救遇险人员路线设计方法和灾害处理过程中的井下接电排水。

1）抢救人员路线设计

一定要考虑水灾的特点，井下临时救援基地要在透水点以上位置，靠近被困人员，尽量选择新鲜风流且能躲避爆炸的位置。如果有符合条件的避难硐室，可以选择避难硐室作为井下临时救援基地，设计救人路线从井下临时救援基地开始，沿高于透水点标高的巷道到达人员被困地点。

2）井下透水点接电排水一般流程和方法

在进行抢险救援排水过程中，往往需要恢复供电，对井下磁力启动器接电操作是矿山救援队员的基本技能。

（1）向井下基地指挥员请求停止设备供电，指挥员将信息向矿山指挥部汇报，经同意后告知灾区小队。小队接到命令后停止并闭锁磁力启动器手把，停止并闭锁分路馈电开关，断电并挂牌。

（2）开盖前使用多功能气体检测仪进行瓦斯检测（检测位置位于胸部以上，浓度小于1%），开盖后使用验电笔对每个接线柱进行验电，对验电完毕的接线柱使用放电线进行放电。

（3）摇表的自检（先开路，后闭路），使用摇表对接线柱进行电阻测试（连接时相与相、相与地之间依次连接），对所摇的各接线柱再次进行放电（各接线柱与接地柱之间连接，放电线先接触地线，再接触接线柱）。

（4）使用电笔对电缆各项进行验电，验电完毕后使用放电线对电缆放电。

（5）制作线缆接头并对线缆进行绝缘性检测（摇表再次自检后，再进行绝缘性检测），对所摇的线缆用放电线进行放电。

（6）卸下进线嘴并制作密封圈，连接电缆，依次将进线嘴、金属圈、密封圈套在电缆上进行连接。

（7）使用摇表检测接线柱与所接电缆的绝缘性、对接线柱进行电阻测试，对所摇的各接线柱再次进行放电。

（8）电缆连接完毕在防爆面上均匀涂抹防锈油，拧紧开关上盖之后观察其防爆间隙及密闭性能。接好后抽送线缆必须牢固，不松动。

（9）向井下基地指挥员报告，请示送电。

（10）检查瓦斯，摘牌送电排水，检查泵的正反转，若反转，将馈电开关手把打至另外一侧。

（11）在接线的过程中不可在开关盖上放工具、剁电缆等。

3. 抢险救援技术要点

（1）了解掌握突水区域及影响范围、透水类型及透水量、井下水位、补给水源、遇险人员数量及事故前分布地点、事故后遇险人员可能躲避位置及其标高、矿井被淹最高水位、灾区通风和气体情况、巷道被淹及破坏程度，以及现场救援队伍、救援装备、排水能力等情况。根据需要，增调救援队伍、装备和专家等救援资源。

（2）采取排、疏、堵、放、钻等多种方法，全力加快灾区排水。综合实施加强井筒排水、向无人的下部水平或采空区放水、钻孔排水等措施。应调集充足的排水力量，采用大功率排水设备，加快排水进度，并根据水质的酸性、泥沙含量等情况，调集耐酸泵和泥沙泵进行排水。

（3）排水期间，切断灾区电源，加强通风，监测瓦斯、二氧化碳、硫化氢等有害气体浓度，防止有害气体中毒，防止瓦斯浓度超限引起爆炸。

（4）利用压风管、水管及打钻孔等方法与被困人员取得联系，向被困人员输送新鲜空气、饮料和食物，为被困人员创造生存条件，为救援争取时间。在距离不太远、巷道无杂物、视线较清晰时可考虑潜水进行救护。潜水员携带氧气瓶、食物、药品等送往被困人员地点，打开氧气瓶，提高空气中的氧气浓度。

（5）在排水救援的同时，根据现场条件可采取施工地面或井下大孔径救生钻孔的方法营救被困人员。

4. 安全注意事项

（1）在救援过程中，应特别注意通风工作，救护队要设专人检查瓦斯和有害气体。负责水泵的人员应佩戴自救器，井筒和井口附近禁止明火，防止瓦斯爆炸，如发现瓦斯涌出，应及时排出，以免造成灾害。

（2）清理倾斜巷道淤泥时，应从巷道上部进行。当抢救人员需从斜巷下部清理淤泥、黏土、流沙或煤渣时，必须制定专门措施，设有专人观察，设置阻挡的安全设施，防止泥沙和积水突然冲下，并应设置有安全退路的躲避硐室。出现险情时，人员立即进入躲避硐室暂避。

（3）排水后进行侦察、抢救人员时，注意观察巷道情况，防止冒顶和底板塌陷。救护队员通过局部积水巷道时，应该靠近巷道一侧探测前进。

（4）救护队进入独头平巷侦查或抢救人员时，如果水位仍在上升，要派人观察独头巷道外出口处水位的增长情况，防止水位增高堵住救援人员的退路。在通过积水巷道时，应考虑到水位的上升速度、距离和有害气体情况，要与观察水情的人员保持联系，如发现异常情况要立即撤离并返回基地。

（5）抢救和运送长期被困人员时，注意环境和生存条件的变化，严禁用灯光照射眼睛，应用担架并盖保温毯，将被困人员运到安全地点，进行必要的医疗急救处置后尽快送医院治疗。

5. 相关工作要求

（1）救护队在处理水灾事故时，必须带齐救援装备。在处理老空水透水时，应特别注意检查有害气体（甲烷、二氧化碳、硫化氢）和氧气浓度，以防止缺氧窒息和有毒有害气体中毒。

（2）处理上山巷道突水时，禁止由下往上进入突水点或被水、泥沙堵塞的开切眼，防止二次突水、淤泥的冲击。从平巷中通过这些开切眼或下山口时，要加强支护或封闭上山开切眼，防止泥沙下滑。

（3）井下发生突水事故后，严禁任何人以任何借口在不佩戴防护器具的情况下冒险进入灾区，防止发生次生事故造成自身伤亡。

（4）严禁向低于矿井被淹最高水位以下可能存在躲避人员的地点打钻，防止独头巷道生存空间空气外泄，水位上升，淹没遇险人员，造成事故扩大。

思考题

1. 如果事故发生后无法做到及时疏散，应该如何应对？
2. 询情和侦检中人员防护用品佩戴标准应该按哪些因素来确定？
3. 常见的高层民用住宅一般有多少层？为什么这个层数都比较接近？
4. 既然是避难层，说明在其内部可以安全避难，为什么还要对避难层的人员进行疏散？
5. 常见的灭火方法中，在可选择的情况下，最好选择哪种？
6. 如果点燃未成功，能否立即再次进行点燃操作？为什么？
7. 你觉得矿井发生火灾大多是内因火灾还是外因火灾？
8. 各种气体检查点位置的选择有什么要求？依据是什么？

生产安全事故避灾自救与互救

任务一　事故避灾自救

生产和生活中，各类事故和突发情况时有发生，事故发生后第一时间，现场人员在救援人员到达之前，如果能够采取一些基本的避灾自救措施，妥善处理、妥善施救，就能很大限度地挽救生命。

事故发生时，初起阶段所波及的范围和造成的危害一般比较小，这时，既是控制事故的有利时机，也是决定企业和人员安全的关键时刻。在多数情况下，由于事故发生突然，救护队等专业人员一时难以到达事故现场组织抢救工作。所以，现场作业人员及时开展避灾工作，对保护自身安全、抑制灾情扩大具有不可替代的重要作用。即使在事故处理的中期和后期阶段，也往往需要以作业人员的正确避灾为基础，提高抢险救灾工作的成效。

一、避灾自救原则和要求

（一）避灾自救原则

事故发生后，现场人员应遵循一些基本的原则，积极进行自救与互救。

1. 及时汇报

发生事故初期，事故地点及附近的人员应认真准确地分析判断灾情，及时向企业调度室汇报或迅速通过报警电话进行报警，在有可能的情况下，也应该迅速向可能受到事故波及区域的人员发出警报。

2. 积极抢救

灾害事故发生后，处于灾区内以及受波及区域的人员应沉着冷静，根据灾情和现有条件，在保证安全的前提下，采取积极有效的方法和措施，及时投入现场抢救，将事故消灭在初起阶段或控制在最小范围，最大限度地减少事故造成的损失。

3. 安全撤离

当现场不具备事故抢救的条件或可能危及人员的安全时，工作人员应想方设法，根据企业事故应急救援预案规定的撤退路线和当时当地的实际情况，尽量选择安全条件最好、距离最短的路线，迅速撤离危险区域。

4. 妥善避灾

如在短时间内无法安全撤离，遇险人员应在灾区内选择较安全地点进行自救和互救，妥善避难，努力维持和改善自身生存条件，等待救护人员的援救。

（二）避灾自救基本要求

人类社会面临着各种各样自然灾害及事故灾害的威胁。据统计，台风、洪灾、地震、泥石流等各种自然灾害每年给人类生命财产造成重大损失。大量事实表明，防灾减灾的意识不强，自救互救知识缺乏是灾害造成人员伤亡的主要原因。印度洋海啸、黑龙江沙兰镇惨案都给个人和家庭带来了巨大的伤痛，也给社会敲响了警钟。对生命的尊重和珍视是人类社会永远不变的追求，通过各种办法，增强公众的避灾自救意识，使公众能够掌握避灾自救基本常识、专业知识和技能技巧，提高公众避灾自救能力，把灾害造成的人员伤亡减少到最低程度是十分必要的。

（1）在日常生产中，首先要求现场人员熟悉各种不同性质事故特点和规律，因为不同的事故避险自救方法不同。

（2）在确保自身安全的前提下，积极抢险救灾。因为事故发生以后，如果现场人员能够采取正确措施，往往可以把事故消灭在萌芽状态，减少更大损失的发生，最大限度地挽救他人的生命。如果确实无法处理，必须依据事故性质、类型及时撤离。

（3）要熟悉避灾路线。不同事故采取的避灾路线可能不同，需要认真分析，如果避灾路线遇阻，就近寻找避灾场所或设施，等待救援，不要盲目逃生。

（4）节约用电、水和食物。事故发生后如果随身携带照明设施，应该节约用电，不要随意开启。如果几个人一起逃生，可以轮流使用照明设施。另外，应急资源水和食物的使用一定要有计划，尽可能延长使用时间。

（5）熟悉应急设备设施存放位置和使用方法。一般事故现场附近都有必要的应急设备，要熟悉这些设备的存放位置和数量，事故发生时要充分利用。另外，必须掌握应急设施器材的使用方法。

（6）要求现场人员熟悉事故应急预案。生产经营单位对于相应事故，都有对应的应急预案，特别是现场预案必须熟悉，在事故发生后按照预案要求进行避险自救。

二、典型事故避灾自救措施

（一）火灾爆炸事故避灾自救措施

1. 火灾或爆炸事故自救基本要求

无论任何人发现烟气或明火等火情时，尽一切可能直接灭火，同时拨打火警电话，尽可能说明事故性质、地点及灾害程度、蔓延方向等情况。

若现场人员无力救灾，或人身安全受到威胁时，或是火灾发生在其他地区，接到撤退命令时，要立即安全撤退，撤退时不可惊慌失措，盲目行动。

要保护呼吸系统。在逃生时用水蘸湿毛巾、衣服、布类等物品，用其掩住口鼻，以避免烟雾熏人导致昏迷或者中毒和被热空气灼伤呼吸系统软组织窒息死亡。如果烟雾较浓，应膝、肘着地，匍匐前进。

无论在多么危险紧急的情况下，都不要惊慌，不要狂奔乱跑。否则容易疲劳，降低抵抗能力、分析能力、行动能力。同时，过度的紧张和恐惧还会造成精神及行动的失常。

2. 火灾或爆炸事故主要逃生方法

火灾爆炸事故发生的可能地点繁多，但主要的逃生方法有类似之处，下面以建筑火灾爆炸事故主要逃生为例加以介绍。

1）利用门窗逃生

利用门窗逃生的前提条件是火势不大，还没有蔓延到整个单元区域，同时受困者较熟悉燃烧区内的通道情况。具体方法是把被子、毛毯或褥子用水淋湿裹住身体，俯身冲出受困区。或者将绳索一端系于窗户横框（或室内其他固定构件上，无绳索可把床单或窗帘撕成布条代替），另一端系于两腋和腹部，沿窗放至地面或下层的窗口，然后沿绳索滑下。

2）利用阳台逃生

如果火势较大，无法利用门窗逃生时可利用阳台逃生。某些高层建筑每层相邻单元的阳台相互连通，在此类楼层中受困，可破拆阳台间的分隔物，从阳台进入另一单元，再进入疏散通道逃生。如果楼道走廊已被浓烟充满无法通过时，可紧闭与阳台相通的门窗，站在阳台上避难。

3）利用特殊空间逃生

在室内空间较大而火灾不大时可利用这种方法，具体做法是把可燃物清除干净，同时清除与此室相连的室内可燃物，消除明火对门窗的威胁，然后紧闭与燃烧区相通的门窗，防止烟和有毒气体的进入，等待火势熄灭或消防部门的救援。

4）善用通道，勿入电梯

客用电梯在火灾时是禁止使用的，由于其封闭不严，容易成为烟火蔓延的主要通道。为避免伤亡，决不要乘坐电梯，应选择消防楼梯和消防电梯，疏散到安全地带。

5）不入险地，不恋财物

不要浪费时间去穿衣物或搜寻值钱的东西。时间宝贵，生命重要，没有什么东西值得拿生命去冒险。已经逃出灾区，绝不要重返危险场所。

6）保持镇静，迅速撤离

面对浓烟和烈火，要强令自己保持镇静。当火势不大时，要尽量往楼层下面跑。若通道被烟火封阻，则应背向烟火方向离开，逃到天台阳台处。

7）发出信号，等待救援

在逃生无门的情况下，努力争取救援不失为上策，被困者要尽量待在阳台、窗口等易于被人发现和能避免烟火近身的地方，及时发出求救信号，引起救援人员的注意。

8）缓降逃生，滑绳自救

高层建筑应备有高空缓降器或救生绳，以便火灾时人员通过这些设施安全离开危险楼层。必要时也可用窗帘、衣服等连接成简单救生绳，并用水浸湿，从窗台或阳台沿绳缓滑到下面楼层。

9）大火袭来，固守待援

大火袭近时，假如用手摸到房门已经感到烫手，此时开门，火焰和浓烟将扑面而来。这时，一定要关紧门窗，用湿毛巾、湿布塞堵门缝，或用水浸湿棉被等，蒙上门窗，防止烟火侵入，不要盲目冒险跳楼。

3. 身上着火的灭火自救

火灾中，如果衣服着火，切忌惊慌失措，东奔西跑，或乱扑乱打，这样做的结果只会是造成更为严重的伤害。因为身上着火时，越跑、风吹得越大，氧气补充得越充分，火就烧得越大，同时还可能引燃周边可燃物品。而乱扑乱打，同样也是一种扇风补氧行为，根本不可能将火扑灭，反而加重火势。因此，必须掌握正确的自救互救方法。

（1）尽快脱去着火的衣服。以最快速度去除衣物，脱离热源，可以最大限度地减轻损伤和后果。

（2）用厚重衣物覆盖上去灭火，而不是用力扑打。扑打过程会将新鲜空气补充进来，类似扇风的动作，会加剧火势的燃烧。正确的做法是尽量用厚重的衣物、棉被、毛毯直接覆盖上去，隔绝空气灭火。

（3）迅速躺倒在地上打滚。用身体压灭火焰或压制火势，减轻损伤。倒地后人体与空气的接触面积减少，能减轻火势蔓延。

（4）如果火场周围有水缸、水池、河沟，可以取水浇灭，但若人体已被烧伤，而且创面皮肤已烧破时，则不宜跳入水中，因为虽然这样可以尽快灭火，但对后来的烧伤治疗不利。

（5）不到万不得已，不要用灭火器直接向着火的人身上喷射，这样做很轻易使烧伤的创面沾染细菌，引起烧伤者的伤口感染。即便要喷，也要让对方紧闭双眼和口鼻。有条件的，使用水基灭火器。干粉灭火器中的气体不含氧气成分，大量无氧气体和干粉喷入呼吸道，有造成窒息的危险。一般家庭和办公场所，尽量配备环保水基型灭火器，不仅对人体无任何伤害，还具有很好的阻燃和抗复燃作用，灭火效果优于干粉灭火器。

（6）被火焰包围的情况下，喊叫会引起严重吸入性烧伤，导致呼吸道灼伤和肺水肿，从而失去自主呼吸能力。此外，吸入的烟雾中含有多种有害物质，兼有腐蚀和中毒作用，严重者常致呼吸功能衰竭，以致吸入性烧伤被称为烧伤中的"第一杀手"。

（二）毒物泄漏事故避灾自救措施

经过大量事故案例可以得出，凡是特大重大化学事故，多数是因为有毒有害气体的意外泄漏。如果人们能够熟悉化学物的毒性和危险性，判断泄漏量和蒸发范围，掌握事故现场的气象、地形、风力速度和扩散范围，果断采取正确的逃生方法，就可以有效逃生自救，减少和避免人员伤亡。

一旦出现泄漏事故，往往引起人们的恐慌，处置不当则会产生严重的后果。因此，发生毒气泄漏事故后，如果现场人员无法控制泄漏，则应迅速报警并选择安全方法逃生。不同化学物质以及在不同情况下出现泄漏事故，其自救与逃生的方法有很大差异。若逃生方法选择不当，不仅不能安全逃出，反而会使自己受到更严重的伤害。

（1）发生毒气泄漏事故时，现场人员不可恐慌，按照平时应急预案的演习步骤，各司其职，井然有序地撤离。

（2）逃生要根据泄漏物质的特性，佩戴相应的个体防护用具。现场如有防护面具或呼吸器、防护服和防护眼镜等个人防护装备，应立即佩戴上。在无防护装备的情况下，应迅速将身边能利用的衣服、毛巾、口罩等用水浸湿后，捂住口鼻，以免吸入有毒气体。尽可能戴上手套，穿上雨衣、雨鞋等，或用床单、衣物遮住裸露的皮肤，也可以使用游泳用的护目镜等对眼睛进行防护。

（3）应立即撤离事故现场。发生事故时，切勿惊慌失措，应遵循现场应急救援人员的指挥，迅速撤离现场。沉着冷静确定风向，然后根据毒气泄漏源位置，向上风向或沿侧风向转移撤离，也就是逆风逃生。另外，根据泄漏物质的相对密度，选择沿高处或低洼处逃生，但切忌在低洼处滞留。来不及撤离时，应躲在结构较好的建筑物内，关闭门窗、通风机，空调要堵住明显的缝隙，尽可能躲在背风无门窗的地方，同时向外发出求救信号。

（4）禁止一切火源。在不能确定泄漏物是否为易燃易爆物质时，禁止在事故现场使用手机报警，禁止打开或关闭电器开关，禁止使用易产生火花的工具。如果化学品已经失火，在不知其特殊危险性的情况下，不可盲目救火。

（5）到达安全地点后，立即进行全身洗消。要及时脱去被污染的衣服，用流动的水冲洗身体，特别是接触化学品物质或曾经裸露的部分。逃离泄漏区后，应立即到医院检查，必要时进行排毒治疗。

（6）注意做好人员自救。在医务人员到来之前，如果有呼吸或心脏骤停者，可由掌握心肺复苏技能的人员对患者进行心肺复苏。若有人吸入化学毒气中毒，应立即将中毒者移到新鲜空气处，静卧，松解衣带，头部偏向一侧，注意保暖。伤员在等待救援时应保持平静，避免剧烈运动，以免加重心肺负担致使病情恶化。

（7）注意食品和水源安全。事故污染区及周边地区的食品和水源不可随便动用，确认经检测无害后方可使用。

（8）还要注意的是，当毒气泄漏发生时，若没有穿戴防护服，绝不能进入事故现场救人。这样不但救不了别人，而且自己也会被伤害。

（三）矿山事故避灾自救措施

矿井发生灾害事故时，灾区人员正确开展救灾和避灾活动，能有效地保证灾区人员的自身安全和控制灾情的扩大。大量事实证明，当矿井发生灾害事故后，矿工在万分危急的情况下，依靠自己的智慧和力量，积极、正确地采取自救、互救措施，是最大限度地减少事故损失的重要环节。

人员入井作业前，要通过教育培训掌握一些基本知识，包括掌握矿井灾害事故的特点和规律；熟悉所在矿井的灾害预防和应急预案；学会识别各种灾害的预兆；学会处理突发事故的方法；熟悉矿井的井下巷道、避灾路线、安全出口和避灾硐室；掌握避灾方法，每一下井人员必须随身携带自救器并会使用；掌握抢救伤员的基本方法和现场急救的操作技术等。

灾害事故发生后在事故地点及附近的人员应利用电话或派出人员，迅速将事故的性质、发生地点、原因及危害程度向矿井调度室汇报。灾区人员要根据事故的性质和蔓延趋势，以最迅速有效的方式，向可能受威胁的人员发出警报。当灾害事故发展迅猛，无法进行现场抢救，或灾区条件急剧恶化，可能危及人员安全时，或接到上级撤退命令时，井下职工应立即有组织地撤离灾区。撤离灾区前，应根据《矿井灾害事故预防和处理计划》的要求和灾变发生后的实际情况，确定撤退的目的地。所有遇险人员都要服从领导，听从指挥，在任何情况下，都不可各行其是，单独行动。途中遇到溜煤眼、积水区、冒落区等危险地段时，应探明情况，谨慎通过。

事故会造成灾区有毒有害气体含量增高，危及人员生命安全。因此撤退前，所有遇险人员必须使用必备的防护用品和器具，特别是自救器，以防有毒有害气体侵袭，造成人员中毒或窒息。如无法安全撤离或者路线受阻，应迅速撤离到最近的避难硐室内，等待救援。

1. 佩戴自救器

《煤矿安全规程》规定：入井人员必须随身携带自救器。在突出煤层采掘工作面附近、爆破时撤离人员集中地点必须设有直通矿调度室的电话，并设置有供给压缩空气设施的避难硐室。

自救器是一种轻便、体积小、便于携带、戴用迅速、作用时间短的个人呼吸保护装备。当井下发生火灾、爆炸、煤和瓦斯突出等事故时，供人员佩戴，可有效防止中毒或窒息。

从国内外事故教训来看，不少遇难者当时如果佩戴自救器是完全可以避免死亡的。为确保防护性能，必须定期对自救器进行性能检验。

自救器从作用原理上可分为过滤式和隔离式两大类（见图 5-1 和图 5-2），其中隔离式根据氧气来源不同，又可以进一步分为化学氧自救器和压缩氧自救器两种。

图 5-1　过滤式自救器

图 5-2　隔离式压缩氧自救器

1）过滤式自救器

（1）使用方法。

① 取下橡胶保护套。

② 掀起红色开启扳手，打开外壳密封。

③ 用拇指和食指握住红色开启扳手上提，拉开封口带。

④ 去掉外壳上盖，取出过滤罐。

⑤ 把口具片塞到嘴内唇、齿之间，咬住牙垫，嘴唇包紧口具片，开始用嘴呼吸。

⑥ 用鼻夹把鼻子夹好，防止从鼻子进气（这时已起到防护作用）。

⑦ 取下矿工帽，把头带套在头顶上。

（2）注意事项。

① 在井下工作，当发现有火灾或瓦斯爆炸现象时，必须立即佩用自救器，撤离现场。

② 佩用自救器时，当空气中一氧化碳浓度达到或超过 0.5%，吸气时会有些干、热的感觉，这是自救器有效工作的正常现象。必须佩用到安全地带，方能取下自救器，切不可因干、热感觉而取下。

③ 佩用自救器撤离时，要求匀速行走，保持呼吸均匀。禁止狂奔和取下鼻夹、口具或通过口具讲话。

④ 在佩用自救器时，如外壳碰瘪，不用取出过滤罐，带着外壳也能呼吸。为了减轻牙齿的负荷可以用手托住罐体。

⑤ 平时要避免摔落、碰撞自救器，也不许当坐垫用，防止漏气失效。

2）隔离式化学氧自救器

（1）佩戴时，将腰带穿入自救器腰带环内，并固定在背部后侧腰间。

（2）使用时，先将自救器沿腰带转到右侧腹前，左手托底，右手下拉护罩胶片，使护罩挂钩脱离壳体丢掉。再用右手掰锁口带扳手至封条断开后，丢开锁口带。

（3）左手抓住下外壳，右手将上外壳用力拔下丢掉。

（4）将挎带套在脖子上。

（5）用力提起口具，立即拔掉口具塞并将口具放入口中，口具片置于唇齿之间，牙齿紧紧咬住牙垫，紧闭嘴唇。

（6）两手同时抓住两个鼻夹垫的圆柱形把柄，将弹簧拉开，憋住一口气，使鼻夹垫准确地夹住鼻子。

（7）将头带分开，一根戴在头顶，一根戴在后脑勺上。

（8）戴好安全帽，迅速撤离灾区。

（9）撤离灾区时若感到吸气不足，应放慢脚步，做长呼吸，待气量充足时再快步行走。

3）隔离式压缩氧自救器

（1）使用方法。

① 携带时挎在肩膀上。

② 使用时，先打开外壳封口带扳把。

③ 打开上盖，然后左手抓住氧气瓶，右手用力向上提上盖，此时氧气瓶开关即自动打开，随后将主机从下壳中拖出。

④ 摘下帽子，挎上挎带。

⑤ 拔开口具塞，将口具放入嘴内，牙齿咬住牙垫。

⑥ 将鼻夹夹在鼻子上，开始呼吸。

⑦ 在呼吸的同时，按动补给按钮，$1 \sim 2\,s$ 后气囊充满后立即停止（使用过程中发现气囊空，供气不足时，按上述方法操作）。

⑧ 挂上腰钩。

（2）注意事项。

① 高压氧气瓶储装有 20 MPa 的氧气，携带过程中要防止撞击磕碰，或当坐垫使用。

② 携带过程中严禁开启扳把。

③ 佩用撤离时，严禁摘掉口具、鼻夹或通过口具讲话。

4）选用原则

对于流动性较大，可能会遇到各种灾害威胁的人员（如测风员、瓦斯检查员）应选用隔离式自救器。就地点而言，在煤与瓦斯突出矿井或突出区域的采掘工作面和瓦斯矿井的掘进工作面，应选用隔离式自救器（因这些地点发生事故后往往是空气中 O_2 浓度过低或 CO 浓度过高）。其他情况下，一般可选用过滤式自救器。

2. 避难硐室避难

避难硐室是供矿工在遇到事故无法撤退时，躲避待救的设施。分永久避难硐室和临时避难硐室两种。

永久避难硐室事先设在井底车场附近或采区工作地点安全出口的路线上。对其要求是，设有与矿调度室直通电话，构筑坚固，净高不低于 2 m，严密不透气或采用正压排风，并备有供避难者呼吸的供气设备（充满氧气的氧气瓶或压气管和减压装置）、隔离式自救器、药品和饮水等。设在采区安全出口路线上的避难硐室，距人员集中工作地点应不超过 500 m，其大小应能容纳采区全体人员。

临时避难硐室是利用独头巷道、硐室或两道风门之间的巷道，由避灾人员临时修建的，应在这些地点事先准备好所需的木板、木桩、黏土、砂子或砖等材料，还应装有带阀门的压气管。避灾时，若无构筑材料，避灾人员就用衣服和身边现有的材料临时构筑避难硐室，以减少有害气体的侵入。

在避难硐室内避难应注意以下事项：

（1）进入避难硐室前，应在硐室外留有衣物、矿灯等明显标志，以便救护队发现。

（2）待救时应保持安静，不急躁，尽量俯卧于巷道底部，以保持精力、减少氧气消耗，并避免吸入更多的有毒气体。

（3）充分、合理地选用水、食物和压缩空气，最大限度地延长生存时间，等待救援。

（4）硐室内只留一盏矿灯照明，其余矿灯全部关闭，以备再次撤退时使用。

（5）间断敲打铁器或岩石等发出呼救信号。

（6）全体避灾人员要团结互助、坚定信心。

（7）被水堵在上山时，不要向下跑出探望。水被排走露出棚顶时，也不要急于出来，以防 SO_2、H_2S 等气体中毒。

（8）看到救护人员后，不要过分激动，以防血管破裂。

（9）躲避时间过长遇救后，不要过分饮用食品和见到强光，以防损伤消化系统和眼睛。

3. 选择正确的避灾路线

避灾路线就是矿井一旦发生事故后人员的撤退路线。在制定矿井灾害预防和处理计划时，应预计矿井存在的自然灾害因素及可能发生各种事故的地点、情况，从而规定一旦发生某种事故后人员的撤退路线。而且，撤退路线上的路标要明显，方向要标明，并使全矿人员熟悉掌握，使大家都知道何地发生何种事故后，人员从哪条路线上撤退是安全的。

4. 瓦斯、煤尘爆炸事故的自救、互救

（1）了解和掌握爆炸前的预兆。

（2）背向空气颤动的方向，俯卧在地。

（3）用衣物护好身体，避免烧伤。

（4）立即佩戴自救器。

（5）迅速撤离灾区。

（6）在安全地点妥善避灾待救。

5. 煤与瓦斯突出事故的自救、互救

（1）立即撤离现场。

（2）迅速佩戴隔离式自救器。

（3）预防二次突出。

6. 冒顶事故的自救、互救

1）采煤工作面冒顶的自救、互救和避灾方法

（1）迅速撤退到安全地点。

（2）躲到支架下方或靠煤壁贴身站立。

（3）立即发出求救信号，积极配合外部的营救工作。

2）破碎顶板冒落现场作业人员的应急自救、互救

（1）保持支护完整，防止出现局部冒顶。

（2）一旦出现局部漏洞，必须立即加以堵塞。

（3）发生垮塌型冒顶时，现场作业人员应该往下逃生。

3）掘进工作面冒顶的自救、互救和避灾方法

（1）维护被困地点的安全。

（2）及时汇报被围困情况。

（3）打开压风管和自救系统阀门。

（4）做好长期避灾的准备。

7. 水灾事故的自救互救

（1）迅速撤离灾区，当撤退路线被涌水阻住，或因水流凶猛而无法穿越时，应选择离井筒或大巷最近处、地势最高的上山独头巷道暂避。

（2）进入避难地点前，应在巷道外口留设文字、衣物等明显标记，以便救援人员及时发现，组织营救。

（3）预防二次突水。

（4）避难地点没有新鲜空气，或有害气体大量涌出时，若附近有压风自救系统，应及时打开自救系统；若附近有压风管，应及时打开压风管阀门，放出新鲜空气，供被困人员呼吸。

（5）注意避灾时的身体保暖。

（6）被困期间断绝食物后，遇险人员少饮或不饮不洁净的水，以免中毒。

（7）在被围困期间，遇险人员可以在积水边放置一大块煤矸石或其他物件作为标志，

随时观察积水水位的变化，了解水情。

8. 火灾事故的自救、互救

（1）及时扑灭初始火灾。

（2）迅速撤离火灾现场。

（3）在高温烟雾巷道中撤退的要点：

① 一般不要逆烟雾风流方向撤退。

② 应尽量躬身弯腰，低着头迅速行进。

③ 在高温浓烟巷道中撤退时，应防止高温危害。

（4）局部控制风流，减轻灾情。

（5）高度警惕防止爆炸事故的发生。

任务二　现场急救技术

在我国，工矿商贸企业事故、交通事故、溺水事故等，每年死亡人数都超过万人。发生事故后，现场急救能够最大限度地维持伤员的基础生命，为医疗专业救援创造条件。因为伤情的变化是短暂的，瞬息万变的，一条生命往往就在数分钟甚至更短时间内消失，只有在现场及途中及时有效地救治，才能为医疗专业人员进一步救治争取到时间，因此现场急救的重要性应该提高到全社会普及的层面上来。

事故现场最实用的施救技术就是心肺复苏和止血包扎，事故发生初期，需要迅速实施，如果等待医疗专业人员到来，往往为时已晚。及时的心肺复苏和止血包扎可以降低致残率或死亡率，安全从业人员、应急救援人员以及社会中每一个人员都应该掌握这些基本技术。

【案例 1】施救不当造成伤害加重

张师傅在工地施工时不慎从 4 米高处摔了下来，当时张师傅神志清楚，感觉就是背心疼痛，但四肢活动自如。工友们七手八脚赶紧将张师傅抬起来送医院，但慢慢地，张师傅的双腿逐渐失去了知觉，动弹不了。最后张师傅被诊断为胸椎爆裂骨折、脊髓损伤、不完全瘫痪。后经专家分析，现场不正确的搬运急救会使脊椎骨折移位，压迫脊髓神经，引起脊髓的进一步损伤，严重的会导致瘫痪。

【案例 2】个人紧急现场救护行为受法律保护

2017 年 9 月 7 日，齐女士昏倒在沈阳的一家药店中，药店医生孙先生发现事情不简单，需要立即做心肺复苏。因此为了挽救一条人命，孙先生自愿实施紧急救助，为齐女士做了心脏复苏，同时拨打了急救电话，但在救人期间，孙先生压断了对方的 12 根肋骨。

10 月底，孙先生收到了法院的诉状。原来齐女士在醒来后声称自己是服用了孙先生开出的一片药，从而眼前发黑，不省人事，后来清醒发现孙先生在按压其胸部，使其感到疼痛不已，由于说不出话，便用手势示意别按了，但孙先生并未停止。

齐女士认为造成自己身体出现问题的原因是药店医生的失误，故而将孙先生告上法庭，要求赔偿住院费近万元，同时待伤残等级评定后，另需赔偿伤残赔偿金。

心脏复苏需要以每分钟 100 次左右的频率按压施救对象，且要求力度较大，事实上，在实施心肺复苏的过程中，是非常容易造成骨折或者骨裂。但人命关天，相较于肋骨的骨折和骨裂，抢救生命肯定是要被放在第一位的。

2019 年 12 月 31 日，孙先生拿到了当地法院的民事判决书，法院决定驳回原告齐女士的诉讼请求。

在该案中，孙先生的行为属于见义勇为，孙先生具有"乡村医生证"和"行医执照"，对齐女士的判断准确，整个心肺复苏的操作也没有出现失误，根据《民法总则》第 184 条的规定，"因自愿实施紧急救助行为造成受助人损害的，救助人不承担民事责任"。

在具备自愿性、利他性、紧急性的条件下，见义勇为者所造成的受助人损害，是不承担民事责任的。类似该案的，还有医学院的学生见义勇为，利用所学医学知识向需要救助的人施以援手，但造成受助人损害，也应不承担民事责任。

《民法典》实施后，根据其第一百八十四条"紧急救助的责任豁免"，因自愿实施紧急救助行为造成受助人损害的，救助人不承担民事责任。

《中华人民共和国医师法》第二十七条第三款明确规定："国家鼓励医师积极参与公共交通工具等公共场所急救服务；医师因自愿实施急救造成受助人损害的，不承担民事责任。"

一、现场急救的原则与程序

现场急救，是指在劳动生产过程中和工作场所发生的各种意外伤害、急性中毒、外伤和突发危重伤病员等情况，没有医务人员时，为了防止病情恶化，减少病人痛苦和预防休克等所应采取的初步紧急救护措施，又称院前急救。

现场急救总的任务是采取及时有效的急救措施和技术，维持伤（病）员的基本生命体征，以便把伤（病）员"活着送到医院"，为伤（病）员获得进一步救治、改善预后赢得时间。其主要目的有以下几点：

（1）挽救伤病员的生命。

（2）防止病情继续恶化。

（3）减轻伤病员的痛苦。

（4）降低伤残和死亡率。

（一）现场急救的原则

1. 先复苏后固定的原则

遇有心跳、呼吸骤停又有骨折者，应首先用口对口呼吸和胸外按压等技术使心、肺、脑复苏，直至心跳呼吸恢复后，再进行骨折固定。

2. 先止血后包扎的原则

遇有大出血又有创口者时，首先立即用指压、止血带或药物等方法止血，接着再消毒，并对创口进行包扎。

3. 先重伤后轻伤的原则

指遇有垂危的和较轻的伤病员时，应优先抢救危重者，后抢救较轻的伤病员。如对大出血、呼吸异常、脉搏细弱或心脏骤停、神志不清的伤员，应立即采取急救措施，挽救生命。

4. 先救治后运送的原则

发生事故后，现场所有的伤员须经过急救处理后，方可转送医院。在送伤病员到医院途中，不要停顿抢救措施，继续观察病、伤变化，少颠簸，注意保暖，平安抵达最近医院。

5. 急救与呼救并重的原则

在遇有成批伤病员、现场还有其他参与急救的人员时，要紧张而镇定地分工合作，急救和呼救可同时进行，以较快地争取救援。

6. 搬运与急救一致性的原则

在运送危重伤病员时，应与急救工作步骤一致，争取时间，在途中应继续进行抢救工作，减少伤病员痛苦和死亡，安全到达目的地。

（二）现场急救的基本程序

1. 迅速判断事故现场的基本情况

在意外伤害、突发事件的现场，面对危重病人，作为"第一目击者"首先要评估现场情况，通过实地感受、眼睛观察、耳朵听声、鼻子闻味来对异常情况做出初步的快速判断，明确现场环境是否安全（包括患者受伤和发病原因，受伤人数；患者及旁观者是否身处险境，周围是否仍有威胁生命的因素存在；保障自身安全，适当使用防护品等）。

1）现场巡视

（1）注意现场是否对救护者或病人造成伤害。

（2）引起伤害的原因，受伤人数，是否仍有生命危险。

（3）现场可以利用的人力和物力资源以及需要何种支援，采取的救护行动等。

2）判断病情

现场巡视后，针对复杂现场，需首先处理威胁生命的情况，检查病人的意识、气道、呼吸、循环体征、瞳孔反应等，发现异常，须立即救护并及时呼救"120"或尽快护送到附近的医疗部门。

2. 呼 救

（1）向附近人群高声呼救。

（2）拨打"120"急救电话。

① 电话中应说明伤员人数、大概病情及本人的姓名、身份、联系方式。

② 发现伤员所在的确切地点，尽可能指出附近街道的显著标志。

③ 病人目前最危重的情况，如昏倒、呼吸困难、大出血等。

④ 现场已采取的救护措施，如止血、心肺复苏等。

注意：不要先放下话筒，要等救援医疗服务系统调度人员先挂断电话，以防止漏掉重要信息。急救部门根据呼救电话的内容，应迅速派出急救力量，及时赶到现场。

3．排除事故现场潜在危险，帮助受困人员脱离险境

对于现场还存在的危险和潜在威胁，要在保护自己的前提下，在能力范围内及时排除，以免对伤员和自己造成二次伤害。如将伤员从结构不稳定的建筑物中搬运出来，将中毒人员从有毒物质泄漏场所搬运出来，使中暑人员脱离高温环境等。

4．交通事故需保护事故现场

在事故现场周围放置三角形警告标识，指派专人指挥交通，关闭出事汽车引擎，拉紧手制动，并用石块固定车轮。禁止用火或抽烟，即使夜间，也只能凭手电筒或车灯处理事故现场。一般不随意把伤员移出事故现场，但若伤员处于潜在危险之中或伤情急迫，应迅速施救，伤员出事位置要做标记。巡查四周有无因被撞击而抛出车外的人，若有，应妥善处置。切勿接触有电流、电线的车辆及物体。小心保管伤员的财物，清点登记，并找旁证人签字。

5．伤情检查及伤员分类

1）伤情检查

要有整体观，切勿被局部伤口迷惑，首先要查出危及生命和可能致残的危重伤员。

（1）生命体征。

① 判断意识——呼唤伤员，轻拍其肩部，10 s 内无任何反应可视为昏迷。如表情淡漠，反应迟钝，不合情理的烦躁都提示伤情严重。

对意识不清者不要随便翻动，以免加重未被发现的脊柱或四肢骨折。

② 判断脉搏——触摸颈动脉，判断心跳是否存在，是否变得快而弱（小儿触摸肱动脉）。正常脉搏应为每分钟 60~100 次，搏动清晰有力。

③ 判断呼吸——观察伤员有无呼吸困难、气道阻塞及呼吸停止。

正常呼吸为每分钟 16~20 次，均匀平稳。

（2）出血情况。

伤口大量出血是伤情加重或致死的重要原因，现场应尽快发现大出血的部位。

若伤员有面色苍白、脉搏快而弱、四肢冰凉等大失血的征象，却没有明显的伤口，应警惕为内出血。

（3）是否有骨折。

有十分明显且难以忍受的疼痛感，出现较为明显的肿胀或外伤情况严重，该部位已经不受意识控制，不能自主活动，受伤部位已经出现明显的骨头弯折等，可判断为有骨折。

（4）皮肤及软组织损伤。

皮肤表面出现淤血、血肿等。

2）伤员分类

（1）濒死伤员——黑色标志。脑、心、肺等重要脏器严重受损，意识完全丧失，呼吸心跳停止的伤员。

（2）危重伤员——红色标志。多脏器损伤，多处骨折或广泛的软组织损伤，生命体征出现紊乱者，如开放性气胸、颅脑损伤、大面积烧伤等，是现场抢救运送的重点。

（3）中度伤员——黄色标志。损伤部位局限，生命体征平稳，但失去自救和互救能力，

是仅次于红色标志需救治者，如单纯性四肢骨折。

（4）轻伤员——绿色标志。损伤轻微，伤口表浅，生命体征正常，具有自救和互救能力者，可在处理完红、黄标志伤员后再处理，如软组织挫伤、擦伤等。

二、心肺复苏术

据卫生部统计，我国每年有 54 万人因心脏骤停而导致死亡，并且呈逐年递增趋势。人类猝死 87.7%发生在医院以外，没有医护人员参与抢救的情况下。在心脏停止 4 min 内，如果施予正确的心肺复苏，有 50%的患者可以成功复苏，随时间增加复苏概率相应降低，10 min 后抢救患者基本无希望。

急救普及是衡量一个社会综合实力的标准，也是个人综合素质的体现。在发达国家，有 2/3 的成年人掌握心肺复苏技能，在我国不足 10%。因此，在我国推广心肺复苏急救，普及全民急救是一项艰巨、刻不容缓的任务。

（一）引起心跳呼吸骤停的原因

心肺复苏（CPR）是针对心跳、呼吸骤停而采取的急救技术，简称心肺复苏，主要包括胸外按压和人工呼吸。引起心跳呼吸骤停的原因很多，可发生在任何环境下的突发事件中，甚至可能发生在医疗单位检查和治疗中，主要表现在以下方面。

（1）突发的意外事件，如触电、溺水、自缢、严重创伤、烧伤、急性中毒等。

（2）心血管疾病，如急性心肌梗塞、心绞痛、严重的心律失常、各种心肌疾病等。

（3）严重代谢紊乱，如酸中毒、高血钾症、低血钾症、脱水等。

（4）严重感染和休克，如败血症、过敏性休克、出血性休克等。

（二）心搏骤停的严重后果

（1）10 s——意识丧失，突然倒地。

（2）30 s——全身抽搐。

（3）60 s——自主呼吸逐渐停止。

（4）3 min——开始出现脑水肿。

（5）6 min——开始出现脑细胞死亡。

（6）8 min——"脑死亡""植物状态"。

（三）心肺复苏基本程序

心肺复苏的核心环节包括 CAB 三个部分，分别为 C（circulation）——建立人工循环，A（air way）——开放气道，B（breathing）——建立人工呼吸。

1. 现场评估

对于现场救助伤者，首要的问题是评估现场是否有潜在的危险。如有危险，应尽可能解除。例如，在交通事故现场设置路障，在火灾现场需防止房屋倒塌砸伤。还要通过看、听、闻、思考注意意外事故的成因，防止继发意外事故。

2. 靠近伤员判断意识

判断患者有无意识与反应，轻拍患者肩部，并高声呼叫："喂！你怎么啦？"如图 5-3 所示。

启动 EMS 系统（院前急救医疗服务系统），患者如无反应，立即拨打急救电话 120。如现场只有一名抢救者，应同时高声呼救、寻求旁人帮助，如图 5-4 所示。《国际心肺复苏及心血管急救指南》建议，如发现患者无反应，应立即打电话，启动 EMS；但对于溺水、创伤、药物中毒等患者，先进行徒手 CPR（心肺复苏）1 min 后，再打急救电话求救。最好在急诊医生对现场救治提出指导后，拨打电话者再挂断电话。

图 5-3　判断意识　　　　　　　　　　图 5-4　高声呼救

3. 将伤者放置适当体位

将伤员摆放成仰卧位。

注意：整体转动，保护颈部，身体平直，无扭曲，放置于平地面或硬板床（坚硬、绝缘、安全）。

4. 检查颈动脉、判断呼吸

手法为靠近施救侧，单侧触摸（见图 5-5），时间不少于 5 s 不大于 10 s，判断时用余光观察胸廓起伏。颈动脉的位置一般在颈部正中线的侧方两横指处（见图 5-6），如果是男性在喉结向侧方移动两横指的凹陷处就是颈动脉搏动的地方，如果触及不到，一般就是心脏骤停。如无颈动脉搏动和呼吸，则立即开始胸部按压和人工呼吸。

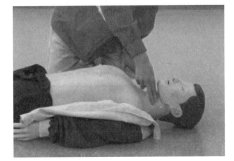

图 5-5　判断呼吸　　　　　　　　　　图 5-6　检查颈动脉

5. 恢复体位

若呼吸心跳存在，仅为昏迷，则摆成恢复体位，这个姿势可防止伤者舌头后坠而阻塞呼吸道，同时方便口腔内的分泌物或呕吐物从口腔流出，降低气道阻塞或吸入异物的危险。

恢复体位可采取以下操作方法：

（1）施救者跪于伤病员身体一侧，平放其双腿，将伤病员同侧的上肢外展，肘部弯曲成直角，掌面向上，置于头外侧。

（2）将对侧上肢屈曲放在其胸前，手置于同侧肩部。将对侧下肢屈曲、立起，脚掌平放于地面。如无法固定可将脚压在另一下肢下。

（3）一手扶对侧肩或肘部，一手扶对侧弯曲的膝部，向施救者方向拉动，使其翻转成侧卧。

（4）调整伤病员的头部，使其稍微后仰，并使面部枕于手臂上，保持气道通畅。

（5）调整伤病员的下肢，使髋关节和膝关节弯曲成直角置于伸直腿的前方，保持复原体位的稳定。

注意事项：

（1）若伤病员戴眼镜或衣袋内有尖、硬物品，在翻转前应摘下眼镜，取出尖、硬物品。

（2）注意上面的手臂不可压住下面手臂的动脉，以免影响血液循环，必要时 30 min 调整一下姿势。

（3）操作完毕复查一下呼吸脉搏。

（4）若伤病员为孕妇，则尽量取左侧卧的复原体位。

（5）如复原体位的伤病员发生呼吸心脏骤停，应立刻摆成复苏体位（平卧位）。

6. 胸外按压

（1）按压平面：硬质平面（如平板或地面）。

（2）按压者位置：患者右侧。

（3）按压部位：两乳头连线和胸骨柄交点，如图 5-7 所示。

（4）按压手法：两手手指扣在一起，离开胸壁，用掌根位置按压，如图 5-8 所示。

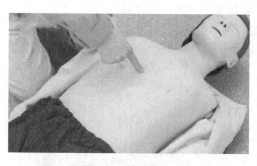
图 5-7 按压部位

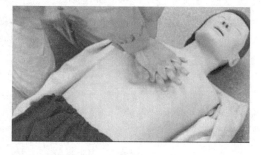
图 5-8 按压手法

（5）按压姿势：双臂伸直，垂直下压，如图 5-9 和图 5-10 所示。

（6）按压幅度：5～6 cm。

（7）按压频率：100～120 次/min。

（8）按压间隔：压松相等，为 1:1；间隙期不加压。

（9）按压连贯：按压中尽量减少中断。

（10）按压周期：30 次为一循环，时间 15～18 s 保持双手位置固定。

（11）按压比例：压：吹为 30：2。

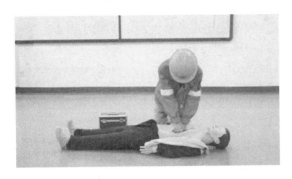

图 5-9　按压姿势

图 5-10　按压姿势

7. 清理口腔

清理口腔异物时，首先将患者的头轻轻偏向一侧（见图 5-11），然后用纱布将患者口腔内的异物、异质、分泌物等及时清理掉。

8. 开放气道

1）准备工作

如伤者意识不清，喉部肌肉就会松弛，舌肌就会后坠，阻塞喉咙及气道，使呼吸时发出响声（如打鼾声），甚至不能呼吸。因舌肌连接下颚，如将下颚托起，可将舌头拉前上提，防止气道阻塞。解开患者上衣、腰带，暴露胸部。

2）开放气道方法

开放气道的方法主要有三种，仰额抬颌法、托颈压额法和创伤推颌法。

（1）仰额抬颌。

用一只手按压伤病者的前额，使头部后仰；同时用另一只手的食指及中指将下颌托起，使其下颌和耳垂连线与地面垂直，如图 5-12 所示。

注意：手不可放在伤员的颏下软组织。

图 5-11　清除口腔异物

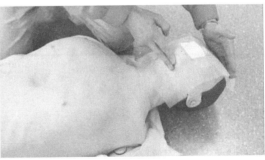

图 5-12　开放气道

（2）托颈压额法。

一手抬起伤员颈部，另一只手按前额使头后仰，使其下颌和耳垂连线与地面垂直。

（3）创伤推颌法（托颌法）。

如怀疑伤病者头部或颈部受伤，首先须固定颈椎。压额提颌法可能会移动颈椎，增加脊髓神经受伤的可能。可以采用创伤推颌法。颈部固定在正常位置，并同时用双手手指托起下颌角。

9. 人工呼吸

人工呼吸分为口对口人工呼吸和口对鼻人工呼吸。

1）口对口人工呼吸法（见图 5-13）

（1）在保证呼吸道通畅后让伤员口部张开。

（2）抢救者跪伏在伤员的一侧，用一只手的掌根部轻按伤病员前额保持头后仰，同时用拇指和食指捏住患者鼻孔。

（3）抢救者深吸一口气后，张开嘴紧紧包绕伤员的口部，使口鼻均不漏气。

（4）深吸气后，快速向伤员吹气（1 s 以上），使胸廓隆起看到患者胸部上升，停止吹气，让患者被动呼出气体。

（5）一次吹气完毕后，嘴应立即与伤员口部脱离，同时捏鼻翼的手松开（掌根部仍按压伤员前额部），以便伤员呼气时可同时从口和鼻孔出气，确保呼吸道通畅。

（6）抢救者轻轻抬起头，眼视伤员胸部，此时伤员胸廓应向下塌陷。然后抢救者再吸入新鲜空气，做下一次吹气。成人吹气量：800~1 000 mL；吹气频率：开始时连续吹入 3~4 次，之后维持在 10~12 次/分钟。

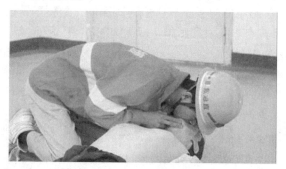

图 5-13　人工呼吸

2）口对鼻人工呼吸法

如伤员面部受伤则妨碍进行口对口人工呼吸，此时必须将伤员仰卧，迅速清理口腔和气道异物。将患者头部置于后仰位，口对鼻人工呼吸（同口对口人工呼吸）。

3）人工呼吸的注意事项

（1）每次吹气量不要过大。

（2）吹气时间占呼吸周期的 1/3。

（3）吹气的同时不要按压胸部。

（4）口对鼻人工呼吸时，应保证伤员口部闭紧，抢救者的口唇包住伤员的鼻部。

（5）为防止交叉感染，可在伤员口、鼻部覆盖纱布。

10. 按压吹气连续 5 个循环

完成按压吹气 5 个循环后，对伤员做进一步评估。

心肺复苏实操

（四）心肺复苏法的选择

（1）有心跳，无呼吸——用口对口人工呼吸法。

（2）有呼吸，无心跳——用胸外心脏按压法。

（3）呼吸，心跳全无——用胸外心脏按压法与口对口人工呼吸法配合。

（五）心肺复苏禁忌证

在有些条件下不适合做心肺复苏，主要如下：

（1）患者心跳、呼吸存在，因此不能进行心肺复苏。

（2）肋骨骨折、开放性胸部外伤、胸廓畸形。由于胸廓不稳定，此时做心肺复苏术会加重病情，因此属于禁忌证。

（3）血气胸、心包积液、心包填塞。若做心肺复苏术会加重病情，因此也属于心肺复苏术的禁忌证。

（4）经过心肺复苏术后，患者已恢复心跳和呼吸，此时就不能再进行心肺复苏。

（5）明确心、肺、脑等重要器官功能衰竭者。

三、止血包扎

创伤是当今世界各国普遍面临的一个重大安全问题。我国每年发生各类伤害约 2 亿人次，创伤致死人数占伤害死亡总人数的 9%左右，是继恶性肿瘤、脑血管病、呼吸系统疾病和心血管病之后的第五位死亡原因。创伤发生后首要工作就是止血包扎，止血包扎可以最大限度地为院内急救赢得时间和条件，减少创伤患者的致残率和死亡率。

（一）止　血

1. 止血目的和方法

在事故现场，一旦发生出血损伤，如能进行迅速而正确的急救处理，不仅对救护伤者生命、减轻痛苦和预防并发症等具有重要意义，而且可以为下一步治疗创造良好条件。

止血是现场急救者首先要掌握的一项基本技术。止血的方法有指压止血、加压包扎止血、止血带止血、填塞止血、加垫屈肢止血。止血的要领可以概括为 8 字，其顺序为压住、包住、塞住、捆住。

2. 出血量的判断

失血量和失血速度是威胁健康和生命的关键因素，几分钟内急性失血 1000 mL，即可出现生命危险，但十几小时慢性失血 2000 mL，却不一定引起死亡。成人的血液约占其体重的 8%，失血量的多少和主要症状如下：

（1）失血量小于 5%（200～400 mL）时，能自行代偿，无异常表现。

（2）失血 20%（约 800 mL）以上时，面色苍白、肢凉，脉搏增快达 100 次/分，出现轻度休克。

（3）失血 20%～40%（800～1600 mL）时，脉搏达 100～120 次/分，出现中度休克。

（4）失血 40%（1600 mL）以上时，心慌、呼吸快，脉搏血压测不到，造成重度休克，可导致死亡。

3. 出血的特点

（1）动脉出血：血液鲜红，量多，呈喷射状，短时间内大出血，可危及生命。

（2）静脉出血：血液暗红色，量中等，呈涌出状或缓缓外流，速度稍缓慢。

（3）毛细血管出血：血液鲜红，量少，呈水珠样流出或渗出，多能自行凝固。

4. 止血方法

1）一般止血法

伤口小的出血，局部用生理盐水冲洗，周围用 75% 的酒精涂擦消毒。消毒时，先从伤口近处向外周扩展涂擦，然后盖上无菌纱布，用绷带包紧即可。如头皮或毛发部位出血，应剃去毛发再清洗、消毒后包扎。

2）指压止血法

指压止血法是一种简单而有效的临时止血法，具有简单、快速、有效的特点，多用于头部、颈部及四肢的动脉出血。其基本方法是：根据动脉走行位置，在伤口的靠近心脏一端，用手指将动脉压在邻近的骨面或骨块上，从而中断血流。本法只能在短时间内达到控制出血的目的，不宜久用。止血位置主要包括颞浅动脉、面动脉、颈动脉、肱动脉、桡动脉、股动脉、足背动脉（见图 5-14 和图 5-15）。

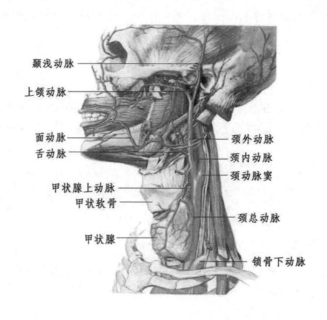

颞浅动脉
上颌动脉
面动脉
舌动脉
颈外动脉
颈内动脉
颈动脉窦
甲状腺上动脉
甲状软骨
颈总动脉
甲状腺
锁骨下动脉

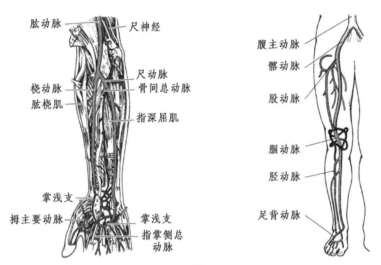

图 5-14　人体基本动脉分布

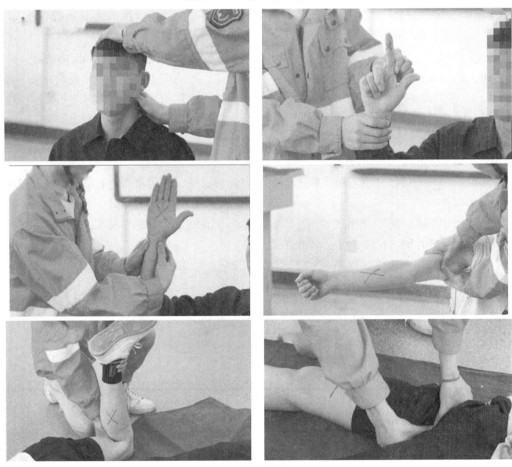

图 5-15　按压部位

（1）颈总动脉指压止血法（头面部出血）：一侧头面部出血时，用拇指或其他四指压迫气管与胸锁乳突肌之间的颈总动脉搏动点，并向颈椎方向按压。颈总动脉搏动点不能两侧同时按压，以防大脑缺血，造成其他损伤。

（2）颞浅动脉指压止血法（头部出血）：一侧头顶部出血，用食指或拇指压迫同侧耳前方颞浅动脉搏动点。

（3）面动脉指压止血法（颜面部出血）：一侧颜面部出血时，用拇指压迫同侧下颌骨下缘下颌角前方约 3 cm 处，将面动脉压在下颌骨上。

（4）锁骨下动脉指压止血法（肩腋部出血）：用拇指压迫同侧锁骨上窝胸锁乳突肌下端后缘，将锁骨下动脉向内下方压于第一肋骨上。

（5）肱动脉指压止血法（小臂出血）：一手抬高患肢，另一手拇指或其余四指压迫上臂肱二头肌内侧沟处，将肱动脉压在肱骨上。

（6）尺桡动脉指压止血法（手部出血）：患肢抬高，用两手拇指分别压迫手腕上方 2～3 cm 内外侧尺桡动脉搏动处。

（7）指动脉指压止血法（手指出血）：由于指动脉走行于手指的两侧，故手指出血时，应捏住指根的两侧而止血。

（8）股动脉指压止血法（大腿以下出血）：用双拇指重叠用力压迫大腿上端腹股沟中点稍内下方股动脉搏动处，将股动脉用力压在股骨上。

（9）腘动脉指压止血法（小腿或足部出血）：先在腘窝偏内侧处摸到腘动脉的搏动，然后用大拇指向后压向股骨头方向。

（10）胫前动脉和胫后动脉指压止血法（足部出血）：用两手拇指分别压迫足背中部近踝关节处的足背动脉和足跟内侧与内踝之间的胫后动脉。

3）加压包扎止血法

先用纱布、绷带等做成垫子放在伤口的无菌敷料上，再用纱布、棉花、毛巾、衣服等折叠成相应大小的垫，置于无菌敷料上面，然后再用绷带、三角巾等进行包扎，如图 5-16 所示。

包扎松紧程度以伤口不出血为宜，这种方法用于小动脉以及静脉或毛细血管的出血，当伤口内有碎骨片时，禁用此法，以免加重损伤。

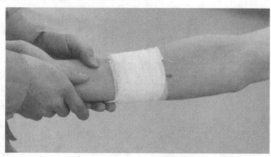

图 5-16　加压包扎

4）止血带止血法

用于其他止血方法暂时不能控制的四肢动脉出血。常用的止血带有橡胶制和布制两种。在紧急情况下可使用绷带、裤带、毛巾等有一定弹性的物品代替。

用橡胶止血带止血时，掌心向上，用左手的拇指、食指、中指持止血带的头端，将长的尾端绕肢体 2 圈后，然后用左手食指、中指夹住尾端后一手拉紧，顺着肢体用力拉下，压住"余头"，以免滑脱，如图 5-17 所示。

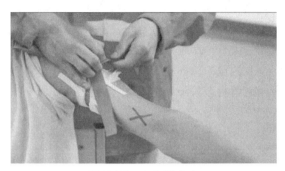

图 5-17　止血带止血

使用止血带止血时要注意以下几点：

（1）使用止血带必须在伤者的体表做出明显的标记，注明止血带使用时间和部位，并严格交接班。

（2）结扎止血带的时间：应越短越好，一般不应超过 1 h，最长不宜超过 3 h；若必须延长，则应每隔 1 h 左右放松 1~2 min，放松期间在伤口近心端局部加压止血。

（3）为避免损伤皮肤，止血带不能直接扎在皮肤上，应用棉花、薄布片加衬垫，以隔开皮肤和止血带。

（4）要严格掌握止血带的使用范围，当四肢大动脉出血用加压包扎不能止血时，才考虑使用止血带。

（5）松紧度：上止血带的松紧要合适，以出血停止、远端摸不到动脉搏动为原则，既要达到止血的目的，又要避免造成软组织的损伤。

（6）部位：扎止血带应在伤口的近心端，并尽可能靠近伤口；上肢为上臂上 1/3，切忌扎在中部，以免损伤桡神经；下肢为大腿中上 1/3；前臂和小腿不可扎止血带，因动脉从两骨间通过，使血流阻断不全，应采用指压止血法、直接压迫止血法。

（7）松解止血带前，要在准备好有效的止血手段后缓慢松开止血带，切忌突然完全松开，并应观察是否还有出血。

5）填塞止血法

填塞止血法适用于较深较大、出血多、组织损伤严重的伤口。将消毒的纱布、棉垫等填塞、压迫在创口内，外用绷带、三角巾包扎，松紧度以达到止血为宜，如图 5-18 所示。

图 5-18　填塞止血

6）加垫屈肢止血法

加垫屈肢止血法是指当前臂或小腿出血比较多，简单加压包扎不能达到止血目的时，如果肘关节膝关节周围没有骨折和关节脱位，可在肘窝、膝窝内放以厚纱布垫或将毛巾、衣服等物品折叠放置，屈曲关节，用绷带或布条固定患者关节，使加压的垫子压迫出血近心端的动脉，从而达到止血的目的，如图 5-19 所示。

注意，如果关节周围有骨折或关节脱位者，不能使用。

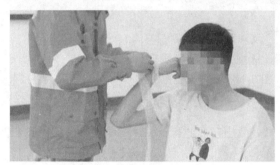

图 5-19　加垫屈肢法

止血实操

（二）包扎

1. 包扎的目的

包扎伤口是各种外伤中最常用、最重要、最基本的急救技术之一。正确包扎才能起到压迫止血、保护伤口、固定敷料、防止感染、减少疼痛、固定骨折和利于转运的作用。

2. 常用的包扎用品

可使用创可贴、尼龙网套、绷带、三角巾及多头带等包扎，在紧急情况下，身边无消毒药和无菌纱布、绷带时，可用比较干净的衣服、毛巾、布条代替。

3. 包扎基本要求

（1）迅速暴露伤口，判断伤情，采取紧急措施。

（2）妥善处理伤口，应注意消毒，防止再次污染。

（3）所用包扎材料应保持无菌，包扎伤口要全部覆盖包全。

（4）包扎的松紧度要适当，过紧影响血液循环，过松敷料易松脱或移动。

（5）包扎打结或用别针固定的位置，应在肢体的外侧或前面，避免在伤口处或坐卧受压的地方。

（6）包扎伤口时，动作要迅速、敏捷、谨慎，不要碰撞和污染伤口，以免引起疼痛、出血或污染。

（7）根据包扎部位，选用宽度适宜的绷带和大小合适的三角巾。

（8）包扎方向为自下而上，由左向右，从远心端向近心端包扎，以助静脉血液回流。绷带固定时的结应放在肢体的外侧面，忌在伤口上、骨隆突处或易于受压的部位。

（9）解除绷带时，先解开固定结或取下胶布，然后以两手互相传递松解。紧急时或绷带已被伤口分泌物浸透干涸时，可用剪刀剪开。

4. 绷带包扎法

常见的绷带包扎法包括环形包扎法、螺旋形包扎法、螺旋反折包扎法、"8"字形包扎法、回返包扎法等，如图 5-20 所示。

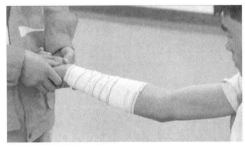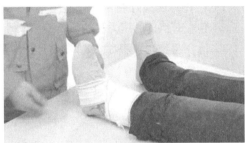

图 5-20　绷带包扎方法

1）主要操作步骤

（1）环形包扎法。

环形包扎法是绷带包扎中最基本、最常用的方法，适用于绷带包扎开始与结束时，以及包扎颈部、腕关节、胸部、额部、手掌、脚掌、踝关节和腹部等粗细相等部位的伤口。将绷带作环形重叠缠绕，下周将上周绷带完全遮盖，最后用胶布将带尾固定或将带尾中间剪开分成两头打结固定。

（2）螺旋形包扎法。

螺旋形包扎法用于周径近似均等的部位，如上臂、手指等。从远端开始先环形包扎两周，再向近端呈 30°角螺旋形向上缠绕，每圈重叠前一圈的 1/3 或 2/3，末端固定。在急救缺乏绷带或暂时固定夹板时每周绷带不互相掩盖，称蛇形包扎法。

（3）螺旋反折包扎法。

螺旋反折包扎法用于周径不等部位，如前臂、小腿、大腿等，开始先做两周环形包扎，再做螺旋包扎，然后以一手拇指按住卷带上面正中处，另一手将卷带自该点反折向下，盖过前周 1/3 或 2/3。反折完成后，形成的两条折缝排列成直线，但每次反折不应在伤口与骨隆突处。

（4）"8"字形包扎法。

"8"字形包扎法用于肩、肘、腕、踝等关节部位的包扎和固定锁骨骨折。以肘关节为例，先在关节中部环形包扎两周，绷带先绕至关节上方，再经屈侧绕到关节下方，过肢体背侧绕至肢体屈侧后再绕到关节上方，如此反复，呈"8"字连续在关节上下包扎，每圈与前一圈重叠 2/3，最后在关节上方环形包扎 2 圈，末端固定。

（5）回返包扎法。

本法多用于头和断肢端。先环形包扎两周，右手将绷带向上反折与环形包扎垂直，先覆盖残端中央，再交替覆盖左右两边，每圈覆盖上圈 1/3 ~ 1/2，再将绷带反折环形包扎两周固定。

2）注意事项

（1）伤者体位要适当。

（2）伤肢搁置适应位置，使伤者在包扎过程中能保持肢体舒适，减少伤员痛苦。

（3）操作者通常站在伤者前面，以便观察伤者面部表情。

（4）一般应自内而外，并自远心端向躯干包扎。包扎开始时，一般做两圈环形包扎，以固定绷带。

（5）包扎时要握好绷带卷，避免落下。绷带卷须平贴于包扎部位。

（6）包扎时每周的压力要均等，不可太轻，以免脱落，也不可太紧，以免发生循环障碍。

（7）除急性出血、开放性创伤或骨折伤员外，包扎前必须使局部清洁干燥，使用纱布垫敷受伤部位。

（8）戒指手表、项链等于包扎前除去。

5. 三角巾包扎法

三角巾包扎主要包括头顶帽式包扎法、单眼包扎法、双眼包扎法、单肩包扎法、双肩包扎法、单胸包扎法、双胸包扎法、腹部单侧包扎法、全腹部三角巾包扎法、手部包扎法等。

1）头顶帽式包扎法

将三角巾的底边叠成约两横指宽，边缘置于伤员前额齐眉，顶角向后位于脑后，三角巾的两底角经两耳上方拉向头后部交叉并压住顶角，再绕回前额相遇时打结，顶角拉紧，插入头后部交叉处内。

2）单眼包扎法

将三角巾折成三指宽的带形，以上 1/3 盖住伤眼，2/3 从耳下端反折绕向脑至健侧，在健侧眼上方前额处反折至健侧耳下再反折，转向伤侧耳上打结固定。

3）双眼包扎法

将三角巾折成三指宽带形，从枕后部拉向双眼在鼻梁上交叉，绕向枕下部打结固定。

4）单肩包扎法

三角巾折叠成燕尾式，燕尾夹角约 90°，大片在后压小片，放于肩上；燕尾夹角对准侧颈部；燕尾底边两角包绕上臂部并打结；拉紧两燕尾角，分别经胸、背部至对侧腋下打结。

5）双肩包扎法

三角巾折叠成燕尾式，燕尾夹角约 120°，燕尾披在双肩上，燕尾夹角对准颈后正中部，燕尾角过肩，由前往后包肩于腋下，与燕尾底边打结。

6）单胸包扎法

将三角巾展开，顶角放在伤侧肩上，底边向上反折置于胸部下方，并绕胸至背的侧面打结，将顶角拉紧，顶角系带穿过打结处上提。

7）双胸包扎法

将三角巾叠成燕尾状，系于腰间，翻转，两燕尾角分别搭于双肩，两燕尾角过肩于背后，将一燕尾角系带拉紧，绕横带后上提，与另一个燕尾角打结。

8）腹部单侧包扎法

将三角巾叠成燕尾，燕尾夹角约 60°，对准外侧裤线，将三角巾大片置于伤侧腹部压住后面的小片，顶角与底边中央绕腰腹部至对侧打结，两底角包绕大腿根部在大腿外侧打结。

9）全腹部三角巾包扎法

取一块干净的敷料压在伤口上，将三角巾底边向上，顶角向下横放在腹部，顶角对准两腿之间，三角巾一侧底角穿过腰部，与另一侧底角，在侧面打结，三角巾顶角由两腿间拉向臀部，于两底角连接处打活结。

10）手部包扎法

将三角巾展开，手放在中间，中指对准顶角，把顶角上翻盖住手背，折出手形，两角在手背交叉，围绕腕关节，在手背上打结。

包扎实操

四、骨折固定

固定对骨折、关节严重损伤、肢体挤压伤和大面积软组织损伤等能起到很好的保护作用，可以减轻痛苦，减少并发症，有利于伤员的搬运。

（一）骨折判断

1. 骨折的特有体征

（1）畸形：骨折段移位可使患肢外形发生改变，主要表现为缩短、成角或旋转畸形。

（2）反常活动：正常情况下肢体不能活动的部位，骨折后出现不正常的活动。

（3）骨擦音或骨擦感：骨折后，两骨折端相互摩擦时，可产生骨擦音或骨擦感。

2. 骨折的其他体征

（1）疼痛与压痛：骨折处均感疼痛，在移动肢体时疼痛加剧，骨折处有直接压痛及间接叩击痛。

（2）肿胀及淤斑：因骨折发生后局部有出血，创伤性炎症和水肿改变，受伤一二日后出现更为明显的肿胀，皮肤可发亮，产生张力性水泡。浅表的骨折及骨盆骨折皮下可见淤血。

（3）功能障碍：由于骨折失去了骨骼的支架和杠杆作用，活动时引起骨折部位的疼痛，使肢体活动受限。

（二）骨折固定材料

（1）木质夹板。

（2）充气夹板。

（3）钢丝夹板。

（4）负压夹板。

（5）塑料夹板。

（6）其他。

紧急情况时就地取材，包括竹棒、木棍、树枝等。

（三）骨折急救固定法

骨折固定方法很多，这里重点介绍常见的上臂骨折固定法、小臂骨折固定法、大腿骨折固定法、小腿骨折固定法。

1. 上臂骨折固定法

用 2 块长短、宽窄适宜的有垫夹板，分别放在伤臂的内、外侧，屈肘 90°，用 4 条绑带将骨折上下部缚好，再用小悬带把前臂挂在胸前，最后用绑带或三角巾将伤臂固定于体侧，如图 5-21 所示。

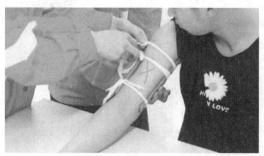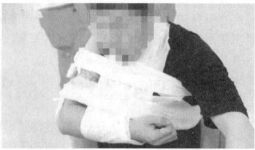

图 5-21　上臂骨折固定

2. 小臂骨折固定法

用 2 块有垫夹板分别放在前臂的掌侧和背侧，在夹板和伤肢之间垫上毛巾等松软物品，用三角巾或纱布等缠绕夹板将其固定。再用大悬臂带把前臂挂在胸前，即三角巾的底边与身体平行，将一端放在肩膀，另一端由胸前往下垂，三角巾的直角端在伤肢的肘关节外侧，之后将三角巾下垂的一端拉起，盖过受伤的小臂，再屈肘 90°，悬臂吊在胸前，而后将三角巾长边的两端绕于脖后打结、固定，如图 5-22 所示。

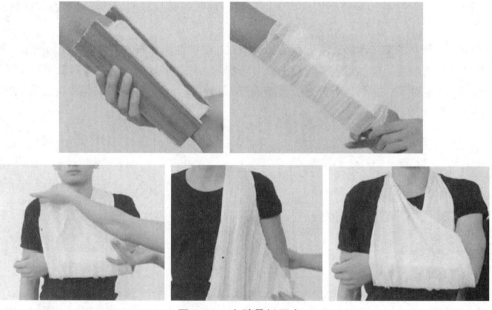

图 5-22　小臂骨折固定

3. 大腿骨折固定法

准备 7 条绑带，分别放置在病人腋下、腰部、髋部、骨折上端、骨折下端、膝部、踝部，准备一根长度从伤员腋下到足跟的夹板，用棉垫保护腋下，将夹板放在患肢的外侧，分别在髋关节、膝关节、踝关节骨隆突部位放置棉垫加以保护，再将一根做好保护的夹板放置在患肢内侧，夹板长度从大腿根部到足底，先固定骨折上端，再固定骨折下端，如图5-23 所示。

图 5-23　大腿骨折固定

然后从上往下依次固定，绑带交叉绕过足背，推平脚底呈 90°，绑带交叉绕回到脚背打结，最后检查末梢血液循环、运动和感觉。

4. 小腿骨折固定法

用 2 块有垫夹板放在小腿的内外侧，2 块夹板上至大腿中部，下至足部。用 5 条绑带分别固定小腿骨折的上下两端、大腿中部、膝关节、踝关节，踝关节要求"8"字形固定，如图 5-24 所示。

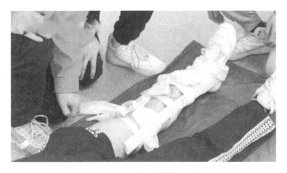

图 5-24　小腿骨折固定

骨折固定实操

五、伤员搬运

伤员搬运是帮助受伤人员及时脱离危险场所，减少院前等待时间，减轻伤员疼痛的重要方法。伤员搬运适应对象广泛，对于不能独立行走的人员均可以采用伤员搬运方法进行移动，伤员搬运要依据周围环境和具体伤情，不同的伤员可用的最佳搬运方法不尽相同，如果采取错误的搬运方法，将会造成二次伤害，甚至危及生命。

（一）搬运的目的

（1）使受伤人员脱离危险区，实施现场救护。

（2）尽快使伤员获得专业医疗。

（3）防止损伤加重。

（4）最大限度地挽救生命，减轻伤残。

（二）搬运护送原则

（1）迅速观察受伤现场和判断伤情。

（2）做好伤员现场救护，先救命后治伤。

（3）应先止血、包扎、固定后再搬运。

（4）伤员体位要适宜。

（5）不要无目的地移动伤员。

（6）保持脊柱及肢体在一条轴线上，防止损伤加重。

（7）动作要轻巧、迅速，避免不必要的振动。

（三）搬运方法

搬运方法包括徒手搬运和器械搬运。徒手搬运包括单人徒手搬运法、双人徒手搬运法和三人徒手搬运法。器械法主要指担架搬运。

1. 单人徒手搬运法

单人徒手搬运法主要包括背负法、扶行法、抱持法、拖行法、爬行法、肩扛法等。

1）背负法

背负法适用于老幼、体轻、清醒的伤病员，更适用于搬运溺水伤员。如有胸部损伤、四肢、脊柱骨折不能用此法。救护者背朝向伤员蹲下，让伤员将双臂从自己肩上伸到胸前，两手紧握；救护者抱其腿，慢慢站起。若伤员卧于地，不能站立，救护员可躺在病员一侧，一手紧握伤员手，一手抱其腿，慢慢站起。

2）扶行法

扶行法适于病情较轻、清醒、无骨折，能够站立行走的伤员。救护者站在伤者一侧，使病员一侧上肢绕过自己的颈部，用手抓住伤员的手，另一只手绕到伤员背后，搀扶行走。

3）抱持法

抱持法适于年幼，体轻无骨折、伤势不重者，是短距离搬运的最佳方法。如有脊柱或大腿骨折禁用此法。救护者蹲在伤员的一侧，面向伤员，一只手放在伤员的大腿下，另一只手绕到伤员的背后，然后将其轻轻抱起，如图 5-25 所示。

图 5-25 抱持法搬运

4）拖行法

腋下拖行法：首先要将伤病员的手臂横放在自己胸前，然后将自己双臂放在伤病员的腋下，用双手抓紧伤病员的对侧手臂，然后将伤病员缓慢向后拖行。

衣服拖行法：将伤员外衣解开，衣服从背后反折，中间段拖住伤病员的颈部和头后部，然后抓住垫于伤员头后部的衣服，缓慢向后拖行。

5）爬行法

爬行法适用于伤员丧失意识、空间狭小或有浓烟且伤员两侧上肢没有受伤的情况下搬运伤员。首先要用三角巾或宽布条等将伤员两只手的手腕部绑起来，绑扎完毕后，救护人员跨于伤员的两侧，将伤员手部绑扎部位套住救护人员的颈部，接下来将伤员抬起，救护人员的手要扶着伤员的颈部，用爬行的方法搬运伤员。

6）肩扛法

肩扛法适应于意识不清，需要快速搬运的伤病员。救护者背朝上，救护者在伤病员头部处左膝跪地，将双手深入被救者两腋下，双手扶其背部，挺身起立使其上身靠于左肩，并骑坐在救护者的左大腿上，救护者上体前倾，右手握住其左手腕向前拉紧，左手从其两腿之间穿过，并抱住左大腿，两腿同时用力，直体起立。

2. 双人徒手搬运

1）杠桥式

需要两名救护人员，适应于意识清醒，活动不方便的伤员。两个救护人员面对面站立于伤员后方，单膝跪立于地面，救护人员右手要扶着自己的左手腕用自己的左手再扶着对方的右手腕，这样就构成了一个杠桥，这个时候伤员就坐于杠桥的上方，两手扶着救护人员的颈部，然后救护人员将伤病员抬起进行搬运。

2）座椅式

座椅式适用体弱而清醒的一般伤患者。两名救护员面对面站立，各自伸出相对的一只手，并互相握紧对方的手腕，然后蹲下，让伤病员坐到相互握紧的两手上，其余的手在伤病员背后交叉，然后抓住伤病员的腰带，同时站立，行走时同时迈出外侧的腿，步调一致，如图 5-26 所示。

图 5-26　座椅式搬运

3）拉车式

拉车式适用于意识不清的一般伤患者。两名救护者，一人站在伤员的头部，两手从伤员腋下插入，把伤员两前臂交叉于胸前，再抓住伤员的前臂，把伤员抱在怀里；另一名救护员在伤病员的一侧蹲下，将伤病员的两足交叉，用双手握紧伤病员的踝部，然后两人同时站起，一前一后行走，或者另一名救护员蹲在伤病员两腿中间，双手握紧伤病员的膝关节下方，两名救护员同时站起、一前一后、步调一致、抬起行走，如图 5-27 所示。

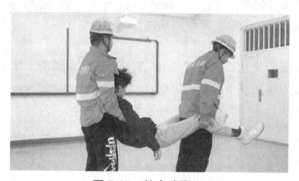

图 5-27　拉车式搬运

3．三人搬运法

三人搬运法适用于脊柱骨折的伤者。3 名救护者站在伤员未受伤的一侧，同时单膝跪地，分别抱住伤员的头、颈、肩、背、臀、膝、踝部。同时站立，抬起伤员，齐步前进，以保持伤员躯干不被扭转或弯曲，同时把伤员轻轻抬放到硬板担架上，如图 5-28 所示。

图 5-28　三人徒手搬运

4. 担架搬运

脊柱骨折，下肢骨折，危重的伤病员在有条件的情况下采用担架、脊椎板等进行搬运，可以减少伤病员的痛苦，防止再次损伤。在没有现成的担架时，可用木板、铁板、床板等代替，也可自制担架。

（1）用木棍做担架：用两根长约 2 m 的木棍或木板绑成梯子形，中间用绳索或风筒布来回绑在两长棍之间即可。

（2）用上衣做担架：用两根长约 2 m 的硬质木棍或铁杆，从两件上衣的袖筒穿过即可。

采用三人徒手搬运法将伤员抬起后放到担架上，伤员的脚在前，头在后，以便于观察。抬起时先抬头，后抬脚，放下时先放脚，后放头；步调一致，平稳前进。向高处抬时（如上台阶/上桥）时伤员头朝前，足朝后。或前面的人放低、后面的要抬高，以使伤员保持水平状态；下台阶时，则相反，如图 5-29 所示。

图 5-29　担架搬运

（四）伤员搬运注意事项

（1）昏迷伤员要注意保持呼吸道通畅，防止窒息。

（2）在搬运颈椎受伤的伤员时，要有专人抱住伤员头部，轻轻向水平方向牵引，并固定在中立位置，不使颈椎弯曲，严禁左右扭转。

（3）对脊椎损伤的伤员，严禁让其坐起、站立和行走，也不能采用一人抬头、一人抱腿或人背的方法搬运，以防损伤脊髓，造成截瘫或死亡，所以必须十分小心。

（4）搬运胸、腰椎损伤的伤员时，先把硬板担架放在伤员旁边，由专人照顾患处，另由两三人在保持其脊柱伸直的同时轻轻将伤员推滚到担架上。

（5）担架搬运时应平抬平放，受一般外伤的伤员，可平卧在担架上，伤腿抬高；胸部有外伤的伤员可半坐半卧。

（6）搬运伤员时应让其头部在后面，随行的救护人员要时刻注意伤病员伤情的变化，并随时调整止血带和固定物的松紧度，防止皮肤压伤和缺血坏死。如发现伤病员出现面色苍白、头昏、眼花、血压脉搏减弱、恶心、呕吐、烦躁不安等症状，应暂停转送，就地实施抢救。上下山或楼梯时，应尽量保持担架平衡，防止伤员从担架上掉下。

（7）将伤员搬运到医疗点或救护车后，应向接收医生详细介绍受伤、检查和抢救经过。

任务三　典型事故现场急救

一、触电急救

（一）脱离电源

（1）触电急救，首先要使触电者迅速离电源，越快越好。

（2）触电者未脱离电源前，救护人员不准直接用手触及伤员，因为有触电危险。

（3）如触电者处于高处，要采取预防措施，防止脱离电源后会自高处坠落。

（4）触电者触及低压带电设备，救护人员应设法迅速切断电源，如拉开电源开关或刀闸，拔除电源插头等，或使用绝缘工具、干燥的木棒、木板、绳索等不导电的东西解脱触电者；也可抓住触电者干燥而不贴身的衣服，将其拖开；也可戴绝缘手套或将手用干燥衣物等包起绝缘后解脱触电者，切记要避免碰到金属物体和触电者的裸露身躯。如果电流通过触电者入地，并且触电者紧握电线，可设法用干木板塞到身下，与地隔离，也可用干木把斧子或有绝缘柄的钳子等将电线剪断。剪断电线要分相，一根一根地剪断，并尽可能站在绝缘物体或干木板上。

（5）触电者触及高压带电设备，救护人员应迅速切断电源，或用适合该电压等级的绝缘工具（戴绝缘手套、穿绝缘靴并用绝缘棒）解脱触电者。救护人员在抢救过程中应注意保持自身与周围带电部分必要的安全距离。

（6）如果触电者触及断落在地上的带电高压导线，且尚未确证线路无电，救护人员在未做好安全措施（如穿绝缘靴或临时双脚并紧跳跃地接近触电者）前，不能接近断线点及其 8～10 m 范围内，防止跨步电压伤人。触电者脱离带电导线后，应迅速带至 8～10 m 以外，立即开始触电急救。只有在确认线路已经无电，才可在触电者离开触电导线后，立即就地进行急救。

（二）触电急救注意的事项

（1）救护以"保护自己，救护他人"为原则，一定要有清醒的头脑，不要忙中失误，伤及救护者本人。

（2）即使触电者在平地，也要注意触电者倒下的方向，注意防摔。救护者也应注意自身在救护中的防坠落和防摔伤问题。

（3）救护者要避免碰到金属物体和触电者裸露的身躯，不要直接用手去接触触电者，应采取措施保护自己，可以站在绝缘垫或干木板上，再进行救护。

（4）如果事故发生在夜间，应设置临时照明灯，以便于抢救，避免意外事故，但不能因此延误切除电源和进行急救的时间。

（5）各种救护措施应因地制宜，灵活运用，以快为原则。

（三）伤员脱离电源后的处理

（1）触电伤员如神志清醒者，应使其就地躺平，严密观察，暂时不要站立或走动。

（2）触电伤员如神志不清者，应就地仰面躺平，且确保气道通畅，并呼叫伤员或轻拍其肩部，以判定伤员是否意识丧失。禁止摇动伤员头部呼叫伤员。

（3）需要抢救的伤员，应立即就地坚持正确抢救，并设法联系医疗部门接替救治。

（4）如伤员出现呼吸心脏骤停，立即开始进行心肺复苏。

（5）在医务人员未接替抢救前，现场抢救人员不得放弃现场抢救。

二、淹溺急救

遇到有人溺水，首先要尽快呼叫他人帮助，呼唤多人参与，提高救援的安全性。除非万不得已，应尽量避免单人施救，尤其应避免单人独自下水施救，以免发生不测时无人帮助。不要盲目下水，因为水情不同，水下可能有很多未知因素，故即使是会游泳者甚至是游泳健将也不要盲目下水。

（一）伸手救援

营救者首先侧身站在较稳固的平面坚固物体上，并且确认自己站稳后方可救援，特别要避免正向面对淹溺者，同时要防止脚下可能发生的打滑现象，以免被落水者拽入水中。当牢固抓住落水者后，救援者要缓缓回拽，千万不要动作生猛，以免造成伤害。提拉落水者时，救援者尽量降低自己的体位，重心向后向下，最好趴在地上或能用另一只手抓住稳固的物体（如坚固的石头、树枝等），确认自己稳固后将其拉出。如果距离稍远，伸手够不到时，可用脚去拖救，如此可增加拖救的距离。一旦确认淹溺者牢牢抓住救援者时，立刻拖其回岸。

（二）借物救援

该法是借助某些物品（如木棍等）把落水者拉出水面的方法，适用于营救者距淹溺者的距离较近（数米之内），同时淹溺者还清醒的情况。

救援者应尽量站在远离水面同时又能够到淹溺者的地方，将可延长距离的营救物如树枝、木棍、竹竿等物送至落水者前方。在确认淹溺者已经牢牢握住延长物时，救助者方能拖拉淹溺者。其姿势与伸手救援法一样。

（三）抛物救援

抛物救援指向落水者抛投绳索及漂浮物（如救生圈、救生衣、救生浮标、木板、圆木、汽车内胎等）的营救方法，适用于落水者与营救者距离较远且无法接近落水者，同时淹溺者还处在清醒状态的情况。

抛投绳索前要在绳索前端系有重物，可将绳索前端打结或将衣服浸湿叠成团状捆于绳索前端，这样利于投掷。抛投物应抛至落水者前方，所有的抛投物均最好有绳索与营救者相连，这样有利于尽快把落水者救出。此时，营救者也应注意降低体位，重心向后，站稳脚跟，以免被落水者拽入水中。

（四）划船救援

划船救援指运用救生船划到落水者身边的救援，该法适用于宽阔水域的淹溺并且有船，而且最好由受过专业训练的救援者参与营救。此时，要注意营救船只必须具有一定的规模，如使用小舢板或小型橡皮艇等极小型船只，营救者必须受过专业训练，否则在拖拉落水者时容易导致翻船，酿成更大的事故。如果营救船只过小且水温不低时，可嘱落水者不必上船，抓住船帮，然后施救者划船回岸即可。

（五）游泳救援

游泳救援也称为下水救援，这是最危险的救援方法。救人者要评估自己的体力及身体情况，千万不要勉强下水救人，否则会造成双重的不幸。最好有双人或三人同时下水营救，这样既可以在水中相互帮助，又能降低救援危险。下水救援者必须有熟练的游泳技术，并应尽可能脱去衣、裤、鞋、袜，最好携带漂浮物如救生衣、救生圈、粗木棍等，并将其给淹溺者使用，这样可以增加救援的安全性，也使救援的难度降低。施救者尽量从背面接近淹溺者，用一只手从淹溺者腋下插入握住其对侧的手，也可托住其头部，用仰泳方式拖向岸边。如果淹溺者已经下沉至水底，施救者应潜入水底接近，然后由背后拖拽将其带出水面。

往回拖带淹溺者过程中的关键是尽量使其头、面部露出水面，使其尽快得到氧气供应。淹溺者为了求生，会拼命挣扎，见到附近的人与物，会出自本能地去抓抱，以达到使自己上浮呼吸的目的，而且一旦抓住任何人或物时决不放手。因此，施救者必须防止被淹溺者抓住。当接近淹溺者时，可采用阻挡防卫法。即当淹溺者欲抓抱时，施救者身体侧转，用单手接触淹溺者胸部，将其推开。如果距离岸边很近，可以抓住淹溺者的手腕，用侧泳的方式将其带回岸边。应在现场创造足够的后续支持条件，如增加人力，寻找救生圈、绳索、小船及专业救援人员等。

三、窒息中毒应急处理

（一）迅速脱离危险区域

（1）抢救者与监护者在明确联络信号后方可进入事故部位。

（2）抢救者进入事故部位，必须佩戴长管防毒面具或空气呼吸器并检查其气密性。

（3）进入塔、容器、下水道、电缆沟等事故现场，必须系好安全带（绳），携带防爆手电。有两个以上的人监护，监护人佩戴适用的防毒面具。

（4）监护人负责把抢救者佩戴的长管防毒面具的长管固定在上风口新鲜空气处，保持长管空气流畅，并将营救用安全绳就近固定，将营救绳另一端放入。施救过程中，密切观察营救状态。

（5）抢救者将营救绳绑在中毒者腰间或腋下后，即刻发出提拉信号，提拉用力要小心，防止撞伤。

（6）中毒者移至空气新鲜处，应判断呼吸、心跳状况，立即进行人工呼吸或心脏胸外挤压法并尽快送往医院抢救。

（二）现场急救方法

（1）中毒患者转移到安全场所后，应立即松解衣扣和腰带，摘下假牙并消除口腔异物。查看神智是否清楚，瞳孔反应如何，脉搏、心跳是否存在，呼吸是否停止，有无出血和骨折等。

（2）若心跳或呼吸停止，则要就地抢救，采取胸外心脏按压法配以人工呼吸，决不轻易放弃；或者边进行以上抢救，边送往医院。

（3）在送往医院途中，使中毒者平躺，保持呼吸畅通，并继续实施人工呼吸或胸外心脏按压法。

四、灼烫急救

（一）灼烫伤事故一般处理程序

1. 冲

如果灼烫伤的面积比较小，可以先用冷水直接冲泡半个小时左右，以不再感到疼痛为止。这是因为冷水可以降温，降低灼烫伤肌肤的热度、减少伤害，可以防止灼烫面积扩大和损伤加重。

2. 脱

如果灼烫伤部位是隔着衣服的，很多人在灼烫伤之后，都会着急地强行拉开、脱去衣服，这时候会很容易连皮肤一起脱去了。灼烫伤时衣服会和皮肤连在一起，应该先用冷水浸泡，减少疼痛之后，再用剪刀小心剪开衣物、脱去衣物。如果衣服粘得太紧，不要强行去除，以防二次损伤，可以去医院找专业医师处理。

3. 泡

在冲洗完并且也除去表面衣物等东西后，就可以把受伤部位放到冷水里浸泡 30 min 左右。注意，浸泡使用室温的冷水，不要用带着冰块的冰水。

4. 盖

准备好已经消毒的、干净的医用纱布或者是棉布，盖在烫伤部位，进行固定。

5. 送

对于出现心肺骤停者，马上进行心肺复苏；伴有外伤大出血者应予以止血；骨折者应做临时固定，然后送医处理。

（二）特殊灼烫伤处理

特殊灼烫伤指的是化学灼伤和放射性灼伤，这里介绍比较常见的酸碱灼伤。

凡是化学物质直接作用于身体，引起局部皮肤组织损伤，并通过受损的皮肤组织导致全身病理生理改变，甚至伴有化学性中毒的病理过程，称为化学灼伤。化学灼伤最常见的就是酸碱灼伤。

1. 酸灼伤处理

（1）立即脱去或剪去被污染的工作服、内衣、鞋袜等，迅速用大量的流动水冲洗创面，至少冲洗 10～20 min，特别对于硫酸灼伤，要用大量水快速冲洗，除冲去和稀释硫酸外，还可冲去硫酸与水产生的热量。

（2）初步冲洗后，用3%~5%的碳酸氢钠液湿敷10~20 min，然后再用水冲洗10~20 min。

（3）清创，去除其他污染物，覆盖消毒纱布后送医院。

（4）口服酸者不宜洗胃，尤其口服已有一段时间者，以防引起胃穿孔。可先服用清水，再口服牛乳、蛋白或花生油约200 mL。不宜口服碳酸氢钠，以免产生二氧化碳而增加胃穿孔危险。大量口服强酸应急送医院救治。

2. 碱灼伤处理

（1）皮肤碱灼伤时，脱去污染衣物，用大量流动清水冲洗污染的皮肤20 min或更久。对氢氧化钾灼伤，要冲洗到创面无肥皂样滑腻感，用1%~2%的硼酸或1%~2%的醋酸温敷10~20 min，然后用水冲洗，不要用酸性液体冲洗，以免产生中和热而加重灼伤。

（2）因生石灰引起的灼伤，要先清扫掉沾在皮肤上的生石灰，再用大量的清水冲洗，千万不要将沾有大量石灰粉的伤部直接泡在水中，以免石灰遇水生热加重伤势。经过清洗后的创面用清洁的被单或衣物简单包扎后，即送往医院治疗。

（3）灼伤自行处理后，一定要及时去到最近的医院进行治疗，减少因灼伤带来的伤害。

3. 眼睛灼伤处理

一旦发生酸碱化学性眼损伤，要立即用大量细流清水冲洗眼睛，以达到清洗和稀释的目的。但要注意水压不能高，还要避免水流直射眼球和用手揉搓眼睛。冲洗时要睁眼，眼球要不断地转动，持续15 min左右，也可将整个脸部浸入水盆中，用手把上下眼皮扒开，暴露角膜和结膜，头部在水中左右晃动，使眼睛里的化学物质残留被水冲掉。然后用生理盐水冲洗一遍。眼睛经冲洗后，可滴用中和溶液（酸烧伤用2%~3%的碳酸氢钠溶液，碱烧伤用2%~3%的硼酸液）做进一步冲洗。最后，滴用抗生素眼药水或眼膏以防止细菌感染，然后将眼睛用纱布或干净手帕蒙起，送往医院治疗。

（三）灼烫伤注意事项

1. 不要在灼烫伤部位涂抹

酱油、香油、牙膏等都不能有效缓解灼烫伤，酱油颜色会影响医生判断，香油、牙膏会阻止热量散发，热气只能继续往深处扩散，造成更深一层伤害。

2. 不要用冰块降温

这是因为冰块的温度太低，会让已经破损的皮肤伤口恶化，进一步损伤皮肤，一定要冷水降温。

3. 不要马上包扎伤口

这是因为用绷带包扎伤口，会粘住皮肤，造成进一步损伤，很容易导致皮肤的表皮溃烂。相反，不包扎伤口，让它自然干燥，可以减少细菌的生成，加快愈合。

4. 对烫伤严重者应禁止大量饮水，以防休克

口渴严重时可饮盐水，以减少皮肤渗出，有利于预防休克。严重口渴者，可口服少量淡盐水或淡盐茶水。条件许可时，可服用烧伤饮料。

五、冻伤、高温中暑急救

（一）冻伤急救

（1）冻伤使肌肉僵直，严重者深及骨骼，在救护搬运过程中，动作要轻柔，不要强使其肢体弯曲活动，以免加重损伤，应使用担架，将伤员平卧并抬至温暖室内救治。

（2）将伤员身上潮湿的衣服剪去后，用干燥柔软的衣服覆盖，不得烤火或搓雪。

（3）全身冻伤者呼吸和心跳有时十分微弱，不应该误认为死亡，应努力抢救。

（4）发生液态烃、液氧、液氮、液氨等的冻伤应立即使患者脱离现场，去除附着制冷物质的衣物，并采取保暖措施迅速送医院救治。

（二）高温中暑急救

（1）烈日直射头部，环境温度过高，饮水过少或出汗过多等可以引起中暑现象，其症状一般为恶心、呕吐、胸闷、眩晕、嗜睡、虚脱，严重时抽搐、惊厥甚至昏迷。

（2）应立即将病员从高温或日晒环境转移到阴凉通风处休息。用冷水擦浴，湿毛巾覆盖身体，电扇吹风，或在头部、较浅动脉处置冰袋等方法降温，并及时给病人口服盐水，严重者送医院治疗。

思考题

1. 过滤式自救器和隔离式自救器哪种安全性更高？

2. 不同事故的避灾路线一样吗？为什么？试举例说明。

3. 矿井水灾事故后，如果向高处巷道逃生的路线都已经被涌水阻断无法前往，还有哪些地方可以避难？

4. 如果在黑暗中无法看清伤员，怎样才能快速有效找准按压位置？

5. 如果伤员口中呕吐物较多并比较黏稠，无法拉起舌头，应该如何处理？

6. 为什么要先进行心肺复苏后进行人工呼吸？程序如果反过来会有什么不良后果？

7. 无论采取哪种包扎方法，最基本的要求是什么？

8. 面对骨折严重变形的伤员，能否恢复到正常位置后进行固定？为什么？

参考文献

[1]　杨月巧. 新应急管理概论[M]. 北京：北京大学出版社，2020.

[2]　兰泽全. 应急管理法律法规[M]. 北京：应急管理出版社，2021.

[3]　王起全. 事故应急与救援导论[M]. 上海：上海交通大学出版社，2015.

[4]　申霞. 应急预案编制与演练[M]. 北京：应急管理出版社，2021.

[5]　唐贵才. 企业应急预案编制与实施[M]. 北京：中国劳动社会保障出版社，2018.

[6]　徐阳，何淼，甘黎嘉. 应急预案编制与演练[M]. 重庆：重庆大学出版社，2021.

[7]　李雨成. 应急救援装备[M]. 北京：应急管理出版社，2021.

[8]　赵正宏. 应急救援装备[M]. 北京：中国石化出版社，2019.

[9]　赵正宏，杨红卫. 应急救援装备[M]. 北京：中国石化出版社，2008.

[10]　《应急救援系列丛书》编委会. 应急救援装备选择与使用[M]. 北京：中国石化出版社，2008.

[11]　易俊，黄文祥. 事故应急救援技术[M]. 徐州：中国矿业大学出版社，2023.

[12]　易俊，黄文祥. 事故应急救援[M]. 北京：中国劳动社会保障出版社，2016.

[13]　许铭. 危险化学品安全管理[M]. 北京：中国劳动社会保障出版社，2018.

[14]　苗金明. 事故应急救援与处置[M]. 北京：清华大学出版社，2012.

[15]　刑娟娟. 企业事故应急救援与预案编制技术[M]. 北京：气象出版社，2008.

[16]　吴宗之，刘茂. 重大事故应急救援系统及预案导论[M]. 北京：冶金工业出版社，2003.

[17]　任引津，张涛林等. 实用急性中毒全书[M]. 北京：人民卫生出版，2003.

[18]　李强. 现代煤矿常见灾害事故现场救护新技术使用手册[M]. 长春：吉林大学出版社，2005.

[19]　岳茂兴. 灾害事故现场急救[M]. 北京：化学工业出版社，2006.

[20]　苗金明，冯志斌，张杰. 企业应急救援预案的分级响应机制探讨[C]. 中国职业安全健康协会，2009.

[21]　张东普，董定龙. 生产现场伤害与急救[M]. 北京：化学工业出版社，2005.

[22] 周素梅，吕琳，赵锐. 个体防护在应急救援中的作用[J]. 安全，2003.6：42-43.

[23] 田卫东，周华龙. 矿山救护[M]. 重庆：重庆大学出版社，2010.

[24] 康青春. 消防应急救援工作实务指南[M]. 北京：中国人民公安大学出版社，2011.

[25] 陈晓东，救援装备[M]. 北京：科学出版社，2014.

[26] 刘立文，黄长富. 突发灾害事故应急救援[M]. 北京：中国人民公安大学出版社，2013.

[27] 闵永林. 2016 消防与应急救援国际学术研讨会论文集[M]. 上海：上海科学技术出版社，2017.

[28] 谢苗荣. 灾害与紧急医学救援[M]. 北京：北京科学技术出版社，2008.

[29] 陈安等. 现代应急管理理论与方法[M]. 北京：科学出版社，2009.

[30] 姜安鹏，沙勇忠、应急管理实务[M]. 兰州：兰州大学出版社，2010.

[31] [美]米切尔·K. 林德尔，等. 应急管理概论[M]. 王宏伟，译. 北京：中国人民大学出版社，2011.

[32] 孙继平，钱晓红. 煤矿事故与应急救援技术装备[J]. 工矿自动化，2016，42（10）：1-5.

[33] 闪淳昌，周玲，钟开斌. 对我国应急管理机制建设的总体思考[J]. 国家行政学院学报，2011（1）：8-12，21.

[34] 任志勇. 煤矿用防爆指挥车的设计与开发[J]. 煤矿机械，2015，36（2）：44-47.

[35] 天津港"8·12"瑞海公司危险品仓库特别重大火灾爆炸事故调查报告[Z]. 2016.

[36] 徐瑾. 化工安全生产事故原因及处理措施[J]. 化工管理，2023（4）：95-97.

[37] 曹彦东. 高层建筑火灾的扑救方法研究[J]. 中国建筑金属结构，2022（3）：135-137.

[38] 焦宇，李显，刘琦，等. 2005—2019 年我国重特大安全生产事故特征分析[J]. 安全与环境学报，2021，21（6）：2875-2882.

[39] 胡万吉. 2009—2018 年我国化工事故统计与分析[J]. 今日消防，2019，4（2）：3-7.

[40] 韩文勇，张继英，李霞，等. 胸外按压姿势是高质量心肺复苏需要注意的细节之一[J]. 中国急救复苏与灾害医学杂志，2021，16（8）：951-955.

[41] 杨月巧. 新时代应急管理体制机制关系分析[J]. 北京：中国安全生产，2019，14（9）：26-29.

生产安全事故
应急救援技术
实训手册

主　编 ◎ 杨虹霞
副主编 ◎ 庞　波　郭红娟　包　娟

西南交通大学出版社
·成　都·

图书在版编目（ＣＩＰ）数据

生产安全事故应急救援技术：含实训手册.2，生产安全事故应急救援技术实训手册 / 杨虹霞主编. －－ 成都：西南交通大学出版社，2024.3

ISBN 978-7-5643-9785-2

Ⅰ．①生… Ⅱ．①杨… Ⅲ．①生产事故 – 救援 – 高等学校 – 教材　Ⅳ．①X928.04

中国国家版本馆 CIP 数据核字（2024）第 073386 号

随着社会的发展和科技的进步，各类事故应急救援技术在保障人民生命财产安全方面发挥着越来越重要的作用。职业本科培养的是高水平技术技能型人才，其特点是加强理论学习的同时，注重实际操作能力，理实一体，学训结合，开展技术实训课程是十分必要的。本实训手册作为《生产安全事故应急救援技术》教材的技能实训部分，以培养具有专业素质和实践能力的事故应急救援人才为目标，通过系统的理论知识学习和实践操作，帮助使用者掌握事故应急救援的基本技能和操作要领。

本实训手册以活页式的形式呈现，旨在为使用者提供一套系统、实用、灵活的事故应急救援技术实训教材，提高其在面对突发事件时的应对能力和操作水平。

项目一包含两个技能实训，主要是通过学生分组讨论和案例分析的形式，了解我国事故应急救援的基本任务和发展趋势，掌握我国应急救援体系的组成及职责，加强对应急救援工作的认识，提高应急意识和安全意识。项目二包含两个技能实训，通过编制典型事故应急救援预案和预案的实际演练，熟悉事故应急救援预案编制方法，熟悉预案演练的实施过程，认识应急预案在事故应急救援中的作用和功能，提高编制典型场所事故应急救援预案的能力。项目三包括五个技能实训，通过生命探测仪的使用、气体检测装备的使用、消防灭火装备的使用、呼吸防护装备的使用、医疗救护装备的使用等实训项目，熟悉事故救援常用装备及其使用方法，提高对新型先进装备器材的认知和使用能力，从而提升事故救援的整体水平。项目四包括四个技能实训，通过高层建筑火灾事故、危险化学品火灾爆炸事故、有毒有害物质泄漏事故、矿山火灾事故等生产安全事故的现场应急处置实训，掌握典型事故应急处置的方法和要点。项目五包括五个技能实训，通过自救器的使用、心肺复苏操作、止血包扎技术、骨折固定技术、伤员搬运技术等技能的训练，掌握现场应急救援技术，提高事故状态下自救互救的能力。全书内容丰富，结构合理，体系完善，包含了事故应急救援的核心技能和常用技能，具有新颖性、实用性和可操作性。

编者

2023 年 10 月

项目一　生产安全事故应急救援的内涵及体系 ····················· 001

　　任务一　生产安全事故应急救援的内涵 ················· 001

　　任务二　生产安全事故应急救援体系 ··················· 006

项目二　生产安全事故应急救援预案编制与管理 ············· 011

　　任务一　生产安全事故应急救援预案编制 ················· 011

　　任务二　生产安全事故应急救援预案管理与演练 ········· 016

项目三　生产安全事故应急救援常用装备和技术 ············· 022

　　任务一　预警监测装备及其使用 ··················· 022

　　任务二　消防救援装备及其使用 ··················· 034

　　任务三　个体防护装备及其使用 ··················· 040

　　任务四　医疗救护装备及其使用 ··················· 046

项目四　生产安全事故现场应急处置 ···················· 052

　　任务一　高层建筑火灾事故现场应急处置 ················· 052

　　任务二　危险化学品火灾爆炸事故现场应急处置 ········· 059

　　任务三　有毒有害物质泄漏事故现场应急处置 ·········· 065

　　任务四　矿山事故现场应急处置 ··················· 071

项目五　生产安全事故避灾自救与互救 ···················· 077

　　任务一　事故避灾自救 ··························· 077

　　任务二　现场急救技术 ··························· 084

参考文献 ··· 110

项目一

生产安全事故应急救援的内涵及体系

任务一　生产安全事故应急救援的内涵

技能实训　事故应急救援基本任务及发展趋势分析讨论

任务编号		实训地点		实训时间	
小组成员					

一、任务描述

（一）任务目的

通过分组讨论，使学生了解我国事故应急救援的基本任务和发展趋势，提高学生应急意识和安全意识，引导其掌握应急行业前沿相关科学管理措施，提升学生的综合素养。

（二）任务概述

按照分组，各小组分别对事故应急救援的基本任务展开讨论，并分析其发展趋势，完成讨论后撰写心得体会。

二、任务准备

（1）提前分组。

（2）笔、橡皮和草稿纸若干。

（3）了解搜集事故应急救援相关知识，并熟悉。

三、任务实施

（1）分组，每组推选一名学生作为组长，负责主持整个讨论。

（2）讨论我国事故应急救援的四个阶段。

（2）讨论我国事故应急救援的基本任务。

（3）讨论我国事故应急救援的发展趋势。

（4）按照任务评价表完成小组自评、小组互评和教师评价。

（5）按照评价表规则确定各小组评价总分数。如果小组对评价成绩提出异议，教师进行成绩复核。

（6）冠军小组推出优秀组员2名，其他小组推出优秀组员1名，计入个人荣誉榜，教师留档。

（7）教师综合评价。

注意事项

（1）讨论过程必须全员参与，每个人至少发言一次，尽量确保每位成员深度参与讨论，避免冷场。

（2）讨论过程中避免人身攻击。

四、成果展示

每人写一份讨论心得。

五、任务评价

（一）小组心得

（二）成果评价

任务评价标准表

序号	评价要素	分数	评价依据等级	评价得分
1	讨论我国事故应急救援的四个阶段	20	1. 能准确描述四个阶段的含义（10分） 优☐　良☐　中☐　差☐ 2. 思路清晰，答题内容准确、重点突出、充实且深刻（10分） 优☐　良☐　中☐　差☐	
2	讨论我国事故应急救援的基本任务	20	1. 能准确描述事故应急救援的基本任务（10分） 优☐　良☐　中☐　差☐ 2. 思路清晰，答题内容准确、重点突出、充实且深刻（10分） 优☐　良☐　中☐　差☐	
3	讨论我国事故应急救援的发展趋势	25	1. 对事故应急救援的发展趋势提出自己的认识（15分） 优☐　良☐　中☐　差☐ 2. 思路清晰，答题内容准确、重点突出、充实且深刻（10分） 优☐　良☐　中☐　差☐	
4	小组心得	10	1. 能够发现自己小组的优缺点（5分） 优☐　良☐　中☐　差☐ 2. 能够发现其他小组的优缺点（5分） 优☐　良☐　中☐　差☐	
5	分工明确、相互团结协作	10	1. 按规定时间完成任务（5分） 优☐　良☐　中☐　差☐ 2. 互帮互助、团队合作密切（5分） 优☐　良☐　中☐　差☐	
6	学习态度	15	1. 充分参与讨论，发言不少于两次（10分） 优☐　良☐　中☐　差☐ 2. 主动参与实训和小组自评、互评（5分） 优☐　良☐　中☐　差☐	

（三）评价结果

序号	评价要素	分值	小组自评（20%）	小组互评（30%）	教师评价（50%）
1	讨论我国事故应急救援的四个阶段	20			
2	讨论我国事故应急救援的基本任务	20			
2	讨论我国事故应急救援的发展趋势	25			
4	小组心得	10			
5	分工明确、相互团结协作	10			
6	学习态度	15			
	合计	100			

六、巩固拓展

（1）事故应急救援现场的任务优先级如何判定？

（2）如何保证执行应急救援任务时自身不受到伤害？

（3）当前最先进的事故应急救援方案有哪些？其先进点在哪里？

七、收获及反馈

任务二　生产安全事故应急救援体系

技能实训　从一个典型事故应急救援案例中分析讨论我国应急救援体系的组成

任务编号		实训地点		实训时间	
小组成员					

一、任务描述

（一）任务目的

通过应急救援事故案例分析，了解事故的危害程度，总结事故救援的程序、任务和经验教训等，从而了解并掌握我国应急救援体系的组成，以及各部门之间的职责，加强学生对应急救援工作的认识。

（二）任务概述

各小组按提前准备的生产事故应急救援案例展开讨论，分析我国的应急救援体系，并整理我国应急救援体系部门的职责，完成讨论后，每组填写一份应急救援案例分析报告，每人写一份心得。

二、任务准备

（1）提前分组。

（2）搜集事故应急救援案例并整理成册，每组不少于2个案例。

（3）笔、橡皮和草稿纸若干。

（4）应急救援案例分析报告册，每组一份。

三、任务实施

（1）分组，每组学生事先选取一个生产事故应急救援案例，并熟悉。

（2）学生叙述该事故事发经过、救援过程、事故原因、损失程度、经验教训等。

（3）讨论该案例中救援计划、救援任务、救援准备、救援结果、灾后恢复等。

（4）对应救援案例，讨论救援中体现了我国救援体系中的哪些有关部门及履行了哪些基本义务。

（5）讨论我国的应急救援体系，梳理所抽取救援案例中体现的应急救援部门及部门职责等。

（6）按照任务评价表完成小组自评、小组互评和教师评价。

（7）按照评价表规则确定各小组评价总分数。如果小组对评价成绩提出异议，教师进行成绩复核。

（8）冠军小组推出优秀组员 2 名，其他小组推出优秀组员 1 名，计入个人荣誉榜，教师留档。

（9）教师综合评价。

四、成果展示

每组填写一份应急救援案例分析报告册，每人写一份心得。

五、任务评价

（一）小组心得

（二）成果评价

任务评价标准表

小组自评□　　小组互评□　　教师评价□

序号	评价要素	分数	评价依据等级	评价得分
1	事故应急救援案例收集	10	事故应急救援案例符合要求，数量不少于2个（10分） 优□　良□　中□　差□	
2	事故案例分析	10	1. 事故概述正确，包括事故损失和结果等（2分） 优□　良□　中□　差□ 2. 事故性质、事故原因表述正确（4分） 优□　良□　中□　差□ 3. 事故等级表述正确（2分） 优□　良□　中□　差□ 4. 防控措施和经验教训表述正确（2分） 优□　良□　中□　差□	
3	讨论我国应急救援体系的组成	50	1. 该案例中救援计划表述完整（10分） 优□　良□　中□　差□ 2. 我国应急救援体系正确、表述完整（20分） 优□　良□　中□　差□ 3. 应急救援案例所体现的有关部门及其职责分析正确（20分） 优□　良□　中□　差□	
4	小组心得	10	1. 能够发现自己小组的优缺点（5分） 优□　良□　中□　差□ 2. 能够发现其他小组的优缺点（5分） 优□　良□　中□　差□	
5	团结协作精神	10	1. 按规定时间完成任务（5分） 优□　良□　中□　差□ 2. 互帮互助、团队合作密切（5分） 优□　良□　中□　差□	
6	学习态度	10	1. 报告册填写干净整洁（5分） 优□　良□　中□　差□ 2. 主动参与实训和小组自评、互评（5分） 优□　良□　中□　差□	

（三）评价结果

序号	评价要素	分值	小组自评（20%）	小组互评（30%）	教师评价（50%）
1	事故应急救援案例收集	10			
2	事故案例分析	10			
3	讨论我国应急救援体系的组成	50			
4	小组心得	10			
5	团结协作精神	10			
6	学习态度	10			
	合计	100			

六、巩固拓展

（1）谈谈你对应急救援体系及消防救援队的认识和看法。

（2）我国事故应急救援有哪些新理念？

（3）我国事故应急救援为什么需要社会救援力量的广泛参与？

七、收获及反馈

生产安全事故应急救援预案编制与管理

任务一　生产安全事故应急救援预案编制

任务编号		实训地点		实训时间	
小组成员					

一、任务描述

（一）任务目的

认识应急救援预案编制在事故应急救援中的作用和功能，了解应急救援预案的常见种类；熟悉典型生产场所的应急救援预案编制方法，使学生初步具备综合运用专业知识编制典型场所事故应急救援预案的能力。

（二）任务概述

教师提供某一生产场所（化工、矿山、建筑等）的基本情况，通过深入分析和了解该企业的危险源和事故类别后，结合所学专业知识编制该企业的综合事故应急预案。每个小组讨论，形成统一成果。编制完成后，每一小组选派一名代表汇报成果，每组提交书面成果。

二、任务准备

（1）提前分组。

（2）了解典型生产场所（某公司）的基本情况。

（3）笔和草稿纸若干。

（4）应急预案标准格式若干份。

（5）多媒体教室。

三、任务实施

（1）教师对典型生产场所（某公司）的基本情况进行简介和展示，现场抽签确认各小组具体负责哪个综合应急预案编制。

（2）将任务准备需要的材料分发给各小组。

（3）小组内部分工，明确资料收集、预案编制、记录、汇报等过程具体实施人员。

（4）小组讨论分析典型生产场所（某公司）的基本情况。

（5）小组给出要编写的综合应急预案的特点和编写依据，明确预案编写过程、要点和注意事项等。

（6）小组讨论，形成统一成果，选派一名代表汇报。

（7）每人提交书面成果。

（8）按照任务评价表完成小组自评、小组互评和教师评价。

（9）按照评价表规则确定各小组评价总分数。如果小组对评价成绩提出异议，教师进行成绩复核。

（10）冠军小组推出优秀组员 2 名，其他小组推出优秀组员 1 名，计入个人荣誉榜，教师留档。

（11）教师综合评价。

四、成果展示

每个小组将自己编制的事故应急救援预案成果装订成册，上交。

五、任务评价

（一）小组心得

（二）成果评价

任务评价标准表

小组自评☐　　小组互评☐　　教师评价☐

序号	评价要素	分数	评价依据等级	评价得分
1	预案编制	55	1. 预案内容的完整性（10分） 优☐　良☐　中☐　差☐ 2. 预案内容的针对性（10分） 优☐　良☐　中☐　差☐ 3. 预案格式的规范性（10分） 优☐　良☐　中☐　差☐ 3. 预案书面语言的规范性（10分） 优☐　良☐　中☐　差☐ 4. 预案的可操作性（10分） 优☐　良☐　中☐　差☐ 5. 预案编制时的过程记录（5分） 优☐　良☐　中☐　差☐	
2	小组成果展示	15	1. 成果展示时讲述内容全面，具有逻辑性（5分） 优☐　良☐　中☐　差☐ 2. 成果展示时讲述流利，重点突出（5分） 优☐　良☐　中☐　差☐ 3. 有独特的见解和看法（5分） 优☐　良☐　中☐　差☐	
3	小组心得	10	1. 能够发现自己小组的优缺点（5分） 优☐　良☐　中☐　差☐ 2. 能够发现其他小组的优缺点（5分） 优☐　良☐　中☐　差☐	
4	团结协作精神	10	1. 按规定时间完成任务（5分） 优☐　良☐　中☐　差☐ 2. 互帮互助，团队合作密切（5分） 优☐　良☐　中☐　差☐	
5	学习态度	10	1. 主动利用课余时间查找资料（5分） 优☐　良☐　中☐　差☐ 2. 主动参与实训和小组自评、互评（5分） 优☐　良☐　中☐　差☐	

（三）评价结果

序号	评价要素	分值	小组自评（20%）	小组互评（30%）	教师评价（50%）
1	预案编制	55			
2	小组成果展示	15			
3	小组心得	10			
4	团结协作精神	10			
5	学习态度	10			
	合计	100			

六、巩固拓展

（1）应急预案可分为哪几类？有什么区别？

（2）生产经营单位、政府事故应急救援体系是如何衔接的？

（3）风险评估及应急资源调查有哪些内容？

（4）典型事故应急处置方法与措施有哪些？

七、收获及反馈

任务二　生产安全事故应急救援预案管理与演练

技能实训　火灾事故应急救援预案的演练

任务编号		实训地点		实训时间	
小组成员					

一、任务描述

（一）任务目的

通过火灾事故应急救援预案的演练实训，了解应急演练的目标和要求；熟悉应急演练方案的编写；掌握应急救援预案的演练实施和执行过程；认识应急预案在事故应急救援中的作用和功能；认识事故应急演练是实施事故应急救援预案必不可少的环节，对修订和完善事故应急预案具有重要作用。

（二）任务概述

给出某火灾事故案例的背景材料，针对案例中的火灾事故应急救援预案，小组分析、讨论并得出该火灾事故应急演练方案，同时根据火灾事故应急预案分配角色，先进行桌面演练，再进行实地演练。分组进行方案编写和应急演练。

二、任务准备

（1）提前分组。

（2）火灾事故案例背景材料（含火灾事故应急预案）。

（3）笔和草稿纸若干。

（4）应急演练方案样例若干份。

（5）多媒体教室。

三、任务实施

（1）教师对火灾事故案例背景材料进行简介和展示。

（2）将任务准备需要的材料分发给各小组。

（3）小组内部分工，明确应急演练方案编写和应急演练等过程具体实施人员。

（4）小组讨论分析火灾事故案例背景材料的基本情况、火灾事故应急救援预案。

（5）小组编写应急演练方案，大致包括应急演练目的及要求；应急演练事故情景设计；参与人员与范围；时间与地点；主要任务与职责；筹备工作内容；主要工作步骤。

（6）分组进行，进行桌面演练，老师和其他小组旁听和评价。

（7）分组进行实地演练，演练过程老师和其他小组观摩和评价。

（8）按照任务评价表完成小组自评、小组互评和教师评价。

（9）按照评价表规则确定各小组评价总分数。如果小组对评价成绩提出异议，教师进行成绩复核。

（10）冠军小组推出优秀组员 2 名，其他小组推出优秀组员 1 名，计入个人荣誉榜，教师留档。

（11）教师综合评价。

四、成果展示

小组名称：   应急演练方案：

角色分配：

××事故应急救援演练成果展示：

五、任务评价

（一）小组心得

（二）成果评价

任务评价标准表

小组自评☐　　小组互评☐　　教师评价☐

序号	评价要素	分数	评价依据等级	评价得分
1	桌面演练	20	1. 应急演练角色分配（5分） 优☐　良☐　中☐　差☐ 2. 应急演练的完整性（5分） 优☐　良☐　中☐　差☐ 3. 讲述过程条理分明（5分） 优☐　良☐　中☐　差☐ 4. 演习过程的规范性（5分） 优☐　良☐　中☐　差☐	
2	实地演练	40	1. 应急演练角色分配（10分） 优☐　良☐　中☐　差☐ 2. 应急演练的完整性（10分） 优☐　良☐　中☐　差☐ 3. 演习过程条理分明（10分） 优☐　良☐　中☐　差☐ 4. 动作娴熟，操作规范有序（10分） 优☐　良☐　中☐　差☐	
3	小组心得	10	1. 能够发现自己小组的优缺点（5分） 优☐　良☐　中☐　差☐ 2. 能够发现其他小组的优缺点（5分） 优☐　良☐　中☐　差☐	
4	团结协作精神	10	1. 互帮互助，团队合作密切（5分） 优☐　良☐　中☐　差☐ 2. 有独特的见解和看法（5分） 优☐　良☐　中☐　差☐	
5	精益求精、劳动精神	10	1. 充分利用时间反复练习（5分） 优☐　良☐　中☐　差☐ 2. 自主进行设备准备和还原（5分） 优☐　良☐　中☐　差☐	
6	学习态度	10	1. 积极完成实训任务（5分） 优☐　良☐　中☐　差☐ 2. 主动参与实训和小组自评、互评（5分） 优☐　良☐　中☐　差☐	

（三）评价结果

序号	评价要素	分值	小组自评 （20%）	小组互评 （30%）	教师评价 （50%）
1	桌面演练	20			
2	实地演练	40			
3	小组心得	10			
4	团结协作精神	10			
5	精益求精、劳动精神	10			
6	学习态度	10			
	合计	100			

六、巩固拓展

（1）应急预案进行演练的目的是什么？

（2）应急预案演练一般分为哪几种形式？

（3）应急演练组织与实施的 5 个阶段及其主要任务是什么？

（4）演练意外终止的情形有哪些？

七、收获及反馈

生产安全事故应急救援常用装备和技术

任务一　预警监测装备及其使用

技能实训一　生命探测仪的应用

任务编号		实训地点		实训时间	
小组成员					

一、任务描述

（一）任务目的

认识生命探测仪在事故应急救援中的作用，了解生命探测仪的结构与工作原理；熟悉生命探测仪的适用场合，选择要求，使用方法和使用过程中的注意事项；会使用生命探测仪进行救援。

（二）任务概述

布置事故坍塌现场，操作区域可以采用一定大小的长方体砖块砌筑，四周用砖块封闭，顶部使用模板封闭，里面放置安全帽、安全靴、矿灯、毛巾、自救器、便携式可燃气体检测仪等工人随身携带物品。学生按照分组，相互配合，首先完成仪器组装；再通过在一个端头面开设的一块砖大小的探测口，用生命探测仪进行探测，填写探测结果单；然后小组完成成果展示页内容，将成果展示页放在展示区进行展示；最后依据评价表完成小组自评、小组互评和教师评价。

有条件的可以在模拟区域的顶部开设若干探测孔，插入管子模拟狭缝探测，要求小组使用生命探测仪探测到狭缝内的物品，如毛发、假牙等。

二、任务准备

（1）提前分组。

（2）布置现场，可以采用 2.5 m×2 m×0.5 m（长×宽×高）的一个砖砌区域。

（3）一台光学生命探测仪。

（4）笔、剪刀和草稿纸若干。

（5）打印机、计算机等。

三、任务实施

（1）按照学生分组，将学生带到模拟坍塌区域。

（2）小组首先进行生命探测仪的操作练习。

（3）小组进行操作抽签，按照要求完成生命探测仪的应用。

（4）小组将探测结果填写在成果展示页对应位置。

（5）填写小组心得，完成后将成果展示页放在指定位置进行展示。

（6）小组派代表完成探测结果交流分享。

（7）按照任务评价表完成小组自评、小组互评和教师评价。

（8）按照评价表规则确定各小组评价总分数。如果小组对评价成绩提出异议，教师进行成绩复核。

（9）冠军小组推出优秀组员 2 名，其他小组推出优秀组员 1 名，计入个人荣誉榜，教师留档。

（10）教师综合评价。

四、成果展示

小组名称：　　　　　　　　　　设备名称：

探测区域物品分布绘制区：

安全帽：

矿灯：

矿靴：

自救器：

便携式可燃气体检测仪：

......

注：基本按照探测区域进行绘制，如果发现某个地方有物品，请使用方框在区域对应位置标记。要求标记物品不能有遗漏或前后、左右位置错误情况出现。

五、任务评价

（一）小组心得

（二）成果评价

任务评价标准表

序号	评价要素	分数	评价依据等级	评价得分
1	仪器组装	10	1. 组装顺序的准确性（5分） 优□　良□　中□　差□ 2. 组装的时间长短（5分） 优□　良□　中□　差□	
2	区域探测	40	1. 探测物品齐全（10分） 优□　良□　中□　差□ 2. 图中位置关系准确（10分） 优□　良□　中□　差□ 3. 操作动作规范，无野蛮操作（10分） 优□　良□　中□　差□ 4. 操作时不能碰到操作面砖块（10分） 优□　良□　中□　差□	
3	小组心得	10	1. 能够发现自己小组的优缺点（5分） 优□　良□　中□　差□ 2. 能够发现其他小组的优缺点（5分） 优□　良□　中□　差□	
4	动手能力、创新思维、团结协作精神	15	1. 动作娴熟，操作规范有序（5分） 优□　良□　中□　差□ 2. 有独特的见解和看法（5分） 优□　良□　中□　差□ 3. 互帮互助，团队密切合作（5分） 优□　良□　中□　差□	
5	安全保护意识、精益求精、劳动精神	15	1. 爱护设备、爱护自己、爱护他人（5分） 优□　良□　中□　差□ 2. 反复探测，不留死角（5分） 优□　良□　中□　差□ 3. 自主进行设备准备和还原（5分） 优□　良□　中□　差□	
6	学习态度	10	1. 精神饱满，积极主动，所写卡片干净整洁(5分) 优□　良□　中□　差□ 2. 主动参与实训和小组自评、互评（5分） 优□　良□　中□　差□	

（三）评价结果

序号	评价要素	分值	小组自评（20%）	小组互评（30%）	教师评价（50%）
1	仪器组装	10			
2	区域探测	40			
3	小组心得	10			
4	动手能力、创新思维、团结协作精神	15			
5	安全保护意识、精益求精、劳动精神	15			
6	学习态度	10			
	合计	100			

六、巩固拓展

（一）单选题

（1）（　　）可以穿透障碍物。

A. 光学生命探测仪　　　　　　　　　　B. 音频生命探测仪

C. 雷达生命探测仪　　　　　　　　　　D. 以上都不正确

（2）下列属于人体皮肤红外辐射范围的是（　　　）。

A. 1 μm　　　　　　　B. 5 μm　　　　　　C. 55 μm　　　　　　D. 60 μm

（二）判断题

（1）音频生命探测仪可以识别人体的辐射信号，通过放大确定人体位置。　　（　　　）

（2）雷达生命探测仪易受到温度、湿度、噪声、现场地形等因素的影响。　　（　　　）

（三）拓展题

（1）雷达生命探测仪能搜索到已经遇难的人员吗？

（2）阅读相关文献，分析各种生命探测仪的优势和不足。

七、收获及反馈

技能实训二　气体检测装备的使用

任务编号		实训地点		实训时间	
小组成员					

一、任务描述

（一）任务目的

认识监测预警装备在事故应急救援中的作用和功能；了解监测预警装备的常见种类；熟悉监测预警装备的适用场合，选择要求，使用方法和使用过程中的注意事项；会使用和维护常见的监测预警装备。

（二）任务概述

收集一定数量的气体检测装置（有害气体检测仪、可燃气体检测仪、氧气检测仪器、红外探测仪器、气体检测管），每组分配一种类型，准备甲烷气体、一氧化碳气体、硫化氢气体气样。在配气室内进行气样浓度的测定。

二、任务准备

（1）提前分为硫化氢气体检测组、甲烷气体检测组、氧气检测组、一氧化碳检测组等4组。

（2）准备有害气体（硫化氢）检测仪、可燃气体（甲烷）检测仪、氧气检测仪器、一氧化碳气体检测管若干。

（3）配气室完好。

（4）准备硫化氢气体、甲烷气体、氧气等气体气样，并与配气室连接。

（5）笔、固体胶和草稿纸若干。

（6）打印机。

三、任务实施

（1）硫化氢气体检测组、甲烷气体检测组、氧气检测组分别占用一个配气室，将检测仪器和需要的材料分发给各小组，各组明确自己的仪器类别。

（2）分组依次进行，小组成员将所持检测仪器置于配气室内，打开气源，待稳定后，读取数据，记录数据。

（3）一氧化碳检测组用一氧化碳气体检测管测一氧化碳浓度，并记录数据。

（4）每小组抽取一名成员演示操作，操作过程拍照留存。

（5）将拍照内容选择性打印粘贴到成果展示对应区域。

（6）按照任务评价表完成小组自评、小组互评和教师评价。

（7）按照评价表规则确定各小组评价总分数。如果小组对评价成绩提出异议，教师进行成绩复核。

（8）冠军小组推出优秀组员2名，其他小组推出优秀组员1名，计入个人荣誉榜，教师留档。

（9）教师综合评价。

四、成果展示

小组名称：　　　　　　　　　　　　设备名称：

硫化氢气体检测组成果展示区：

甲烷气体检测组成果展示区：

氧气检测组成果展示区：

一氧化碳检测组成果展示区：

五、任务评价

（一）小组心得

（二）成果评价

任务评价标准表

小组自评□　　　小组互评□　　　教师评价□

序号	评价要素	分数	评价依据等级	评价得分
1	设备准备	10	1. 标记的正确性（5分） 优□　良□　中□　差□ 2. 标记的准确性（5分） 优□　良□　中□　差□	
2	实际操作	40	1. 操作步骤的正确性（10分） 优□　良□　中□　差□ 2. 操作的连贯性（10分） 优□　良□　中□　差□ 3. 操作动作的规范性（10分） 优□　良□　中□　差□ 4. 数据记录的及时性（10分） 优□　良□　中□　差□	
3	小组心得	10	1. 能够发现自己小组的优缺点（5分） 优□　良□　中□　差□ 2. 能够发现其他小组的优缺点（5分） 优□　良□　中□　差□	
4	动手能力、团结协作精神	15	1. 动作娴熟，操作规范有序（5分） 优□　良□　中□　差□ 2. 按规定时间完成任务（5分） 优□　良□　中□　差□ 3. 互帮互助，团队合作密切（5分） 优□　良□　中□　差□	
5	安全保护意识、精益求精、劳动精神	15	1. 爱护设备、爱护自己、爱护他人（5分） 优□　良□　中□　差□ 2. 充分利用时间反复练习（5分） 优□　良□　中□　差□ 3. 自主进行设备准备和还原（5分） 优□　良□　中□　差□	
6	学习态度	10	1. 所写卡片干净整洁（5分） 优□　良□　中□　差□ 2. 主动参与实训和小组自评、互评（5分） 优□　良□　中□　差□	

（三）评价结果

序号	评价要素	分值	小组自评 （20%）	小组互评 （30%）	教师评价 （50%）
1	设备准备	10			
2	实际操作	40			
3	小组心得	10			
4	动手能力、团结协作精神	15			
5	安全保护意识、精益求精、劳动精神	15			
6	学习态度	10			
	合计	100			

六、巩固拓展

（1）应急救援过程常用的监测装备有哪些？

（2）生产中常见的有毒有害气体有哪些？

（4）气体检测仪按检测原理分为哪几类？

（5）如何选择气体检测仪？

（6）安全色和安全标志分为哪几类？分别代表什么含义？

七、收获及反馈

任务二　消防救援装备及其使用

技能实训　灭火器的使用

任务编号		实训地点		实训时间	
小组成员					

一、任务描述

（一）任务目的

了解灭火器的设置要求、检查内容；掌握不同灭火器的应用范围；掌握灭火器的使用方法和注意事项。

（二）任务概述

第一步，学生按照分组对指定区域的灭火器和消火栓进行检查（可以是一栋教学楼，也可以是图书馆）。填写灭火器和消火栓检查任务单相关内容。第二步，组织学生到一个空旷的地方，对干粉灭火器、二氧化碳灭火器、泡沫灭火器分别进行灭火器实际操作练习，比较不同灭火器的灭火效果，有条件的可以采用油盆点火并进行扑灭的方式。

小组完成成果展示页内容，将成果展示页放在对应位置展示，最后依据评价表完成小组自评、小组互评和教师评价。

二、任务准备

（1）提前分组，明确消防检查建筑区域。

（2）准备灭火器检查卡片。

（3）准备完好的若干灭火器（包括泡沫灭火器、干粉灭火器、二氧化碳灭火器等）。

（4）准备引燃物料（废纸、柴火、废油等）和引燃源（打火机或火柴），油盆或消防演习桶。

（5）准备合适的实训场地。

（6）笔、固体胶和草稿纸若干。

三、任务实施

（1）按照学生分组，将学生带到指定建筑，小组自行分工，完成对整个建筑的灭火器检查工作。

（2）将需要检查的灭火器进行编号，小组对每个编号的灭火器进行检查，将检查结果填入单体灭火器检查表。

（3）最后进行相关统计，完成灭火器检查统计表相关内容。

（4）教师同时参与检查，完成灭火器检查单填写，作为后续评判参考。

（5）完成后集合学生到灭火器操作区，以小组为单位完成灭火器的操作任务。

（6）将成果展示页内容填写完善，放在指定位置展示。

（7）小组派代表进行交流分享。

（8）按照任务评价表完成小组自评、小组互评和教师评价。

（9）按照评价表规则确定各小组评价总分数。如果小组对评价成绩提出异议，教师进行成绩复核。

（10）冠军小组推出优秀组员2名，其他小组推出优秀组员1名，计入个人荣誉榜，教师留档。

（11）教师综合评价。

四、成果展示

小组名称：　　　　　　　　　　灭火器编号：

××灭火器检查成果展示区：

灭火器检查表

序号	检查项目	具体要求	事实记录	检查结果	备注
1	出厂日期或检验日期	日期清晰可见，且在有效期内			
2	外观	无尘污、锈蚀和损坏			
3	喷射管	无老化、破损和堵塞			
4	压力表	无变形、损伤，指示针在绿色范围内			
5	保险销	铅封完好			
6	放置位置	在指定的放置位置，取用方便，无暴晒、雨淋现象			
7	灭火箱内外	无尘污、锈蚀和损坏，无杂物			

注：检查结果为符合或不符合，也可以使用"√"或"×"表示。

灭火器检查汇总表

灭火器检查总数	灭火器不符合项总数	问题灭火器标号	主要问题

××灭火器灭火现场成果展示区（可加页）：

五、任务评价

（一）小组心得

（二）成果评价

任务评价标准表

序号	评价要素	分数	评价依据等级	评价得分
1	灭火器检查	40	1. 检查内容无遗漏（20分） 优□　良□　中□　差□ 2. 检查结果判断准确（10分） 优□　良□　中□　差□ 3. 统计表内容与实际检查符合（10分） 优□　良□　中□　差□	
2	灭火器操作	20	1. 操作流程正确（10分） 优□　良□　中□　差□ 2. 操作动作到位（5分） 优□　良□　中□　差□ 3. 操作过程流畅（5分） 优□　良□　中□　差□	
3	小组心得	10	1. 能够发现自己小组的优缺点（5分） 优□　良□　中□　差□ 2. 能够发现其他小组的优缺点（5分） 优□　良□　中□　差□	
4	动手能力、团结协作精神	10	1. 动作娴熟，操作规范有序（3分） 优□　良□　中□　差□ 2. 按规定时间完成任务（2分） 优□　良□　中□　差□ 3. 互帮互助，团队合作密切（5分） 优□　良□　中□　差□	
5	安全保护意识、精益求精、劳动精神	10	1. 爱护设备、爱护自己、爱护他人（5分） 优□　良□　中□　差□ 2. 充分利用时间反复练习（3分） 优□　良□　中□　差□ 3. 自主进行设备准备和还原（2分） 优□　良□　中□　差□	
6	学习态度	10	1. 所写卡片干净整洁（5分） 优□　良□　中□　差□ 2. 主动参与实训和小组自评、互评（5分） 优□　良□　中□　差□	

（三）评价结果

序号	评价要素	分值	小组自评 （20%）	小组互评 （30%）	教师评价 （50%）
1	灭火器检查	40			
2	灭火器操作	20			
3	小组心得	10			
4	动手能力、团结协作精神	10			
5	安全保护意识、精益求精、劳动精神	10			
6	学习态度	10			
	合计	100			

六、巩固拓展

（1）泡沫灭火器适用于哪些火灾？

（2）金属火灾用什么灭火器？该灭火器有什么特点？

（3）除了任务中介绍的灭火器，你还知道哪些新型灭火器？

（4）哪种灭火器的应用范围最广泛？

（5）灭火器配置设计计算如何进行？

七、收获及反馈

任务三 个体防护装备及其使用

技能实训 呼吸防护装备的使用

任务编号		实训地点		实训时间	
小组成员					

一、任务描述

（一）任务目的

认识呼吸器官防护装备在事故应急救援中的作用和功能；了解呼吸器官防护装备的常见种类；熟悉呼吸器官防护装备的适用场合，选择要求，使用方法和使用过程中的注意事项；会使用和维护呼吸器官防护装备。

（二）任务概述

收集一定数量的呼吸保护装置（空气呼吸器、正压氧气呼吸器、消防过滤式自救器、化学氧自救器、压缩氧自救器），每组分配一种类型，将呼吸保护装置的各个部件名称使用小图标的形式粘贴在实体呼吸保护装置对应结构上。小组成员训练如何佩戴呼吸保护装置，最后抽取一名成员演示佩戴操作。

如果没有呼吸保护装置，可以借助视频、图片等模拟完成任务。

二、任务准备

（1）提前分组。

（2）呼吸保护装置若干。

（3）结构名称标签若干。

（4）笔、固体胶和草稿纸若干。

（5）提前将呼吸保护装置结构标签内容填写完成。

（6）打印机。

三、任务实施

（1）将呼吸保护装置放在指定位置，将任务准备需要的材料分发给各小组。

（2）小组将呼吸保护装置可拆结构打开，进行分析，然后将标签按照对应位置进行粘贴，并拍照留存。

（3）小组训练呼吸保护装置佩戴。

（4）每小组抽取一名成员演示呼吸保护装置佩戴操作，操作过程拍照留存。

（5）将拍照内容选择性打印粘贴到成果展示对应区域。

（6）按照任务评价表完成小组自评、小组互评和教师评价。

（7）按照评价表规则确定各小组评价总分数。如果小组对评价成绩提出异议，教师进行成绩复核。

（8）冠军小组推出优秀组员2名，其他小组推出优秀组员1名，计入个人荣誉榜，教师留档。

（9）教师综合评价。

四、成果展示

小组名称：　　　　　　　　　　设备名称：

××结构标记成果展示区：

××佩戴情况成果展示区：

五、任务评价

（一）小组心得

（二）成果评价

任务评价标准表

序号	评价要素	分数	评价依据等级	评价得分
1	结构标记	20	1. 标记的正确性（10分） 优□　良□　中□　差□ 2. 标记的准确性（10分） 优□　良□　中□　差□	
2	佩戴操作	30	1. 佩戴步骤的正确性（10分） 优□　良□　中□　差□ 2. 佩戴的快速性（10分） 优□　良□　中□　差□ 3. 佩戴动作的规范性（10分） 优□　良□　中□　差□	
3	小组心得	10	1. 能够发现自己小组的优缺点（5分） 优□　良□　中□　差□ 2. 能够发现其他小组的优缺点（5分） 优□　良□　中□　差□	
4	动手能力、团结协作精神	15	1. 动作娴熟，操作规范有序（5分） 优□　良□　中□　差□ 2. 按规定时间完成任务（5分） 优□　良□　中□　差□ 3. 互帮互助，团队合作密切（5分） 优□　良□　中□　差□	
5	安全保护意识、精益求精、劳动精神	15	1. 爱护设备、爱护自己、爱护他人（5分） 优□　良□　中□　差□ 2. 充分利用时间反复练习（5分） 优□　良□　中□　差□ 3. 自主进行设备准备和还原（5分） 优□　良□　中□　差□	
6	学习态度	10	1. 所写卡片干净整洁（5分） 优□　良□　中□　差□ 2. 主动参与实训和小组自评、互评（5分） 优□　良□　中□　差□	

（三）评价结果

序号	评价要素	分值	小组自评（20%）	小组互评（30%）	教师评价（50%）
1	结构标记	20			
2	佩戴操作	30			
3	小组心得	10			
4	动手能力、团结协作精神	15			
5	安全保护意识、精益求精、劳动精神	15			
6	学习态度	10			
	合计	100			

六、巩固拓展

（1）按防护原理，呼吸器官防护器具分为哪几类，有什么不同？

（2）过滤式呼吸器具有哪些作用？

（3）过滤式呼吸器中的滤毒罐是如何防毒的？

（4）隔绝式呼吸器是如何工作的？

（5）为什么应优先选择正压式呼吸器？

七、收获及反馈

任务四　医疗救护装备及其使用

任务编号		实训地点		实训时间	
小组成员					

一、任务描述

（一）任务目的

要求学生掌握自动苏生器结构、工作原理和操作方法，能够熟练使用自动苏生器开展伤员救援。

（二）任务概述

选好实训用的自动苏生器，在详细了解其内部结构和功能的前提下，第一步，将自动苏生器的各个部件名称使用小图标的形式粘贴在实体苏生器对应结构上；第二步，将自动苏生器与急救训练模拟人连接，小组成员按操作步骤操作自动苏生器；最后，抽取一名成员演示操作方法。

如果没有自动苏生器，可以借助视频、图片等模拟完成任务。

二、任务准备

（1）提前分组。

（2）自动苏生器一个，急救训练模拟人一个。

（3）结构名称标签若干。

（4）笔、固体胶和草稿纸若干。

（5）提前将自动苏生器结构标签内容填写完成。

（6）打印机。

三、任务实施

（1）将自动苏生器放在指定位置，将任务准备需要的材料分发给各小组，分组依次进行。

（2）小组将自动苏生器可拆结构打开，进行分析，然后将标签按照对应位置进行粘贴，并拍照留存。

（3）将自动苏生器与急救训练模拟人连接，各小组依次训练自动苏生器的操作。

（4）每小组抽取一名成员演示自动苏生器的操作，操作过程拍照留存。

（5）将拍照内容选择性打印粘贴到成果展示对应区域。

（6）按照任务评价表完成小组自评、小组互评和教师评价。

（7）按照评价表规则确定各小组评价总分数。如果小组对评价成绩提出异议，教师进行成绩复核。

（8）冠军小组推出优秀组员 2 名，其他小组推出优秀组员 1 名，计入个人荣誉榜，教师留档。

（9）教师综合评价。

四、成果展示

小组名称：　　　　　　　　　设备名称：

自动苏生器的操作结构标记成果展示区：

自动苏生器的操作情况成果展示区：

五、任务评价

（一）小组心得

（二）成果评价

任务评价标准表

序号	评价要素	分数	评价依据等级	评价得分
1	结构标记	10	1. 标记的正确性（5分） 优□　良□　中□　差□ 2. 标记的准确性（5分） 优□　良□　中□　差□	
2	实际操作	40	1. 操作步骤的正确性（10分） 优□　良□　中□　差□ 2. 操作的连贯性（10分） 优□　良□　中□　差□ 3. 操作时，模拟人的呼吸效果（10分） 优□　良□　中□　差□ 4. 操作动作的规范性（10分） 优□　良□　中□　差□	
3	小组心得	10	1. 能够发现自己小组的优缺点（5分） 优□　良□　中□　差□ 2. 能够发现其他小组的优缺点（5分） 优□　良□　中□　差□	
4	动手能力、团结协作精神	15	1. 动作娴熟，操作规范有序（5分） 优□　良□　中□　差□ 2. 按规定时间完成任务（5分） 优□　良□　中□　差□ 3. 互帮互助，团队合作密切（5分） 优□　良□　中□　差□	
5	安全保护意识、精益求精、劳动精神	15	1. 爱护设备、爱护自己、爱护他人（5分） 优□　良□　中□　差□ 2. 充分利用时间反复练习（5分） 优□　良□　中□　差□ 3. 自主进行设备准备和还原（5分） 优□　良□　中□　差□	
6	学习态度	10	1. 所写卡片干净整洁（5分） 优□　良□　中□　差□ 2. 主动参与实训和小组自评、互评（5分） 优□　良□　中□　差□	

（三）评价结果

序号	评价要素	分值	小组自评 （20%）	小组互评 （30%）	教师评价 （50%）
1	结构标记	10			
2	实际操作	40			
3	小组心得	10			
4	动手能力、团结协作精神	15			
5	安全保护意识、精益求精、劳动精神	15			
6	学习态度	10			
	合计	100			

六、巩固拓展

（1）自动苏生器的三大基本功能是什么？

（2）自动苏生器使用要点有哪些？

（3）自动苏生器使用过程中，如果自动肺杠杆突然动作过快，说明有什么问题？应该如何处置？

（4）与人工操作相比，利用自动苏生器救援有哪些优点和缺点？

七、收获及反馈

生产安全事故现场应急处置

任务一　高层建筑火灾事故现场应急处置

技能实训　高层建筑火灾事故初期处置与避险

任务编号		实训地点		实训时间	
小组成员					

一、任务描述

（一）任务目的

结合不同的任务卡片，模拟布置高层建筑火灾情景，按照事故情景内容小组分工协作合理完成初期处置与避险任务。

（二）任务概述

将几种火灾事故场景写入卡片，将卡片放置指定位置，每个小组组长抽取一张卡片，按照卡片上面描述的高层建筑火灾事故场景完成火灾报警、初期处置与避灾等训练内容。将完成后的结果拍照，完成成果展示页内容，进行成果展示，派代表进行操作经验分享交流，依据评价表完成自评、互评和教师评价。

二、任务准备

（1）提前分组。

（2）火灾现场布置，现场设置必要的设施或模拟道具（灭火器、消火栓、手动报警按钮、毛巾等），模拟布置现场环境（如手动报警按钮位置、防烟楼梯间位置、防火门位置等）。

（3）笔、固体胶、剪刀、草纸若干。

（4）事故情景卡片。

（5）打印机、计算机。

事故情景卡片 1

　　某高层建筑 22 层一个房间发生电气火灾，场景如图 4-1 所示，小组按照图 4-1 流程进行演练，编制演练方案，按照演练方案进行演练。

　　备注：一定体现灭火器、火灾手动报警按钮、消火栓的使用，一定要充分利用现场物品，避险演练时一定要体现主要的避险技能。

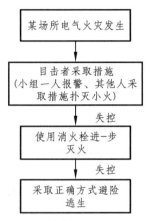

图 4-1　电气火灾演练流程

事故情景卡片 2

　　某高层建筑 20 层一个厨房发生油锅着火，场景如图 4-2 所示，小组按照图 4-2 流程进行演练，编制演练方案，按照演练方案进行演练。

　　备注：一定体现灭火器、火灾手动报警按钮、消火栓的使用，避险演练时一定要体现主要的避险技能。

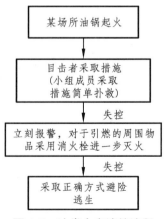

图 4-2　油类火灾演练流程

三、任务实施

　　（1）将事故情景卡放入指定位置，小组派代表抽取。

　　（2）小组依据事故情景卡片，模拟布置事故场景。

　　（3）按照事故情景卡内容、小组分工协作完成任务。

（4）将完成过程中的关键环节拍照留存。

（5）完成成果展示页内容，完成后放置到指定位置展示。

（6）小组派代表进行经验分享。

（7）小组完成自评、互评和教师评价。

（8）按照评价表规则确定各小组评价总分数。如果小组对评价成绩提出异议，教师进行成绩复核。

（9）第一名小组推出优秀组员2个，其他小组推出优秀组员1个，计入个人荣誉榜，教师留档。

（10）教师综合评价。

四、成果展示

小组名称：   事故情景卡片序号：

将操作中重要环节的图片粘贴在下面空白处

五、任务评价

（一）小组心得

（二）成果评价

任务评价标准表

小组自评□ 小组互评□ 教师评价□

序号	评价要素	分数	评价依据等级	评价得分
1	事故情景卡演练完成情况	50	1. 场景模拟真实全面（10分） 优□ 良□ 中□ 差□ 2. 火灾报警方式方法和内容正确（10分） （正确得满分，错误得零分） 3. 灭火时充分利用现场物品（10分） 优□ 良□ 中□ 差□ 4. 灭火器选择使用正确（5分） 优□ 良□ 中□ 差□ 5. 消火栓使用正确（5） 优□ 良□ 中□ 差□ 6. 避险逃生方法多样（5） 优□ 良□ 中□ 差□ 7. 避险逃生方法实施正确（5） 优□ 良□ 中□ 差□	
2	小组分享交流	15	1. 交流内容正确全面（5分） 优□ 良□ 中□ 差□ 2. 精神饱满，有感染力（10分） 优□ 良□ 中□ 差□	
3	小组心得	15	1. 能够发现自己小组优缺点（10分） 优□ 良□ 中□ 差□ 2. 能够发现其他小组优缺点（5分） 优□ 良□ 中□ 差□	
4	临危不乱、尊重科学	10	1. 完成任务有条不紊，勇于承担各项任务（5分） 优□ 良□ 中□ 差□ 2. 能够依据具体场景条件科学地采取措施（5分） 优□ 良□ 中□ 差□	
5	团队意识、关爱生命	10	1. 相互协作、互帮互助（5分） 优□ 良□ 中□ 差□ 2. 用语言安抚被困待救人员（5分） 优□ 良□ 中□ 差□	

（三）评价结果

序号	评价要素	分值	小组自评（20%）	小组互评（30%）	教师评价（50%）
1	事故情景卡演练完成情况	50			
2	小组分享交流	15			
3	小组心得	15			
4	临危不乱、尊重科学	10			
5	团队意识、关爱生命	10			
	合计	100			

六、巩固拓展

（一）单选题

（1）一个超过 25 m 的单层厂房属于（　　　）。

A. 单多层建筑　　　　B. 一类高层建筑　　　　C. 二类高层建筑　　　　D. 超高层建筑

（2）火灾发生后，有人按动了火灾手动报警按钮，报警信息将传递到（　　　）。

A. 领导办公室　　　　B. 消防控制室　　　　C. 水泵房　　　　D. 建筑全楼层

（二）判断题

（1）发生火灾后为了快速逃离，应抓紧从电梯撤离。　　　　　　　　　　（　　　）

（2）高层建筑发生火灾后，一定要马上打开房门，寻找疏散楼梯，向下逃生。（　　　）

（三）拓展题

（1）分析高层建筑房间应该配备哪些重要的急救器材？

（2）什么样的民用建筑必须安装消防电梯？

七、收获及反馈

任务二　危险化学品火灾爆炸事故现场应急处置

技能实训　典型危险化学品火灾爆炸事故现场应急处置

任务编号		实训地点		实训时间	
小组成员					

一、任务描述

（一）任务目的

通过模拟几种不同危险化学品火灾爆炸事故场景，小组成员根据不同火灾提出具体的初期灭火措施，掌握火灾处置办法和灭火器使用注意事项。

（二）任务概述

对学生进行分组，3~5人一组，模拟几种危险化学品火灾爆炸事故场景，要求小组成员针对不同的火灾提出具体的初期灭火措施，完成成果展示页内容，进行展示，依据评价表完成自评、互评和教师评价。

二、任务准备

（1）提前分组。

（2）设置不同危险化学品火灾爆炸事故场景。

（3）笔和草纸若干。

三、任务实施

（1）选取一小组设置危险化学品火灾爆炸事故场景。

（2）其余各组根据第一组设置的危险化学品火灾爆炸事故场景制定具体的灭火措施。

（3）依次循环，第二组设置危险化学品火灾爆炸事故场景，其余各组制定具体的灭火措施。

（4）完成成果展示页内容，完成后放置到指定位置展示。

（5）小组完成自评、互评和教师评价。

（6）按照评价表规则确定各小组评价总分数。如果小组对评价成绩提出异议，教师进行成绩复核。

（7）第一名小组推出优秀组员2个，其他小组推出优秀组员1个，计入个人荣誉榜，教师留档。

（8）教师综合评价。

四、成果展示

小组名称：

情景设置：

灭火措施：

五、任务评价

（一）小组心得

（二）成果评价

任务评价标准表

序号	评价要素	分数	评价依据等级	评价得分
1	情景设置	20	1. 标记的正确性（10分） 优□　良□　中□　差□ 2. 标记的准确性（10分） 优□　良□　中□　差□	
2	灭火措施	30	1. 佩戴步骤的正确性（10分） 优□　良□　中□　差□ 2. 佩戴的快速性（10分） 优□　良□　中□　差□ 3. 佩戴动作的规范性（10分） 优□　良□　中□　差□	
3	小组心得	10	1. 能够发现自己小组的优缺点（5分） 优□　良□　中□　差□ 2. 能够发现其他小组的优缺点（5分） 优□　良□　中□　差□	
4	勇敢坚强、尊重科学	15	1. 动作娴熟，操作规范有序（5分） 优□　良□　中□　差□ 2. 按规定时间完成任务（5分） 优□　良□　中□　差□ 3. 互帮互助，团队合作密切（5分） 优□　良□　中□　差□	
5	团队意识、严谨细致、具体问题具体分析	15	1. 爱护设备、爱护自己、爱护他人（5分） 优□　良□　中□　差□ 2. 充分利用时间反复练习（5分） 优□　良□　中□　差□ 3. 自主进行设备准备和还原（5分） 优□　良□　中□　差□	
6	学习态度	10	1. 所写卡片干净整洁（5分） 优□　良□　中□　差□ 2. 主动参与实训和小组自评、互评（5分） 优□　良□　中□　差□	

（三）评价结果

序号	评价要素	分值	小组自评（20%）	小组互评（30%）	教师评价（50%）
1	情景设置	20			
2	灭火措施	30			
3	小组心得	10			
4	勇敢坚强、尊重科学	15			
5	团队意识、严谨细致、具体问题具体分析	15			
6	学习态度	10			
	合计	100			

六、巩固拓展

（一）单选题

（1）对于金属钠的火灾不可以采用（   ）灭火。

A. 干粉　　　　　B. 泡沫　　　　　C. 砂土　　　　　D. 水

（2）以下（   ）物品着火一定可以用水来进行扑救。

A. 易燃液体　　　B. 毒害和腐蚀物品　　C. 氧化物　　　　D. 爆炸物品

（二）判断题

（1）危险化学品发生火灾后，必须在上风侧或者高处进行灭火，防止危险化学品扩散对灭火人员造成伤害。　　　　　　　　　　　　　　　　　　　（   ）

（2）危险化学品发生火灾后，必须第一时间寻找灭火器进行灭火。　（   ）

（三）拓展题

（1）如果在事故现场不清楚燃烧的危险化学品具体有哪些，你可以从哪些渠道获取相关信息以保证选择正确的方式灭火？

（2）扑救危险化学品火灾和爆炸事故的总体要求有哪些？

七、收获及反馈

任务三 有毒有害物质泄漏事故现场应急处置

技能实训 典型有毒有害物质泄漏事故现场应急处置

任务编号		实训地点		实训时间	
小组成员					

一、任务描述

（一）任务目的

通过模拟厂区储罐泄漏事故场景，小组成员采取桌面演练的方式进行模拟处置，掌握有毒有害物质泄漏事故现场的处置要求和注意事项。

（二）任务概述

对学生进行分组，3~5人一组，模拟一个厂区储罐泄漏事故场景，要求小组成员采用桌面演练的方式进行模拟处置，完成成果展示页内容，进行展示，依据评价表完成自评、互评和教师评价。

二、任务准备

（1）提前分组。

（2）根据实际生产情况设置岗位，组员认领不同岗位角色。

（3）设置储罐泄漏事故情景。

（4）笔和草纸若干。

三、任务实施

（1）授课教师介绍本次处置桌面推演的背景、特点、目的及参加人员基本情况。

（2）模拟事故现场：一个厂区储罐发生泄漏，泄漏物质为氯气，泄漏量未知。

（3）指导教师宣布推演开始。

（4）小组根据组员情况，进行角色扮演，开始进行推演。

（5）桌面推演结束。

（6）完成成果展示页内容，完成后放置到指定位置展示。

（7）小组完成自评、互评和教师评价。

（8）按照评价表规则确定各小组评价总分数。如果小组对评价成绩提出异议，教师进行成绩复核。

（9）第一名小组推出优秀组员2个，其他小组推出优秀组员1个，计入个人荣誉榜，教师留档。

（10）教师综合评价。

四、成果展示

小组名称：

情景设置：

推演过程：

五、任务评价

（一）小组心得

（二）成果评价

任务评价标准表

序号	评价要素	分数	评价依据等级	评价得分
1	情景设置	25	1. 情景符合实际（10分） 优□　良□　中□　差□ 2. 角色扮演得当（5分） 优□　良□　中□　差□ 3. 情景演变丰富（10分） 优□　良□　中□　差□	
2	推演过程	30	1. 推演过程流畅（10分） 优□　良□　中□　差□ 2. 推演环节符合实际（10分） 优□　良□　中□　差□ 3. 推演后反思不足（10分） 优□　良□　中□　差□	
3	小组心得	15	1. 能够发现自己小组优缺点（7分） 优□　良□　中□　差□ 2. 能够发现其他小组优缺点（8分） 优□　良□　中□　差□	
4	勇敢坚强、尊重科学	10	1. 完成任务有条不紊，勇于承担各项任务（5分） 优□　良□　中□　差□ 2. 能够依据具体场景条件科学地采取措施（5分） 优□　良□　中□　差□	
5	团队意识、严谨细致、具体问题具体分析	20	1. 爱护设备、爱护自己、爱护他人（5分） 优□　良□　中□　差□ 2. 充分利用时间反复练习（5分） 优□　良□　中□　差□ 3. 自主进行设备准备和还原（5分） 优□　良□　中□　差□	

（三）评价结果

序号	评价要素	分值	小组自评（20%）	小组互评（30%）	教师评价（50%）
1	情景设置	25			
2	推演过程	30			
3	小组心得	15			
4	勇敢坚强、尊重科学	10			
5	团队意识、严谨细致、具体问题具体分析	20			
	合计	100			

六、巩固拓展

（一）单选题

（1）我国《常用危险化学品分类及标志》（GB 13690—2009）将危险化学品分为（　　）项。

A. 3 　　　　　　　　B. 16 　　　　　　　　C. 28 　　　　　　　D. 29

（2）有毒气体泄漏，撤离时要弄清楚毒气的流向，向（　　）迅速撤离，不可顺着毒气流动的方向走。

A. 侧风或上风方向 　　　B. 侧风或下风方向 　　　C. 高处方向 　　　D. 低处方向

（二）判断题

（1）事故处置人员在处置事故的同时，应将伤员救出危险区域和组织现场其他人员撤离、疏散、消除现场的各种隐患。 　　　　　　　　　　　　　　　　（　　）

（2）当发生危险化学品事故时，现场人员必须根据各自企业制定的事故预案采取积极有效的抑制措施，尽量阻止事故蔓延，并向有关部门报告和报警。 　　　　（　　）

（3）危险化学品泄漏事故处置过程中，警戒区的人员可以自由出入，对进入重危区的人员要进行控制。 　　　　　　　　　　　　　　　　　　　　　　　（　　）

（三）拓展题

（1）危险化学品泄漏事故处置过程中如何合理划分警戒区域？

（2）危险化学品泄漏事故处置过程中疏散现场无关作业人员时，应注意哪些事项？

七、收获及反馈

任务四　矿山事故现场应急处置

技能实训　矿山火灾事故现场应急处置

任务编号		实训地点		实训时间	
小组成员					

一、任务描述

（一）任务目的

本训练以矿井通风系统图为基础，模拟设置井下火灾发生情景，预设灾区被困人员情况，要求学生分析应急处置和避险方法，合理选择避灾路线。

（二）任务概述

本任务训练选用一些矿井通风系统图，在矿井系统图中拟定发生火灾地点，预设现场被困人员，按照矿图进行火灾模拟处置训练。火灾地点可以设置在某个采煤工作面或掘进工作面。火灾初期处置流程和方法由小组写在成果展示页对应部分，避灾路线选择应标注在矿图对应位置。最后将成果展示页和标记了避灾路线的矿图在展示区展示。派代表进行经验分享交流，依据评价表完成自评、互评和教师评价。

二、任务准备

（1）提前分组。

（2）准备矿井通风系统图，教师可以自行提供图纸（如以仿真教学矿井一号井、仿真教学矿井二号井为例），教师在图中标出发生事故地点、人员分布。

（3）草纸、笔、计算机、打印机等。

三、任务实施

（1）小组派代表领取矿图。

（2）按照矿图具体巷道分布情况和通风构筑物情况填写火灾发生后的应急处置和避险方法要点，将方法要点填写在成果展示页中。

（3）在矿图中标记撤退路线。

（4）按照完成内容进行模拟现场演练，演练中重要环节可以拍照留存。

（5）演练完成后将成果展示页和矿图放置到指定位置展示。

（6）小组派代表进行经验分享。

（7）各小组结合具体情况填写小组心得。

（8）小组完成自评、互评和教师评价。

（9）按照评价表规则确定各小组评价总分数。如果小组对评价成绩提出异议，教师进行成绩复核。

（10）第一名小组推出优秀组员2个，其他小组推出优秀组员1个，计入个人荣誉榜，教师留档。

（11）教师综合评价。

四、成果展示

小组名称：

情景设置：

推演过程：

五、任务评价

（一）小组心得

（二）成果评价

任务评价标准表

小组自评□　　小组互评□　　教师评价□

序号	评价要素	分数	评价依据等级	评价得分
1	火灾初期处置与避险模拟演练	60	1. 能够正确及时进行火灾报警，报警内容完善（10分） 优□　良□　中□　差□ 2. 采用正取方式通知周围人员（10分）。 优□　良□　中□　差□ 3. 能够正确阐述初期火灾处置方法（10分） 优□　良□　中□　差□ 4. 能够充分利用巷道内灭火及避险设施和材料（10分） 优□　良□　中□　差□ 5. 能够有效建立起现场应急组织（10分） 优□　良□　中□　差□ 6. 能够正确确定避灾路线（10分） 优□　良□　中□　差□	
2	小组分享交流	10	1. 交流内容正确全面（5分） 优□　良□　中□　差□ 2. 精神饱满，有感染力（5分） 优□　良□　中□　差□	
3	小组心得	10	1. 能够发现自己小组优缺点（5分） 优□　良□　中□　差□ 2. 能够发现其他小组优缺点（5分） 优□　良□　中□　差□	
4	临危不乱、尊重科学	10	1. 完成任务有条不紊，勇于承担各项任务（5分） 优□　良□　中□　差□ 2. 能够依据具体场景条件科学地采取措施（5分） 优□　良□　中□　差□	
5	爱岗敬业、关爱他人	10	1. 充分体现自身角色职责（5分） 优□　良□　中□　差□ 2. 用语言安抚被困待救人员（5分） 优□　良□　中□　差□	

（三）评价结果

序号	评价要素	分值	小组自评（20%）	小组互评（30%）	教师评价（50%）
1	火灾初期处置与避险模拟演练	60			
2	小组分享交流	10			
3	小组心得	10			
4	临危不乱、尊重科学	10			
5	爱岗敬业、关爱他人	10			
	合计	100			

六、巩固拓展

（一）单选题

（1）矿井煤炭自然属于（　　　）。

A. 地面火灾　　　　　　B. 内因火灾　　　　　C. 外因火灾　　　　　D. C类火灾

（2）下列不可以扑灭带电体火灾的是（　　　）。

A. 泡沫灭火器　　　　　B. 沙子　　　　　　　C. 干粉灭火器　　　　D. 土

（二）判断题

（1）一旦发现矿井发生火灾，必须马上逃生。　　　　　　　　　　　　（　　　）

（2）矿井火灾发生后，如果位于火灾下风向，应该选择最短距离，撤到火灾上风侧，逆着风流逃生。　　　　　　　　　　　　　　　　　　　　　　　　　　　（　　　）

（三）拓展题

（1）如果采煤工作面发生火灾，人员位于回风侧，如何应急与避险。

（2）火灾现场有哪些不利因素影响避险逃生？

七、收获及反馈

项目五

生产安全事故避灾自救与互救

任务一　事故避灾自救

技能实训　自救器的佩戴和使用

任务编号		实训地点		实训时间	
小组成员					

一、任务描述

（一）任务目的

本训练要求学生按小组收集一定数量的不同种类自救器，对各个部件进行认识和标注，选取一类自救器进行佩戴操作，并进行演示。

（二）任务概述

收集一定数量的呼吸保护装置（过滤式自救器、化学氧自救器、压缩氧自救器），一种类型每组分配一个，将自救器的各个部件名称使用小图标的形式粘贴在实体呼吸保护装置对应结构上。小组成员训练各类自救器的佩戴，以及佩戴之后的逃生，最后抽取一名成员演示佩戴操作。

二、任务准备

（1）提前分组。
（2）呼吸保护装置若干个（过滤式自救器、化学氧自救器、压缩氧自救器）。
（3）结构名称标签若干。
（4）笔、固体胶和草纸若干。
（5）提前将装置结构标签内容填写完成。
（6）打印机。

三、任务实施

（1）将呼吸保护装置放置在指定位置，将任务准备需要的材料分发给各小组。

（2）小组将呼吸保护装置可拆结构打开，进行分析，然后将标签内容按照对应位置进行粘贴。粘贴完成后拍照留存。

（3）小组训练呼吸保护装置。

（4）每小组抽取一名成员演示呼吸保护装置佩戴操作，操作过程拍照留存。

（5）将拍照内容选择性打印粘贴到成果展示对应区域，将成果展示进行粘贴。

（6）小组完成自评、互评和教师评价。

（7）按照评价表规则确定各小组评价总分数。如果小组对评价成绩提出异议，教师进行成绩复核。

（8）第一名小组推出优秀组员2个，其他小组推出优秀组员1个，计入个人荣誉榜，教师留档。

（9）教师综合评价。

四、成果展示

小组名称：

呼吸装置名称：

（   ）结构标记图片展示区：

（   ）佩戴情况图片展示：

五、任务评价

（一）小组心得

（二）成果评价

任务评价标准表

序号	评价要素	分数	评价依据等级	评价得分
1	自救器结构标记	25	1. 标记部位正确（15分） 优□　良□　中□　差□ 2. 标记信息准确（10） 优□　良□　中□　差□	
2	自救器的佩戴操作	30	1. 佩戴流程正确（10分） 优□　良□　中□　差□ 2. 佩戴时间迅速（10分） 优□　良□　中□　差□ 3. 佩戴动作准确（10分） 优□　良□　中□　差□	
3	小组心得	15	1. 能够发现自己小组优缺点（7分） 优□　良□　中□　差□ 2. 能够发现其他小组优缺点（8分） 优□　良□　中□　差□	
4	动手能力、团队精神	15	1. 所写卡片干净整洁（5分） 优□　良□　中□　差□ 2. 规定时间完成任务（5分） 优□　良□　中□　差□ 3. 团队合作密切（5分） 优□　良□　中□　差□	
5	安全防护意识、精益求精、劳动精神	15	1. 操作规范、爱护设备（5分） 优□　良□　中□　差□ 2. 充分利用准备时间，反复练习（5分） 优□　良□　中□　差□ 3. 能够协助老师进行设备准备和还原（5分） 优□　良□　中□　差□	

（三）评价结果

序号	评价要素	分值	小组自评（20%）	小组互评（30%）	教师评价（50%）
1	自救器结构标记	25			
2	自救器的佩戴操作	30			
3	小组心得	15			
4	动手能力、团队精神	15			
5	安全防护意识、精益求精、劳动精神	15			
	合计	100			

六、巩固拓展

（一）单选题

（1）ZYX45 型压缩氧自救器有效防护时间（　　　）min。

A. 30　　　　　　　B. 45　　　　　　　C. 35　　　　　　　　　D. 40

（2）自救器佩戴使用有逆时针旋转开关、咬紧口具、打开上外壳并扔掉、带上鼻夹、拔掉口具塞等几个步骤，其排序最合理的是（　　　）。

　A. 逆时针旋转开关→咬紧口具→打开上外壳并扔掉→带上鼻夹→拔掉口具塞

　B. 打开上外壳并扔掉→逆时针旋转开关→拔掉口具塞→咬紧口具→带上鼻夹

　C. 打开上外壳并扔掉→拔掉口具塞→咬紧口具→逆时针旋转开关→带上鼻夹

　D. 打开上外壳并扔掉→逆时针旋转开关→拔掉口具塞→带上鼻夹→咬紧口具

（3）自救器只能佩戴使用（　　　），使用过的自救器已经报废，不得再次使用。

　A. 一次　　　　　　B. 二次　　　　　　C. 三次　　　　　　　D. 四次

（4）佩戴自救器撤离事故现场时，应该（　　　）。

　A. 保持镇定，匀速行走　　　　　　B. 使用最快的速度跑

　C. 慢慢走　　　　　　　　　　　　D. 匍匐前进

（二）判断题

（1）携带自救器要避免碰撞、跌落，不许当坐垫，也不允许用尖锐的器具猛砸外壳和药罐，不能接触带电体或浸泡水中。　　　　　　　　　　　　　　　（　　　）

（2）自救器配备数量必须按照全部下井人员每人一台进行配备，并保持10%的备用量。

（　　　）

（3）隔绝式自救器为循环式闭路呼吸系统，与外界空气完全隔绝。　　（　　　）

（4）《煤矿安全规程》规定，突出矿井的入井人员必须携带过滤式自救器。（　　　）

（5）自救器必须由指定的自救器管理机构负责、专人管理，做好日常工作，保证自救器的配备、收发和使用正常。　　　　　　　　　　　　　　　　（　　　）

（三）拓展题

（1）与过滤式自救器、化学氧自救器相比较，隔绝式压缩氧气自救器有何优点？

（2）发生什么情况时，必须佩戴自救器？

七、收获及反馈

任务二　现场急救技术

技能实训1　心肺复苏操作训练

任务编号		实训地点		实训时间	
小组成员					

一、任务描述

（一）任务目的

要求学生掌握心肺复苏的操作步骤，按照要求借助心肺复苏模拟人进行流程训练。小组选取一人进行演示，并按照技能大赛赛项评分标准进行评价。

（二）任务概述

3人一组，采取1人指挥2人操作的方式进行，每组分配心肺复苏模拟人1个。操作过程和结果得分依据打分表进行。完成后将结果填写在成果展示页对应位置，依据评价表完成自评、互评和教师评价。

二、任务准备

（1）提前分组。

（2）心肺复苏模拟人若干。

（3）记录笔、固体胶、剪刀、草稿纸若干。

三、任务实施

（1）将准备好的心肺复苏模拟人分发给各个小组。

（2）各小组首先自行熟悉设施器材。

（3）小组申请开始考核，小组成员1人指挥、2人施救，依据场景展开施救。

（4）教师对照打分表对申请考核小组进行考核，给出分数。

（5）小组完成后将结果填写在成果展示页对应位置，然后进行成果展示。

（6）小组派代表进行经验分享。

（7）小组完成自评、互评和教师评价。自评、互评、教师评价中的客观分数，直接按照考核打分表打分。

（8）按照评价表规则确定各小组评价总分数。如果小组对评价成绩提出异议，教师进行成绩复核。

（9）第一名小组推出优秀组员2个，其他小组推出优秀组员1个，计入个人荣誉榜，教师留档。

（10）教师综合评价。

心肺复苏客观分数打分表

小组名称：

序号	扣分原因及规定	扣分标准	扣 分
1	确认抢救现场安全： 观察四周，确认现场安全	未做一处扣5分	
2	靠近伤员判断意识： 拍患者肩部，大声呼叫伤员，耳朵贴靠伤员嘴巴	未做一处扣5分	
3	呼救：环顾四周呼喊求救，解衣松带、摆正体位	未做一处扣5分	
4	判断颈动脉情况、判断呼吸情况：手法正确（单侧触摸，时间不少于5 s不大于10 s），判断时用余光观察胸廓起伏情况，判断后报告有无脉搏，有无呼吸	未做一处，或时间不满足要求，每出现一处扣5分	
5	胸外按压定位：胸骨柄与两个乳头的交点，一手掌根部放于按压部位，另一手掌平行重叠于该手手背上，手指并拢，以掌根部接触按压部位，双臂位于伤员胸骨正上方，双肘关节伸直，利用上身重量垂直下压	一处不符合要求，扣5分	
6	胸外按压：按压前口述按压开始，按压频率每分钟120次，按压幅度为胸腔下陷5~6 cm（每循环按压30次，时间为15~18 s）	根据系统提示按压位置错误、按压不足或过大，每出现一次扣2分	
7	畅通气道：清理口腔，摆正头型	一处不符合要求，扣5分	
8	打开气道：使用压额提颌法，确保下颌与耳朵的连线与地面垂直	一处不符合要求，扣5分	
9	吹气：吹气时看到胸廓起伏，吹气完毕后立即离开口部，松开鼻腔，视伤员胸廓下降后，再吹气	一处不符合要求，扣5分	
10	按压吹气连续5个循环：连接仪器，打开考核模式，进行按压、吹气连续操作，按照机器提示2分钟内完成5个循环	1. 系统提示未能抢救成功，扣10分； 2. 掌根不重叠，扣5分； 3. 每次按压手掌离开胸膛，扣5分； 4. 吹气系统提示错误一次，扣2分，最多扣10分	
11	整理：安置患者，整理服装，摆好体位	一处不符合，扣5分	
12	本项标准分60分，扣完为止	总计得分	

四、成果展示

小组名称：

打分表总得分：_____

过程中按压频率结果情况登记：

（1）判断无脉搏后第一次胸外按压 30 下用时：_____ s。

后续循环：

（2）第二次胸外按压 30 下用时：_____ s。

（3）第三次胸外按压 30 下用时：_____ s。

（4）第四次胸外按压 30 下用时：_____ s。

（5）第五次胸外按压 30 下用时：_____ s。

超过 15~18 s 次数：_____。

五、任务评价

（一）小组心得

（二）成果评价

任务评价标准表

小组自评□　　小组互评□　　教师评价□

序号	评价要素	分数	评价依据等级	评价得分
1	心肺复苏考评	60	按照打分表考评情况（60分） 优□ 良□ 中□ 差□	
2	小组分享交流	10	1. 交流内容正确全面（5分） 优□ 良□ 中□ 差□ 2. 精神饱满，有感染力（5分） 优□ 良□ 中□ 差□	
3	小组心得	10	1. 能够发现自己小组优缺点（5分） 优□ 良□ 中□ 差□ 2. 能够发现其他小组优缺点（5分） 优□ 良□ 中□ 差□	
4	时间观念、爱心奉献	10	1. 规定时间内完成任务（5分） 优□ 良□ 中□ 差□ 2. 能够及时安抚伤员（5分） 优□ 良□ 中□ 差□	
5	团队意识、规范意识	10	1. 相互协作、互帮互助（5分） 优□ 良□ 中□ 差□ 2. 操作严格按照标准规范（5分） 优□ 良□ 中□ 差□	

（三）评价结果

序号	评价要素	分值	小组自评（20%）	小组互评（30%）	教师评价（50%）
1	心肺复苏考评	60			
2	小组分享交流	10			
3	小组心得	10			
4	时间观念、爱心奉献	10			
5	团队意识、规范意识	10			
	合计	100			

六、巩固拓展

（一）单选题

（1）胸外按压幅度为胸腔下陷（　　　）cm。

A. 4~5　　　　　B. 5~6　　　　　C. 6~7　　　　　D. 7~8

（2）仰额抬颏法要求使其下颌和耳垂连线与地面（　　　）。

A. 交叉　　　　B. 平行　　　　C. 垂直　　　　D. 30°夹角

（二）判断题

（1）心肺复苏基本流程要求先吹气再按压。　　　　　　　　　　　（　　　）

（2）只要心肺骤停，都可以进行心肺复苏抢救。　　　　　　　　　（　　　）

（3）心肺复苏按压部位为两乳头连线和胸骨柄交点。　　　　　　　（　　　）

（三）拓展题

（1）双人心肺复苏应该如何配合？

（2）复原体位要摆成复苏体位如何操作？

七、收获及反馈

技能实训 2　止血包扎技术应用

任务编号		实训地点		实训时间	
小组成员					

一、任务描述

（一）任务目的

小组根据设置的不同伤情，选择合理的医疗器材和耗材，分工协作完成止血包扎任务，并进行展示。

（二）任务概述

将几种事故受伤场景写入卡片，将卡片放置指定位置，每个小组组长抽取一张卡片，按照卡片上面描述的事故伤情况完成伤员模拟、止血、包扎操作。将完成后的结果拍照，粘贴在成果展示部分，将成果展示页放置到对应位置展示，派代表进行操作经验分享交流，依据评价表完成自评、互评和教师评价。

二、任务准备

（1）提前分组。

（2）医疗箱（包含橡胶止血带、弹力绷带、医用胶布、剪刀、三角巾等）。

（3）笔、固体胶、剪刀、草纸若干。

（4）事故情景卡片。

（5）打印机、计算机。

三、任务实施

（1）将事故情景卡放至指定位置，小组派代表抽取。

（2）小组依据事故情景卡片，选取完成任务需要的止血包扎器材。

（3）按照事故情景卡内容小组分工协作完成任务。

（4）将完成过程中的关键环节拍照留存。

（5）完成成果展示页内容，完成后放置到指定位置展示。

（6）小组派代表进行经验分享。

（7）小组完成自评、互评和教师评价。自评、互评、教师评价中的客观分数，直接按照考核分数打分表打分。

（8）按照评价表规则确定各小组评价总分数。如果小组对评价成绩提出异议，教师进行成绩复核。

（9）冠军小组推出优秀组员 2 个，其他小组推出优秀组员 1 个，计入个人荣誉榜，教师留档。

（10）教师综合评价。

【事故情景1】

某施工现场，一个工人在操作机械设备时，不慎导致左小臂动脉出血，在此情况下，现场人员如何开展止血包扎急救，请进行演示操作。（选择一名小组成员，模拟伤者，止血采用橡胶止血带，包扎采用弹力绷带螺旋反折包扎）。

【事故情景2】

某工作现场，一工人工作时不慎滑倒，小腿出血，在此情况下，现场人员如何开展现场急救，请进行演示操作。（选择一名小组成员，模拟伤者，止血采用橡胶止血带，包扎采用弹力绷带螺旋反折包扎，采用夹板固定法进行骨折固定，搬运采用担架搬运）。

【事故情景3】

某工作现场，一工人不慎碰到机器边缘，额头出血，在此情况下，现场人员如何开展现场急救，请进行演示操作。（选择一名小组成员，模拟伤者，止血采用指压止血法，包扎采用三角巾包扎）。

四、成果展示

小组名称：

事故情景卡片序号：_____

操作重要环节图片粘贴展示区：

五、任务评价

（一）小组心得

（二）成果评价

任务评价标准表

序号	评价要素	分数	评价依据等级	评价得分
1	事故情景卡任务完成情况	60	1. 操作环节齐全（10分） 优□ 良□ 中□ 差□ 2. 医疗设备器材选择齐全（10分） 优□ 良□ 中□ 差□ 3. 操作方法正确性（20分） 优□ 良□ 中□ 差□ 4. 操作结果达标程度（20分） 优□ 良□ 中□ 差□	
2	小组分享交流	10	1. 交流内容正确全面（5分） 优□ 良□ 中□ 差□ 2. 精神饱满，有感染力（5分） 优□ 良□ 中□ 差□	
3	小组心得	10	1. 能够发现自己小组优缺点（5分） 优□ 良□ 中□ 差□ 2. 能够发现其他小组优缺点（5分） 优□ 良□ 中□ 差□	
4	时间观念、爱心奉献	10	1. 规定时间内完成任务（5分） 优□ 良□ 中□ 差□ 2. 能够及时安抚伤员（5分） 优□ 良□ 中□ 差□	
5	团队意识、规范意识	10	1. 相互协作、互帮互助（5分） 优□ 良□ 中□ 差□ 2. 操作严格按照标准规范（5分） 优□ 良□ 中□ 差□	

（三）评价结果

序号	评价要素	分值	小组自评（20%）	小组互评（30%）	教师评价（50%）
1	事故情景卡任务完成情况	60			
2	小组分享交流	10			
3	小组心得	10			
4	时间观念、爱心奉献	10			
5	团队意识、规范意识	10			
	合计	100			

六、巩固拓展

（一）单选题

（1）血液暗红色，量中等，呈涌出状或缓缓外流，速度稍缓慢。以上出血症状是（　　）。

A. 动脉出血　　　　B. 静脉出血　　　　C. 毛细血管出血　　　　D. 大腿出血

（2）小臂出血使用指压止血法正确的是（　　）。

A. 指压肱动脉　　　B. 指压股动脉　　　C. 颈动脉　　　　　　　D. 胫前动脉

（3）适用于绷带包扎开始与结束时，固定带端及包扎颈部、腕关节、胸部、额部、手掌、脚掌、踝关节和腹部等粗细相等部位的伤口，宜采用的绷带包扎法的是（　　）。

A. 环形包扎法　　　B. 螺旋形包扎法　　C. 螺旋反折包扎法　　D. 回返包扎法

（二）判断题

（1）失血量小于5%（200～400 mL）时，能自行代偿，无异常表现。　　　　（　　）

（2）三角巾包扎法无法对眼部受伤进行包扎。　　　　　　　　　　　　　　（　　）

（三）拓展题

（1）人体主要血液循环有哪些?

（2）依据所学内容，按照受伤部位，总结不同部位出血后可以使用的包扎方法。

出血部位	可用的包扎方法	备注
手指出血		
肘部出血		
额头出血		
面部出血		
小臂出血		
上臂出血		
小腿出血		
大腿出血		
肩部出血		
胸部出血		

七、收获及反馈

技能实训 3　骨折固定技术应用

任务编号		实训地点		实训时间	
小组成员					

一、任务描述

（一）任务目的

小组根据设置的不同伤情，选择合理的医疗器材和耗材，分工协作完成骨折固定任务，并进行展示。

（二）任务概述

将几种事故受伤场景写入卡片，将卡片放置指定位置，每个小组组长抽取一张卡片，按照卡片上面描述的事故伤情完成伤员模拟、骨折固定操作。将完成后的结果拍照、粘贴在成果展示页对应位置，将成果展示页放到指定位置展示，派代表进行操作经验分享交流，依据评价表完成自评、互评和教师评价。

二、任务准备

（1）提前分组。

（2）骨折固定物品（包含木板、布条、医用胶布、剪刀、三角巾等）。

（3）记录笔、固体胶、剪刀、草纸若干。

（4）事故情景卡片。

（5）打印机、计算机。

三、任务实施

（1）将事故情景卡放入指定位置，小组派代表抽取。

（2）小组依据事故情景卡片，选取完成任务需要的骨折固定器材。

（3）按照事故情景卡内容小组分工协作完成任务。

（4）将完成过程中的关键环节拍照留存。

（5）完成成果展示页内容，完成后放置到指定位置展示。

（6）小组派代表进行经验分享。

（7）小组完成自评、互评和教师评价。自评、互评、教师评价中的客观分数，直接按照考核分数打分表打分。

（8）按照评价表规则确定各小组评价总分数。如果小组对评价成绩提出异议，教师进行成绩复核。

（9）第一名小组推出优秀组员 2 个，其他小组推出优秀组员 1 个，计入个人荣誉榜，教师留档。

（10）教师综合评价。

【事故情景 1】

某施工现场，一个工人在高处作业时，不慎从二楼摔下，导致大腿骨折，现场人员如何开展现场急救，请进行演示操作（选择一名小组成员，模拟伤者，采用大腿骨折固定法进行骨折固定）。

【事故情景 2】

针对事故情景 1 中的事故场景，进行现场骨折固定急救操作演示（选择一名小组成员，模拟伤者，采用小臂骨折固定法进行骨折固定）。

四、成果展示

小组名称：

事故情景卡片序号：＿＿＿＿＿

操作重要环节图片粘贴展示区：

五、任务评价

（一）小组心得

（二）成果评价

任务评价标准表

小组自评□　　小组互评□　　教师评价□

序号	评价要素	分数	评价依据等级	评价得分
1	事故情景卡任务完成情况	60	1. 操作环节齐全（10分） 优□　良□　中□　差□ 2. 医疗设施器材选择齐全（10分） 优□　良□　中□　差□ 3. 操作方法正确性（20分） 优□　良□　中□　差□ 4. 操作结果达标程度（20分） 优□　良□　中□　差□	
2	小组分享交流	10	1. 交流内容正确全面（5分） 优□　良□　中□　差□ 2. 精神饱满，有感染力（5分） 优□　良□　中□　差□	
3	小组心得	10	1. 能够发现自己小组优缺点（5分） 优□　良□　中□　差□ 2. 能够发现其他小组优缺点（5分） 优□　良□　中□　差□	
4	时间观念、爱心奉献	10	1. 规定时间内完成任务（5分） 优□　良□　中□　差□ 2. 能够及时安抚伤员（5分） 优□　良□　中□　差□	
5	团队意识、规范意识	10	1. 相互协作、互帮互助（5分） 优□　良□　中□　差□ 2. 操作严格按照标准规范（5分） 优□　良□　中□　差□	

（三）评价结果

序号	评价要素	分值	小组自评（20%）	小组互评（30%）	教师评价（50%）
1	事故情景卡任务完成情况	60			
2	小组分享交流	10			
3	小组心得	10			
4	时间观念、爱心奉献	10			
5	团队意识、规范意识	10			
	合计	100			

六、巩固拓展

（一）单选题

（1）需要借助夹板的现场急救是（　　　）。

A. 心肺复苏　　　　B. 骨折固定　　　　C. 止血包扎　　　　D. 伤员搬运

（2）下列关于小腿骨折固定说法错误的是（　　　）。

A. 用2块有垫夹板放在小腿的内外侧　　　　B. 夹板上至大腿中部，下至足部

C. 用5条绑带分别固定小腿骨折的上下两端、大腿中部、膝关节、踝关节

D. 踝关节要求"一"字形固定

（二）判断题

（1）骨折固定等同于骨折复位。　　　　　　　　　　　　　　（　　　）

（2）骨折伤肢固定应超过骨折上下两个关节。　　　　　　　　（　　　）

（三）拓展题

（1）人体骨骼的基本组成有哪些？

（2）人体骨骼的连接方式有哪些？

七、收获及反馈

技能实训 4　伤员搬运技术应用

任务编号		实训地点		实训时间	
小组成员					

一、任务描述

（一）任务目的

小组根据设置的不同伤情，选择合理的方法和医疗器材，分工协作完成骨折固定任务，将伤员安全地进行搬运，并进行展示。

（二）任务概述

将几种事故受伤场景写入卡片，将卡片放置指定位置，每个小组组长抽取一张卡片，按照卡片上面描述的事故情况完成伤员模拟、伤员搬运操作。将完成后的结果拍照，粘贴在成果展示页对应位置，进行成果展示，派代表进行操作经验分享交流，依据评价表完成自评、互评和教师评价。

二、任务准备

（1）提前分组。

（2）伤员搬运（器械搬运需要准备担架）。

（3）笔、固体胶、剪刀、草纸若干。

（4）事故情景卡片。

（5）打印机、计算机。

三、任务实施

（1）将事故情景卡放至指定位置，小组派代表抽取。

（2）小组依据事故情景卡片，选取完成任务需要的伤员搬运器械。

（3）按照事故情景卡内容小组分工协作完成任务。

（4）将完成过程中的关键环节拍照留存。

（5）完成成果展示页内容，完成后放置到指定位置展示。

（6）小组派代表进行经验分享。

（7）小组完成自评、互评和教师评价。

（8）按照评价表规则确定各小组评价总分数。如果小组对评价成绩提出异议，教师进行成绩复核。

（9）冠军小组推出优秀组员2个，其他小组推出优秀组员1个，计入个人荣誉榜，教师留档。

（10）教师综合评价。

【事故情景 1】

一地震事故发生后，一个伤员意识丧失，无骨折和出血现象，在一个狭小空间，如何进行伤员搬运。要求小组一人模拟伤员，一人搬运，完成后角色互换。

【事故情景 2】

一人在进行高处作业时不慎摔伤，发生小腿骨折，无法行走，进行骨折固定后，如何使用担架进行搬运。要求小组三人搬运演示，完成后，可以互换角色。

四、成果展示

小组名称：

事故情景卡片序号：＿＿＿＿＿

操作重要环节图片粘贴展示区：

五、任务评价

（一）小组心得

（二）成果评价

任务评价标准表

小组自评□ 小组互评□ 教师评价□

序号	评价要素	分数	评价依据等级	评价得分
1	事故情景卡任务完成情况	60	1. 操作环节齐全（10分） 优□ 良□ 中□ 差□ 2. 选择搬运方法正确（10分） （正确得满分，错误得零分） 3. 操作方法正确性（10分） 优□ 良□ 中□ 差□ 4. 操作结果达标程度（15分） 优□ 良□ 中□ 差□ 5. 现场事故情境演绎流畅（15） 优□ 良□ 中□ 差□	
2	小组分享交流	10	1. 交流内容正确全面（5分） 优□ 良□ 中□ 差□ 2. 精神饱满，有感染力（5分） 优□ 良□ 中□ 差□	
3	小组心得	10	1. 能够发现自己小组优缺点（5分） 优□ 良□ 中□ 差□ 2. 能够发现其他小组优缺点（5分） 优□ 良□ 中□ 差□	
4	时间观念、爱心奉献	10	1. 规定时间内完成任务（5分） 优□ 良□ 中□ 差□ 2. 能够及时安抚伤员（5分） 优□ 良□ 中□ 差□	
5	团队意识、规范意识	10	1. 相互协作、互帮互助（5分） 优□ 良□ 中□ 差□ 2. 操作严格按照标准规范（5分） 优□ 良□ 中□ 差□	

（三）评价结果

序号	评价要素	分值	小组自评（20%）	小组互评（30%）	教师评价（50%）
1	事故情景卡任务完成情况	60			
2	小组分享交流	10			
3	小组心得	10			
4	时间观念、爱心奉献	10			
5	团队意识、规范意识	10			
	合计	100			

六、巩固拓展

（一）单选题

（1）对于腿部骨折已经进行骨折固定的伤员，最好的搬运方法是（　　　）。

A. 背负法　　　　　B. 扶行法　　　　　C. 肩扛法　　　　　D. 担架搬运法

（2）三人徒手搬运要求三人站在伤员（　　　）一侧。

A. 左侧　　　　　B. 右侧　　　　　C. 未受伤一侧　　　　　D. 受伤一侧

（二）判断题

扶行法适合意识丧失的伤员。　　　　　　　　　　　　　　　　（　　　）

（三）拓展题

（1）伤员搬运容易出现的错误有哪些？

（2）你认为哪些搬运方法现场更容易操作。

七、收获及反馈

参考文献

[1] 申霞. 应急预案编制与演练[M]. 北京：应急管理出版社，2021.

[2] 赵正宏，杨红卫. 应急救援装备[M]. 北京：中国石化出版社，2008.

[3] 《应急救援系列丛书》编委会. 应急救援装备选择与使用[M]. 北京：中国石化出版社，2008.

[4] 易俊，黄文祥. 事故应急救援[M]. 北京：中国劳动社会保障出版社，2016.

[5] 刑娟娟. 企业事故应急救援与预案编制技术[M]. 北京：气象出版社，2008.

[6] 岳茂兴. 灾害事故现场急救[M]. 北京：化学工业出版社，2006.

[7] 张东普，董定龙. 生产现场伤害与急救[M]. 北京：化学工业出版社，2005.

[8] 康青春. 消防应急救援工作实务指南[M]. 北京：中国人民公安大学出版社，2011.

[9] 陈晓东，救援装备[M]. 北京：科学出版社，2014.

[10] 刘立文，黄长富. 突发灾害事故应急救援[M]. 北京：中国人民公安大学出版社，2013.

[11] 谢苗荣. 灾害与紧急医学救援[M]. 北京：北京科学技术出版社，2008.

[12] 孙继平，钱晓红. 煤矿事故与应急救援技术装备[J]. 工矿自动化，2016，42（10）：1-5.

[13] 天津港"8·12"瑞海公司危险品仓库特别重大火灾爆炸事故调查报告[Z]. 2016.

[14] 徐瑾. 化工安全生产事故原因及处理措施[J]. 化工管理，2023(04)：95-97.

[15] 曹彦东. 高层建筑火灾的扑救方法研究[J]. 中国建筑金属结构，2022(03)：135-137.

[16] 韩文勇，张继英，李霞等. 胸外按压姿势是高质量心肺复苏需要注意的细节之一[J]. 中国急救复苏与灾害医学杂志，2021，16(08)：951-955.